对照事故学安规

（配电部分）

《对照事故学安规（配电部分）》编委会 · 编

中国电力出版社
CHINA ELECTRIC POWER PRESS

图书在版编目（CIP）数据

对照事故学安规．配电部分/《对照事故学安规（配电部分）》编委会编．—北京：中国电力出版社，2024.4

ISBN 978-7-5198-8686-8

Ⅰ．①对… Ⅱ．①国… Ⅲ．①电力工业-安全规程-中国②配电线路-安全规程-中国 Ⅳ．①TM08-65②TM726-65

中国国家版本馆 CIP 数据核字（2024）第 039657 号

出版发行：中国电力出版社
地　　址：北京市东城区北京站西街 19 号（邮政编码 100005）
网　　址：http：//www.cepp.sgcc.com.cn
责任编辑：丁　钊（010-63412393）
责任校对：黄　蓓　朱丽芳
装帧设计：王红柳
责任印制：杨晓东

印　　刷：廊坊市文峰档案印务有限公司
版　　次：2024 年 4 月第一版
印　　次：2024 年 4 月北京第一次印刷
开　　本：710 毫米×1000 毫米　16 开本
印　　张：15.5
字　　数：373 千字
定　　价：58.00 元

对照事故学安规

（配电部分）

编 委 会

主　　任	么　军
副 主 任	郭　浩
委　　员	李　治　　单　涛　　崔　岩　　魏　然
	孙志国　　曹永进　　王海滨　　曹　旌
	张新民　　吕红开　　郭　新　　梁　刚
	朱　军　　李聪利　　欧干新
主　　编	孙永生
副 主 编	褚海波　　孙京生
编写人员	尹　冰　　王向东　　赵　宇　　刘芳峤
	尹　钰　　杨　阳　　王　倩　　李申童
	岳振杰　　钱家庆　　赵玲玲　　宋红瑾
	高立宝　　王　巍　　李　黎　　孟庆瑶
	刘瑞超　　邢建蕤　　陈建新　　秦学占

序

安全生产是民生大事，事关人民福祉和经济社会发展大局。习近平总书记关于安全生产的重要批示指示精神，为我们指明了方向、明确了任务。我们要始终坚持人民至上、生命至上，牢固树立安全发展理念，以"时时放心不下"的责任感全力抓好安全生产工作。近年来，国网天津市电力公司一直致力于本质安全建设，从建设人才队伍、优化电网结构、提升设备质量、规范管理制度等方面入手，有效提升预防和抵御事故风险能力，全面提高公司整体安全生产水平。

2023 年 3 月 29 日，《国家电网有限公司电力安全工作规程 第 8 部分：配电部分》（Q/GDW 10799.8—2023）正式发布（以下简称《配电安规》），国网天津市电力公司第一时间组织数十名专家讨论分析其条款内容，总结梳理对应条款的历史事故案例，编写了本书。

本书从《配电安规》条款到释义详解，由理论内容结合实际案例，无一不给读者触目惊心、警钟长鸣的痛感，让读者真正体会到《配电安规》其实是一部以生命为代价写成的"血泪史"，每一个条款都有可能是不经意间的违章所引发的人身、电网或设备事故。"无规矩不成方圆"，对照事故案例学习安规，真正让安全入脑入心，让安全生产各层级干部员工学安规、知安规、用安规，切实扛起人身"零死亡"的责任大旗，坚决遏制重特大安全生产事故。

该书的编写人员来自国网天津市电力公司本部及下属单位的安全生产管理岗位，长期从事安全生产工作，具有丰富的工作经验，熟悉安全生产规章制度及现场实际情况。该书深入浅出，可作为《配电安规》辅导用书，对安全生产管理人员、现场作业人员、外来施工人员等均能起到较强的指导和帮助作用，将促进各层级干部员工共同牢牢守住安全生产底线，确保公司高质量健康发展。

国网天津市电力公司总工程师

前　言

党的十八大以来，习近平总书记高度重视安全生产工作，多次强调"生命重于泰山，要把安全生产摆到重要位置，树牢安全发展理念，决不能只重发展不顾安全"，还指出"人命关天，发展决不能以牺牲人的生命为代价"。新《安全生产法》《刑法修正案（十一）》的先后施行，使法律法规更加严格、更加精准，对安全生产提出了更高要求。

近年来，国家电网有限公司始终坚持"安全第一、预防为主、综合治理"的基本方针，大力推动本质安全建设，严格落实安全生产规章制度要求。但是有些单位的个别人员缺少安全意识、缺失安全责任、缺乏安全技能，导致习惯性违章屡禁不止，甚至仍存在严重违章情况，造成人身、电网、设备事故。

本书旨在以《国家电网有限公司电力安全工作规程 第8部分：配电部分》（Q/GDW 10799.8—2023）为基础，引申出较为详尽的释义，对每一条款内容进行深入解读分析，进一步增强相关人员对《配电安规》的认知和理解。同时，在相关条款下配以系统内外发生过的真实事故案例，以此警示人、教育人、启发人和触动人，从而促使各层级干部员工增强安全生产意识、提高安全管控水平，进一步规范各类作业人员的行为，保障人身、电网安全和设备安全，最终实现在本质安全中进行队伍建设的目标。

本书可作为广大电力员工学习《配电安规》的辅导教材，也可作为外来施工人员的学习参考资料。由于编者的业务水平及工作经验所限，书中难免存在疏漏或不足，敬请广大读者批评指正。

本书由国网天津市电力公司安全监察部（保卫部、应急管理部）提出并解释，主要编写单位为国网天津东丽公司、国网天津武清公司、国网天津城南公司、国网天津城西公司、国网天津宁河公司和国网天津城东公司，全书由国网天津东丽公司负责统稿。本书在编写过程中，得到国网天津市电力公司所辖其他单位的大力支持和帮助，在此表示衷心感谢。

编　者

目　录

对照事故 学 安规

（配电部分）

1 范围

　　本文件规定了工作人员在20kV及以下配电作业现场应遵守的基本安全要求。

　　本文件适用于公司系统所管理的运用中的20kV及以下配电线路、配电设备和用户电气设备上及相关场所的工作。配电其他工作参照执行。

　　【释义】　配电线路是指20kV及以下配电网中的架空线路、电缆线路及其附属设备等。

　　配电设备是指20kV及以下配电网中的配电站、开关站、箱式变电站、柱上变压器、柱上开关（包括柱上断路器、柱上负荷开关）、跌落式熔断器、环网单元、电缆分支箱、低压配电箱、电表计量箱、充电桩等。

　　运用中的电气设备，是指全部带有电压、一部分带有电压或一经操作即带有电压的电气设备。

2 规范性引用文件

下列文件中的内容通过文中的规范性引用而构成本文件必不可少的条款。其中，注日期的引用文件，仅该日期对应的版本适用于本文件；不注日期的引用文件，其最新版本（包括所有的修改单）适用于本文件。

GB 2894 安全标志及其使用导则

GB 6095 坠落防护 安全带

GB/T 2900.50—2008 电工术语 发电、输电及配电 通用术语

GB/T 2900.55—2016 电工术语 带电作业

GB/T 18857—2019 配电线路带电作业技术导则

GB/T 5972 起重机钢丝绳保养、维护、检验和报废

DL/T 854 带电作业用绝缘斗臂车使用导则

DL/T 974 带电作业用工具库房

DL/T 976 带电作业工具、装置和设备预防性试验规程

DL/T 1476 电力安全工器具预防性试验规程

DL/T 692 电力行业紧急救护技术规范

Q/GDW 11399 国家电网公司架空输电线路无人机巡检作业安全工作规程

3 术语和定义

下列术语和定义适用于本文件。

3.1 低［电］压 low voltage，LV

用于配电的交流系统中 1000V 及其以下的电压等级。
［来源：GB/T 2900.50—2008，2.1］

3.2 高［电］压 high voltage，HV

①通常指超过低压的电压等级。
②特定情况下，指电力系统中输电的电压等级。
［来源：GB/T 2900.50—2008，2.1］

3.3 配电线路 distribution line

20kV 及以下配电网中的架空线路、电缆线路及其附属设备等。

3.4 配电设备 distribution equipment

20kV 及以下配电网中的配电站、开关站、箱式变电站、柱上变压器、柱上开关（包括柱上断路器、柱上负荷开关）、跌落式熔断器、环网单元、电缆分支箱、低压配电箱、电表计量箱、充电桩等。

3.5 运用中的电气设备 operating electrical equipment

全部带有电压、一部分带有电压或一经操作即带有电压的电气设备。

3.6 故障紧急抢修工作 emergency repair work

电气设备发生故障被迫紧急停止运行，需短时间内恢复的抢修或排除故障的工作。

对照事故 学 安规
（配电部分）

4 作业基本要求

4.1 作业人员

4.1.1 经医师鉴定，无妨碍工作的病症（体格检查每两年至少一次）。

【释义】 依据《职业病诊断与鉴定管理办法》（国家卫生健康委员会令第6号）第十六条规定，从事职业病诊断的医师应当具备下列条件，并取得省级卫生行政部门颁发的职业病诊断资格证书：（一）具有医师执业证书；（二）具有中级以上卫生专业技术职务任职资格；（三）熟悉职业病防治法律法规和职业病诊断标准；（四）从事职业病诊断、鉴定相关工作三年以上；（五）按规定参加职业病诊断医师相应专业的培训，并考核合格。

经符合规定的医师鉴定，患有严重心脏病、癫痫、精神病、关节僵硬、习惯性脱臼症、代偿性肺结核、聋哑、严重色盲不宜进行电气工作的，不宜进行配电作业。

【事故案例】 作业人员因体力不支导致高处坠落身亡

2023年4月9日，××公司在1000kV某Ⅱ线检修作业过程中，发生一起高处坠落事故，造成1名作业人员死亡。7时10分左右，第二小组宝××、郑××、董×、孙×4名作业人员按照工作计划开始登塔作业（此时地面风力2级），因铁塔固定式防坠落轨道装置变形无法上行，临时采取安全绳挂环（双环）交替挂脚钉的方式上塔。11时许，郑××安装完下相监测装置攀爬软梯返回时，因体力不支无法回到下横担，后在孙×协助下返回下横担。15时30分左右（此时地面风力5级），完成作业任务后，郑××在利用安全绳挂环（双环）下塔过程中发生高处坠落（高度60m左右），16时许救护车抵达，经抢救无效死亡。

4.1.2 具备必要的安全生产知识，学会DL/T 692的紧急救护法，特别要掌握触电急救。

【释义】 依据《安全生产法》第五十八条的规定："从业人员应当接受安全生产教育和培训，掌握本职工作所需的安全生产知识，提高安全生产技能，增强事故预防和应急处理能力。"根据《安全生产法》的规定，从业人员应熟悉本单位安全生产规章制度、操作规程和生产安全事故应急救援预案；应积极参与本单位安全生产教育和培训；应积极开展危险源辨识和评估，落实本单位重大危险源的安全管理措施；应参与本单位应急救援演练；应参与检查本单位的安全生产状况，及时排查生产安全事故隐患，提出改进安全生产管理的建议；应制止和纠正违章指挥、强令冒险作业、违反操作规程的行为；应落实本单位安全生产整改措施。《国家电网公司安全职责规范》（国家电网安质〔2014〕1528号）第三十一条规定：班组员工要对自己的安全负责，认真学习安全生产知识，提高安全生产意识，增强自我保护能力；接受相应的安全生产教育和岗位技能培训，掌握必要的专业安全知识和操作技能；积极开展设备改造和技术创新，不断改善作业环境和劳动条件。

【事故案例】 因缺乏触电急救知识错过抢救时间导致触电身亡

2007年7月6日15∶27，在××路一家轮胎店门前，一名工人站在路面积水中操作机械卸一辆小车轮胎，不料触电倒地，另一人伸手拉时也被击倒。当天 15：45，现场被几十人围着。与轮胎店一墙之隔的电瓶店老板称，他当时正好站在门口，看着那名工人触电倒在积水路面上，其老板冲出伸手拉。他大喊："不要拉！有电。"但已来不及，拉人者亦触电倒下。他急忙跑到轮胎店内，与同时冲入的水泥店老板拉下电闸。断电后，看见轮胎店老板还想挣扎爬起，最先触电的工人还能转动头部。现场不少人帮忙大喊救人，但大家都缺乏触电救护知识，无人懂得该如何上去救护。大家打过 120、110 电话后，围着两名触电者团团转。由于错过了最佳抢救时间，虽经全力抢救，但两人均不幸死亡。

4.1.3 具备必要的电气知识和业务技能，按工作性质，熟悉本文件的相关部分，并经考试合格。

【释义】 依据《安全生产法》第二十八条的规定："生产经营单位应当对从业人员进行安全生产教育和培训，保证从业人员具备必要的安全生产知识，熟悉有关的安全生产规章制度和安全操作规程，掌握本岗位的安全操作技能，了解事故应急处理措施，知悉自身在安全生产方面的权利和义务。未经安全生产教育和培训合格的从业人员，不得上岗作业。"《国家电网有限公司关于印发十八项电网重大反事故措施（修订版）的通知》（国家电网设备〔2018〕979 号）1.2 加强作业人员培训规定："定期开展作业人员安全规程、制度、技术、风险辨识等培训、考试，使其熟练掌握有关规定、风险因素、安全措施，提高安全防护、风险辨识的能力。"

【事故案例】 深圳一电工无证作业，不幸触电身亡

2022 年 3 月 21 日，深圳××工业区内发生一起电工无证作业触电事故，造成 1 人死亡。2022 年 3 月 21 日 15：50 许，汪××（死者）与工友彭××来到涉事园区。16：00 许××公司钟××与胡×带着汪××、彭××来到涉事园区内，钟××告知汪××、彭××该配电房内有价值的物品基本都已丢失，现只剩一段电缆。随后钟××就安排汪××、彭××当天将此段剩下的电缆（以下简称涉事电缆）拆下，防止丢失。16：50，汪××、彭××带着临时新买的工具（锯子、钳子、扳手）与胡××再次来到涉事配电房准备进行电缆切割拆除作业，由于不确定涉事电缆是否带电，于是汪××通过竹梯上到电缆上方，然后手持低压验电笔对与电缆连通的高压负荷开关输入端的触头进行验电，当低压验电笔靠近涉事开关输入端时，带 10kV 电压的涉事开关输入端向汪××的手部放电产生电弧，导致其触电从爬梯上坠落至地面，并失去意识。

事故直接原因是作业人员汪××安全意识淡薄、冒险作业，在未取得特种作业电工证、未使用绝缘手套等劳动防护用品及相应电压等级专用验电器的情况下，手持低压验电笔对涉事开关输入端的裸露触头进行验电，当低压验电笔靠近涉事开关输入端时，带 10kV 电压的涉事开关输入端向汪××的手部放电产生电弧，导致其触电从爬梯上坠落至地面。

4.1.4 参与公司系统所承担电气工作的外单位或外来人员应熟悉本文件；参加工作前，应经考试合格，并经设备运维管理单位认可。作业前，设备运维管理单位应告知现场电气设备接线情况。

【释义】 依据《安全生产法》第三十五条的规定："生产经营单位应当在有较大危险因素的生产经营场所和有关设施、设备上，设置明显的安全警示标志。"依据《安全生产法》第四十四条的规定："生产经营单位应当教育和督促从业人员严格执行本单位的安全生产规章制度和安全操作规程；并向从业人员如实告知作业场所和工作岗位存在的危险因素、防范措施以及事故应急措施。"依据《安全生产法》第五十三条的规定："生产经营单

位的从业人员有权了解其作业场所和工作岗位存在的危险因素、防范措施及事故应急措施，有权对本单位的安全生产工作提出建议。"

【事故案例】 因厂家人员误刷新合并单元 PAR 配置文件，造成线路送电时发生跳闸

2021 年 4 月 24 日，××公司××线送合环时，因厂家人员在 4 月 2 日程序备份过程中，误刷新了合并单元 PAR 配置文件，导致幅值修正系数恢复为出厂设置，使得山 5042TA 极性对××线两套线路保护变为正极性设置（原为反极性），造成线路两侧断路器跳闸。

4.1.5 对本文件应每年考试一次。因故间断电气工作连续三个月及以上者，恢复工作前应重新学习本文件，并经考试合格。

【释义】 《国家电网公司安全工作规定》[国网（安监/2）406—2014] 第四十五条规定：各层级应定期组织安全法律法规、规章制度、规程规范的考试，地市公司级单位、县公司级单位每年至少组织一次对班组人员的安全规章制度、规程规范考试。因故间断电气工作连续三个月及以上者，容易遗忘规章制度、规程规范的条款内容，如果直接参与工作，有可能引发人身伤亡、设备损坏等事故，因此需要重新学习安全工作规程，并参加安全规程考试后方可参与工作。

4.1.6 特种作业人员参加工作前，应经专门的安全作业培训，考试合格，并经单位批准。

【释义】 依据《安全生产法》第三十条的规定："生产经营单位的特种作业人员必须按照国家有关规定经专门的安全作业培训，取得相应资格，方可上岗作业。"依据《中华人民共和国特种设备安全法》第十四条的规定："特种设备安全管理人员、检测人员和作业人员应当按照国家有关规定取得相应资格，方可从事相关工作。特种设备安全管理人员、检测人员和作业人员应当严格执行安全技术规范和管理制度，保证特种设备安全。"

【事故案例】 高空作业车斗臂与带电设备安全距离不足放电，导致 220kV 1、2 号母线停运

2020 年 4 月 9 日，××公司进行 1 号主变压器本体瓦斯排气、相关设备防腐除锈及配合验收等工作。工作负责人魏×安排高空作业车驾驶员朱××（未取得相应资格）先将车辆驾驶至 1 号主变压器 201 间隔处待命，等待开展 201 间隔相关设备防腐除锈工作。朱××将高空作业车行至母联 212 间隔处，误认为已到达工作地点，在未经许可、未核对间隔的情况下打开支腿、调整斗臂角度开展作业准备，调整过程中斗臂对母联 212 断路器与 TA 间 B 相引流线放电，引起 220kV 号 2 母线差动保护和母联死区保护动作，220kV 2、1 号母线先后跳闸，切除 6 回线路，导致两座 220kV 变电站全停，损失负荷 14.9 万 kW。

4.1.7 新参加工作的人员、实习人员和临时参加劳动的人员（管理人员、非全日制用工等），下现场参加指定的工作前，应经过安全生产知识教育，且不应单独工作。

【释义】 依据《安全生产法》第二十八条的规定："生产经营单位使用被派遣劳动者的，应当将被派遣劳动者纳入本单位从业人员统一管理，对被派遣劳动者进行岗位安全操作规程和安全操作技能的教育和培训。劳务派遣单位应当对被派遣劳动者进行必要的安全生产教育和培训。生产经营单位接收中等职业学校、高等学校学生实习的，应当对实习学生进行相应的安全生产教育和培训，提供必要的劳动防护用品。学校应当协助生产经营单位对实习学生进行安全生产教育和培训。"《国家电网有限公司关于印发十八项电网重大反事故措施（修订版）的通知》（国家电网设备〔2018〕979 号）1.2 加强作业人员培训规定："对于实习人员、临时人员和新参加工作的人员，应强化安全技术培训，证明其具备必要的安全技能，方可在有工作经验的人员带领下作业。禁止指派实习人员、临时人员和新参加工作的人员单独工作。"1.4.3规定："落实施工单位主体责任，将劳务分包人员统一纳入施工单位管理，统一标准、统一要求、统一培训、统一考核"。

4.1.8　正确佩戴和使用劳动防护用品。进入作业现场应正确佩戴安全帽，现场作业人员还应穿全棉长袖工作服、绝缘鞋。

【释义】　依据《安全生产法》第四十五条的规定："生产经营单位必须为从业人员提供符合国家标准或者行业标准的劳动防护用品，并监督、教育从业人员按照使用规则佩戴、使用。"依据《安全生产法》第五十七条的规定："从业人员在作业过程中，应当严格落实岗位安全责任，遵守本单位的安全生产规章制度和操作规程，服从管理，正确佩戴和使用劳动防护用品。"《国家电网有限公司电力安全工器具管理规定》（国家电网安监二〔2021〕26号）明确规定，任何人员进入生产、施工现场必须正确佩戴安全帽，如图4-1所示。安全帽是为了防御物体对头部造成冲击、刺穿、挤压等伤害。针对不同的生产场所，根据安全帽产品说明选择适用的安全帽。安全帽戴好后，应将帽箍扣调整到合适的位置，锁紧下带，防止工作中前倾后仰或其他原因造成滑落。

图4-1　佩戴安全帽的方式

在佩戴安全帽之前，现场作业人员应检查安全帽：

（1）永久标识和产品说明等标识清晰完整，安全帽的帽壳、帽衬（帽箍、吸汗带、缓冲垫及衬带）、帽箍扣、下带等组件完好无缺失。

（2）帽壳内外表面应平整光滑，无划痕、裂缝和孔洞，无灼伤、冲击痕迹。

（3）帽衬与帽壳连接牢固，后箍、锁紧卡等开闭调节灵活，卡位牢固。

（4）使用期从产品制造完成之日起计算。塑料和纸胶帽不得超过两年半，玻璃钢（维纶钢）橡胶帽不超过三年半，超期的安全帽应抽查检验合格后方可使用，以后每年抽检一次。每批从不同使用场合中随机抽取，每项试验试样不少于2顶，如有1顶不合格，则该批安全帽报废。

现场作业人员穿全棉长袖工作服是因为电力行业中棉质工作服可防止电灼、烧伤，棉质衣服遇到电灼、火花时会瞬间烧干净，不会附着在皮肤上，防止对皮肤造成损伤。而且现场作业人员的工作服不应有可能被旋转的机械绞着的部分，工作时工作服的衣服和袖口必须扣好，禁止戴围巾和穿长衣服，工作服禁止用尼龙、化纤或棉化纤混纺面料制成，以防万一发生火灾时工作服剧烈燃烧。

现场作业人员在日常电气作业中，经常接触带电物体或设备。为了防止跨步电压触电和其他意外触电事故，电气作业人员在作业中必须穿绝缘鞋。绝缘鞋的作用是使人体与地面绝缘，可作为防止跨步电压的基本安全用具，但对其他作业只能作为辅助安全用具，因其绝缘强度不能长期承受电气设备的工作电压，只能加强基本安全用具的保护作用。穿用电绝缘皮鞋和电绝缘布面胶鞋时，其工作环境应能保持鞋面干燥。在各类高压电气设备上工作时，使用电绝缘鞋，可配合基本安全用具（如绝缘棒、绝缘夹钳）触及带电部分，并能防护跨步电压所引起的电击伤害。在潮湿、有蒸汽、冷凝液体、导电灰尘或易发生危险的场所，尤其应注意配备合适的电绝缘鞋，应按标准规定的使用范围正确使用。穿用电绝缘鞋应避免接触锐器、高温、腐蚀性和酸碱油类物质，防止电绝缘鞋受到损伤而影响电绝缘性能。防穿刺型、耐油型及防砸型绝缘鞋除外。

在穿绝缘鞋之前，现场作业人员应对绝缘鞋进行检查：

（1）绝缘靴（鞋）的鞋帮或鞋底上的鞋号、生产年月、标准号、电绝缘字样（或英文EH）、闪电标记、耐电压数值、制造商名称、产品名称、电绝缘性能出厂检验合格印章等标识清晰完整。

（2）绝缘靴（鞋）应无破损，宜采用平跟，鞋底应有防滑花纹，鞋底（跟）磨损不超过1/2。鞋底不应出现防滑齿磨平、外底磨露出绝缘层等现象。

【事故案例】 未规范穿着工作服导致触电身亡事故

2020年6月22日，××塑料玩具厂发生一起触电事故，造成车间主任死亡。事发当天，薛××为图凉快仅着短袖、及膝短裤和拖鞋进入生产现场作业，左小腿皮肤未被衣物覆盖。因塑料粉碎机无接地线且套管保护强度不足，布设不合理，随意放置在地面上且有一小节电源线恰好被旁边的踏步梯梯脚压到。操作人员在日常加料过程中反复上下该踏步梯，时间一长导致该电源线绝缘保护皮被梯脚扎破，电源线芯裸露在外，电线漏电，导致踏步梯带电。在上下踏步梯时，左小腿不小心碰到带电的踏步梯，导致触电身亡。

4.1.9 进出配电站、开关站应随手关门。

【释义】 配电站、开关站一般均为无人值守，配电运维人员进出时必须随手关门，以防无关人员误入或恶意进入配电站、开关站后，误碰、误操作配电设备，导致事故发生。另外，随手关门还能严格落实防火阻燃、阻火分隔、防潮、防水及防小动物等各项安全措施。

4.1.10 不应擅自开启直接封闭带电部分的高压配电设备柜门、箱盖、封板等。

【释义】 《国家电网有限公司关于印发十八项电网重大反事故措施（修订版）的通知》（国家电网设备〔2018〕979号）第4.1.7规定："禁止擅自开启直接封闭带电部分的高压配电设备柜门、箱盖、封板等。"高压配电设备的柜门、箱盖、封板等装置起到隔离带电部分的作用，工作人员擅自开启后，有可能导致触电引发人身伤亡事件。

【事故案例】 ××公司当值电气运行人员在进行发电机并网前检查过程中，发生一起人身触电伤亡事故

5月2日，××公司机组C级检修工作全部结束，锅炉已点火，准备进行汽轮机冲转前的检查确认工作。1时40分左右，电气副值曹×、孟×在进行发电机并网前检查过程中，发现发电机出口开关101柜内有积灰，遂进行柜内清扫工作，1时46分，曹×在强行打开柜内隔离挡板时，触碰发电机出口10kV开关静触头，导致触电，经抢救无效死亡。

4.1.11　各单位应发布可单人工作的人员名单和工作范围。

【释义】　配电单人作业过程中，为了保证工作满足安全要求，必须选出经验丰富的人员，因此各单位应在每年下发可单人工作的人员名单，并明确其工作范围。

4.2　配电线路和设备

4.2.1　配电设备接地电阻应合格。

【释义】　依据《工业与民用电力装置的接地设计规范》第4.2.1条规定："低压电力设备接地装置的接地电阻，不宜超过4Ω。使用同一接地装置的并列运行发电机、变压器等电力设备，当其总容量不超过100kVA时，接地电阻不宜大于10Ω。"第4.2.2条规定："中性点直接接地的低压电力网中，采用接零保护时，中性线宜在电源处接地，但移动式电源设备除外。架空线路的干线和分支线的终端以及沿线每1km处，中性线应重复接地。电缆和架空线在引入车间或大型建筑物处，中性线应重复接地（但距接地点不超过50m者除外），若屋内配电屏、控制屏有接地装置时，也可将中性线直接连到接地装置上。低压线路中性线每一重复接地装置的接地电阻不应大于10Ω。在电力设备接地装置的接地电阻允许达到10Ω的电力网中，每一重复接地装置的接地电阻不应超过30Ω，但重复接地不应少于三处。中性线的重复接地，应充分利用自然接地体。"

4.2.2　配电设备的操作机构上应有中文操作说明和状态指示。

【释义】　部分配电设备是国外进口设备，而且有些国内设备为了简化操作机构名称，常用英语或字母来代替，导致部分操作人员不清楚操作流程，造成误操作，所以为了保证操作人员正确辨识并操作，操作机构上必须有中文操作说明和状态指示。

4.2.3　柱上断路器应有分、合位置的机械指示。

【释义】　柱上断路器是指在电杆上安装和操作的断路器，主要分为油断路器、真空断路器和六氟化硫断路器，其中六氟化硫断路器具有开断能力强、连续开断次数多、可频繁操作、操作噪声小以及无火灾危险等优点，是一种很好的无油化设备，如图4-2所示。分闸、合闸的机械指示是为了判断柱上断路器的分合状态，避免发生人员误操作事故。

图4-2　柱上断路器的结构

1-上出线端子；2-断路器；3-吊环；4-铭牌；5-分合标志牌；6-储能操作手柄；7-储能标识牌；
8-分合闸操作手柄；9-联锁轴；10-箱体；11-操作手柄；12-隔离架；13-绝缘子；14-下进线端子；
15-隔离刀片；16-绝缘拉杆；17-电流互感器；18-电压互感器；19-控制器；20-航空插

【事故案例】 ××公司断路器操作机构上的分合标记已显示"分"位，而柱上断路器负荷侧 C 相线路仍带电

××公司准备从某 10kV 线路 23 号杆架设一档新增变台分支线（单电源线路），为保证施工安全，施工单位申请该线路站外 8 号杆的柱上断路器（该断路器是线路分段断路器，断路器电源侧带一组隔离开关）停电。施工单位履行完正常的停电手续后，在进行实际操作前发现该线路 8 号杆柱上断路器处的隔离开关年久失修，不宜拉开。由于害怕拉坏隔离开关，延误工作票规定的恢复送电时间，工作负责人与在场的线路工程师、安监工程师商议并经原工作票签发人批准后，将工作票改为：只拉开 8 号杆柱上断路器，不拉隔离开关，然后依次验电、挂接地线。但在进行实际操作时，当拉开 8 号杆柱上断路器并检查其操作机构上的分合标记在"分"位后，挂接地线前验电时却发现柱上断路器负荷侧 C 相线路仍然带电。工作负责人带领施工人员换用其他验电器再次验电并经过反复查巡和分析，排除了验电器故障、感应电和反送电的可能，怀疑是线路柱上断路器本身机构存在问题。次日，打开线路柱上断路器密封盖进行彻底检查，发现开关操作机构的 C 相绝缘操作杆折断，导致 C 相不能断开。

4.2.4 在多电源和有自备电源的用户线路的高压系统接入点处，应有明显断开点。

【释义】 配电线路中存在多电源的情况，还有用户自备发电机、逆变电源及其他形式的自用电源设备，这些电源设备会引发触电伤人事故。因此，在高压系统接入点的地方，必须设置明显断开点或断开指示，以确保配电设施检修维护人员的人身安全。明显断开点是由可进行开断的隔离开关、负荷开关或断路器设备动作后形成的、肉眼可辨识的断开点，确保进线与出线之间有足够的安全距离。"明显断开点"非常重要，有些开关设备即使已经断开，但是因为机械、电气等故障，导致设备实际仍然可能处于接通状态，在这种情况下开展线路、设备检修，将会酿成人员伤亡事故。

【事故案例】 作业人员在未验电、未接地的情况下上塔处理隐患，造成 1 人触电死亡

2022 年 4 月 9 日，××县供电公司在未经现场勘察、未编制作业方案的情况下，未上报作业计划、未告知客户以及未填写工作票的情况下，开展 10kV 某线 239 号塔抢修工作。作业人员在确认 209 号塔分段断路器（为故障地点电源侧的分段断路器）、隔离开关已断开后，在未装设接地线、未断开线路所带用户专用变压器进线侧跌落式熔断器的情况下，组织开展 238~240 号塔间受损导线更换和线路搭接工作。线路搭接完成后，工作负责人饶××发现 240 号塔 B 相引流线距离脚钉过近，不满足送电要求，工作班成员次××在未验电、接地的情况下上塔处理隐患时，发生触电，经抢救无效死亡。

4.2.5 封闭式高压配电设备进线电源侧和出线线路侧应装设带电显示装置。

【释义】 带电显示装置是指能将高压带电体带电与否的信号传递到发光或音响元件上，显示或同时闭锁高压开关设备的装置。《国家电网公司防止电气误操作安全管理规定》（国家电网安监〔2018〕1119 号）明确规定：对使用常规闭锁技术无法满足防止电气误操作要求的设备（如联络线、封闭式电气设备等），宜采取加装带电显示装置等技术措施达到防止电气误操作要求。因此，对于封闭式高压配电设备而言，进线电源侧和出线线路侧应装设带电显示装置，避免发生误操作事故。

4.2.6 在绝缘导线所有电源侧及适当位置（如支接点、耐张杆处等）、柱上变压器高压引线处，应装设验电接地环或其他验电、接地装置。

【释义】 "验电接地环"是一种新型二合一结构的防雷验电接地环，其主要由绝缘护

罩、压紧螺母、压块、线夹座和绝缘多用环等组成，起到防止架空绝缘导线雷击断线以及用于检修施工时的验电和临时接地的作用，如图4-3所示。验电接地环一般安装在绝缘导线所有电源侧及支接点、耐张杆处、柱上变压器高压引线处，各相验电接地环的安装点距离绝缘导线固定点的距离应一致，接地环的颜色应与线路相色一致。另外，若未安装验电接地环，则应安装其他验电、接地装置，方便施工人员在开展检修工作前做好验电、接地工作，确保人身安全。

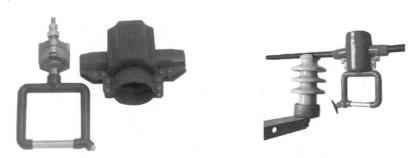

图4-3　验电接地环

4.2.7　环网柜、电缆分支箱等箱式配电设备宜装设验电、接地装置。

【释义】　环网柜是一组高压开关设备装在钢板金属柜体内或做成拼装间隔式环网供电单元的电气设备，其中心部分选用负荷开关和熔断器。每个环网柜由3~5路总开关盒构成灵敏衔接方式，以满足不同电力分配网络节点的供电需求。环网柜一般分为空气绝缘、固体绝缘和SF_6绝缘三种。环网柜由开关室、熔断器室、操作室和电缆室（底架）四部分组成。开关室由密封在金属壳体内的各个功用回路（包括接地开关和负荷开关）及其回路间的母线等组成。接地开关由动触刀和静触刀组成，在绷簧运动过程中，接地开关快速接通。开关室上部和后部开有4个长方形装置工艺孔，环网柜的正面装有观察窗，可看到接地开关的"分""合"方位。

电缆分支箱仅作为电缆分支使用，电缆分支箱的主要作用是将电缆分接或转接，一般选用带电指示器作为分支箱是否带电的一个重要办法，它的好坏决定了分支箱的检修作业能否继续。

箱式变电站作为整套配电设备，由变压器、高电压控制设备、低电压控制设备有机组合而成。其基本原理在于，通过压力启动系统、铠装线、变电站全自动系统、直流系统和相应的技术设备，按规定顺序进行合理的装配，并将所有的组件安装到特定的防水、防尘与防鼠等完全密封的钢化箱体结构中，从而形成的一种特定变压器。箱式变压器相当于一个小型变电站，属于配电站，直接向用户提供电源。箱式变压器包括高压室、变压器室、低压室。高压室就是电源侧，一般是35kV或10kV进线，包括高压母排、断路器或熔断器、电压互感器、避雷器等；变压室里的变压器是箱式变电站的主要设备；低压室里面有低压母排、低压断路器、计量装置、避雷器等，从低压母排上引出线路对用户供电，一般也是选用带电指示器来判断箱式变电站是否带电。

4.2.8　高压配电站、开关站、箱式变电站、环网柜等高压配电设备应有防止误操作的闭锁装置。

【释义】　《国家电网有限公司关于印发十八项电网重大反事故措施（修订版）的通

知》（国家电网设备〔2018〕979 号）4.1.2 规定："防误闭锁装置应与相应主设备统一管理，做到同时设计、同时安装、同时验收投运，并制订和完善防误装置的运行、检修规程。"防误操作闭锁装置是利用自身既定的程序闭锁功能，装设在高压电气设备上以防止误操作的机械装置。防误闭锁装置包括：微机防误、电气闭锁、电磁闭锁、机械连锁、机械程序锁、机械锁、带电显示装置等。防误操作闭锁装置（"五防装置"）主要起到防止误分合断路器、防止带负荷分合隔离开关、防止带电挂（合）接地线（接地开关）、防止带接地线（接地开关）合断路器（隔离开关）和防止误入带电间隔的作用，确保人身、电网和设备安全。

【事故案例】 操作过程中擅自解锁发生 10kV 电弧灼伤重伤事故

2004 年 5 月 27 日上午 9∶00，操作小班［该小班 2 人，监护人宋××（伤者）44 岁，操作人潘××，37 岁］接班。10 时 30 分，宋××到调度室接受操作任务。当天的工作任务是：城西站城 7 谷阳线、城 8 支工线 2 条 10kV 线路从检修改运行；配合 10kV 线路倒负荷操作（站内 10kV 分段从热备用改运行，站外拉开一把杆刀）；10kV 分段从运行改检修；城 13 水厂线从运行改检修。10∶30 宋××在调度室接受任务后，先吃过午餐，于 11∶00 到达城西站。由于两人都带有解锁钥匙且曾经有过擅自解锁的经历（据了解两人于 2003 年 9 月组成操作小班时，宋××就给了潘××一把"五防"解锁钥匙，钥匙来源于变电站"五防"改造施工现场），因此当 12∶02 到控制室接受调度城 13 水厂线操作指令后，两人即在模拟图板上进行不需要电脑钥匙操作步骤回送的状态修改，随后到开关室内将操作票放在一边，边录音边解锁操作。在一起执行完"取下城 13 水厂重合闸压板、拉开城 13 水厂断路器、拉开城 13 水厂线路隔离开关"操作步骤后，两人分开，操作人在城 13 水厂线隔离开关间隔柜打开网门挂接地线，监护人宋××则径直走到城 13 水厂母线侧隔离开关间隔柜，在没有拉开城 13 水厂母线侧隔离开关的情况下解锁打开隔离开关间隔柜网门，又未验电直接在断路器母线侧挂接地线，造成 10kV 二段母线相间短路，引起 2 号主变压器过电流跳闸，监护人宋××被电弧严重灼伤。

4.2.9 柜式配电设备的母线侧封板应使用专用螺丝和工具，专用工具应妥善保存。柜内有电时，该封板不应开启。

【释义】 柜式配电设备的母线侧封板使用专用螺丝和工具是为了防止无关人员误开、故意开启侧封板，特别是柜内带电时，任何人员都不允许打开封板，避免发生触电事故，而且专用工具不允许摆放在配电柜附近，以防人员随手用专用工具开启封板。专用螺丝一般有方插口、内六角、凹穴六角、菊花槽、米字槽和一字方形，在柜式配电设备中最常用的是内六角和菊花槽两种，如图 4-4 所示。

方插口　内六角　凹穴六角　菊花槽　米字槽　一字方形

图 4-4　各类专用螺丝

4.2.10 封闭式组合电器引出电缆备用孔或母线的终端备用孔应用专用器具封闭。

【释义】 封闭组合电器是将两种或两种以上的电器，按接线要求组成一个整体而各电器仍保持原性能的全封闭装置，具有结构紧凑、外形及安装尺寸小、使用方便且各电器的性能可更好地协调配合的特点。封闭组合电器可分为低压组合电器及高压组合电器。常见的低压组合电器有熔断式刀开关、电磁起动器、综合起动器等。低压组合电器使用方便，可使系统大为简化。封闭式组合电器引出电缆备用孔或母线的终端备用孔应该用专用器具进行封闭，以防人员误碰备用孔而导致人身触电事故。

4.2.11 高压手车开关拉出后，隔离挡板应可靠封闭。

【释义】 高压手车或高压静触头与隔离挡板间距离很小，如 10kV 开关柜静触头与挡板间距离仅为 125mm 左右，当高压手车开关拉出后，如果隔离挡板卡住或脱落，将会造成带电静触头暴露在作业人员面前，有可能造成人员误碰静触头而触电。因此，高压手车开关拉出后，作业人员要观察隔离挡板是否可靠封闭，若未封闭则停止作业，并补做其他安全措施。在拉出高压手车的过程中，也要注意防手车倾倒伤人。

【事故案例】 ××供电公司 35kV 开关柜小车倾倒压死操作人事故

2021 年 11 月 9 日，××供电公司在 110kV 某变电站 35kV 母线 TV 手车转检修的倒闸操作过程中，35kV 开关柜小车倾倒造成 1 名变电运维人员死亡。11 月 9 日上午 5：50，操作人员到达 110kV ××变电站，在完成相关准备工作后，于 6：30 左右开始执行调度关于 35kV Ⅱ 段母线转冷备用的指令，7：24 向地调汇报：35kV Ⅱ 段母线相关设备均已操作到冷备用状态。7：25，苏×、陈×继续操作××变电站 35kV ××线 362 断路器及线路 TV 由冷备用转检修、××变电站 35kV 备用四线 364 断路器及线路 TV 由冷备用转检修的指令，7：44 执行完毕。7：45，苏×、陈×开始操作××变电站 35kV Ⅱ 段母线由冷备用转检修（母线 TV 及避雷器同时转检修）的指令。7：50 左右，在陈×俯身将 35kV Ⅱ 段母线 TV、避雷器 36M4 手车隔离开关由试验位置拉出至柜外导轨的过程中，手车在柜外导轨斜坡位置突发倾倒，将陈×压倒在地。现场的作业人员随即将陈×送至医院抢救，经抢救无效死亡。

4.2.12 高压待用间隔（已接上母线的备用间隔）应有名称、编号，并纳入调度控制中心管辖范围。其隔离开关（刀闸）操作手柄、网门应加锁。

【释义】 待用间隔是指母线连接排、引线已接上母线的备用间隔，待用间隔必须有对应的名称和编号，即双重编号。启动验收完成后，待用间隔应纳入调度管辖范围，实施调度管理。一般情况下，待用间隔开关处于冷备用状态，有检修工作时，调度部门根据工作申请变更其状态，所以待用间隔的隔离开关（刀闸）操作手柄和网门都应该加上专用锁具，并且一把钥匙对应一把锁，钥匙应该存放在专用钥匙柜中，由专人保管。

【事故案例】 备用间隔母线侧接地开关未拉开，漏项操作造成母线跳闸事故

2018 年 6 月 16 日，××公司在 330kV 线路 Ⅳ 母向 Ⅲ 母充电时，因送变电公司备用间隔母线侧接地开关未拉开，漏项操作造成 330kV Ⅲ、Ⅳ 母线跳闸。6 月 15~17 日，××公司承担 330kV ××变电站 Ⅲ 母停电工作，安装 4 号主变压器进线间隔设备及母线套管设备。在 Ⅲ 母检修转运行操作中，在合上 3343 母联断路器，用 330kV Ⅳ 母向 Ⅲ 母充电时，3 号主变压器高压侧 3303 断路器、3342 分段断路器同时跳闸，330kV Ⅳ 母线跳闸。后经排查发现，施工人员在施工过程中为防止感应电伤人，合上了扩建段母线上的备用 3、备用 4 间隔 Ⅲ 母隔离开关和断路器母线侧接地开关作为安全措施，但在一次施工结束后未及时拉开。工作负责人和现场运维人员检查核对不到位，未发现上述接地开关处于合位，在按照调度命令向 330kV Ⅲ 母充电时发生三相接地短路故障。在倒闸操作进行软压板操作时，因操作票填写漏项，造成两套 "母差保护 3343SV（电流采样）接收软压板及 3343GOOSE 跳闸软压

板"均未投入，在 330kV Ⅲ母线故障，330kV Ⅳ母线保护动作时，导致Ⅲ/Ⅳ母线母联 3343 断路器未跳闸，由Ⅰ/Ⅲ母线分段 3342 断路器跳闸切除故障。

4.3　作业现场

4.3.1　作业现场的安全设施、施工机具、安全工器具和劳动防护用品等应符合国家、行业有关标准及公司规定，在作业前应确认合格、齐备。

【释义】　依据《安全生产法》第四十五条的规定："生产经营单位必须为从业人员提供符合国家标准或者行业标准的劳动防护用品，并监督、教育从业人员按照使用规则佩戴、使用。"在施工作业前，施工单位必须编制施工方案，并在施工方案中体现安全设施、施工机具、安全工器具和劳动防护用品等，施工负责人在作业前必须确认是否在有效期内、是否有破损等现象，而且数量是否满足现场要求。

【事故案例】　脚手架触碰电线导致 1 死 2 伤事故

2020 年 4 月 28 日，王××在承揽位于××市顺城区××公司办公楼外墙修缮时，无视安全生产工作，在未取得相关施工资质的情况下，组织未依法取得特种作业资格人员进行冒险施工，未对施工人员进行有效的安全教育及安全技术交底，未向作业人员提供安全防护用品，并未告知危险岗位的操作规程和冒险操作的危险，现场未安排专门的安全管理人员，造成 3 名施工人员 1 死 2 伤事故。当天 16 时，兰××、刘×、闫××在没有施工方案和正确的安全操作规程情况下，未佩戴有效的安全防护用品，搭设脚手架作业过程中，脚手架铁管触碰电线触电，造成兰××死亡、刘×重伤、闫××轻伤后果。

4.3.2　经常有人工作的场所及施工车辆上宜配备急救箱、存放急救用品，并应指定专人检查、补充或更换。

【释义】　在配电作业现场存在各类危险因素，如触电、高处坠落、机械伤害、高温中暑、交通意外等，会导致人身伤害的突发情况。因此作业现场应配备急救箱，内里药品齐全且在有效期内，在施工车辆上也宜配备急救箱，而且急救箱应携带方便、抢救设备齐全、轻便小巧。急救箱内物品应按《急救药箱配置标准（国标 M281745）》配置，具体配置情况见表 4-1。

表 4-1　　　　　　　　　　　急救药箱配置表

序号	名称规格	使用说明	数量	单位	有效期	检查人
1	纯棉弹性绷带 10cm×100cm	用于伤口的包扎，起到局部加压包扎的作用	1	盒		
2	网状弹力绷带 3 号（1m）	用于伤口的包扎，起到局部加压包扎的作用	1	盒		
3	不粘伤口无菌敷料 9cm×10cm	促进伤口愈合、防止感染的作用	2	盒		
4	防水创可贴 10 片	具有止血、护创的作用，主要针对小而浅、切口整齐整洁、出血不多的伤口，如割伤、玻璃划伤等	2	盒		
5	压缩脱脂棉 10 克×1 包	用于体表止血或皮肤、黏膜、伤口的清洁和辅助消毒	2	包		

序号	名称规格	使用说明	数量	单位	有效期	检查人
6	三角巾 96cm×96cm×136cm	是一种便捷好用的包扎材料，同时还可作为固定夹板、敷料和代替止血带使用，而且还适合对肩部、胸部、腹股沟部和臀部等不易包扎的部位进行固定	1	包		
7	酒精棉片 1×10 片	消毒；外用，使用表面无破损的消毒	10	片		
8	强力碘伤口消毒棉签 10 只×2 包	外用，消毒伤口	2	盒		
9	医用剪刀不锈钢	用于剪除血筋、皮、膜等	1	把		
10	医用塑胶手套	主要作用就是灭菌；无菌一次性使用	1	副		
11	速效救心丸	本品用于治疗气滞血瘀型冠心病，心绞痛	1	盒		
12	藿香正气水	主要功效是解表化湿、消暑清热、理气和中	2	盒		
13	京万红烫伤膏	用于烧烫伤；外用	2	盒		
14	云南白药气雾剂	活血散瘀、消肿止痛；外用，适用于摔倒扭伤表面无破损	2	瓶		
15	云南白药	用于跌打损伤、淤血肿痛，使用前创面先用双氧水消毒	2	盒		
16	风油精	清凉（防眩晕）、止痒；外用	3	瓶		
17	过氧化氢溶液	清洁伤口，消毒；外用	2	瓶		
18	碘伏	皮肤感染及消毒；外用	4	瓶		
19	电子体温计	用于测量人体体温，超过37.3°的人员不允许进入作业现场	1	个		
20	口罩（20 个 1 包）	用于防护，有效阻隔有害微粒通过呼吸道进入人体	1	包		

4.3.3　地下配电站，宜装设通风、排水装置，配备足够数量的消防器材或安装自动灭火系统，应设逃生指示和应急照明等。

【释义】　随着城市发展对市容环境及节约土地资源要求的提高，越来越多的配电站被建造在地下，随之产生的是配电站电气设备运行中的高温、潮湿、尘污、噪声、通风不畅等问题。因此地下配电站必须设置可靠的送排风系统。配电电缆进出口应有专用电缆井，并有防水、防洪措施，沿地下室外墙内侧应设排水明沟和集水坑，保证站内不进水、不积水。沿海、沿河或沿江的地下配电站应加装防洪设施。应在配电室装设水喷雾自动灭火设备；应有火警报警装置以及控制温度、湿度的仪器。高、低压室及变压器室均应设置除湿机的电源插座。地下配电站应设置两个以上的出入口，并宜布置在配电室的两端。其中一个为主出入口，供人员及设备的出入，另一个为应急出口。当配电站采用双层布置时，位于楼上的配电室应至少设一个通向室外的平台或通道的出口。在深度较深、设备较大的情况下，应设有吊物孔，在过道和楼梯处应装设逃生指示和应急照明等。

【事故案例】　西安××小区地下配电房未安装自动灭火系统无法灭火事故

2021 年 9 月 12 日，××市一小区地下配电房突发火灾，现场未安装自动灭火系统，因为失火空间内比较狭窄，浓烟久久未能散去，旁边还有车辆。小区业主发现后，第一时间向物业拨通电话请求支援，可是电话却迟迟没有人接听，情急之下业主只好拿起灭火器自行灭火。

4.3.4 装有SF$_6$设备的配电站，应装设强力通风装置，风口应设置在室内底部，其电源开关应装设在门外或门内的入口处。

【释义】 六氟化硫气体本身无毒，在高浓度下会使人呼吸困难、喘息、皮肤和黏膜变蓝、全身痉挛。吸入80%六氟化硫+20%氧气的混合气体几分钟后，人体会出现四肢麻木，甚至窒息死亡。在电弧作用下六氟化硫气体的分解物如四氟化硫、氟化硫、二氟化硫、氟化亚硫酰、二氟化硫酰、四氟亚硫酰和氢氟酸等都有强烈的腐蚀性和毒性。因此，一旦装有SF$_6$设备的配电站发生事故，为防止SF$_6$气体蔓延，必须将该系统所有强力通风装置全部开启，进行强力排换。因为配电站有隔离门隔离六氟化硫外泄，为了保证人员安全，人员可在室外打开通风装置的电源开关，所以必须把通风装置的电源装设在门外。电气值班人员应做好处理的组织准备，穿好安全防护服并佩戴隔离式防毒面具、手套和护目眼镜，采取充分的措施准备后，才能进入事故设备装置室进行检查。

【事故案例】 2人掉入六氟化硫气罐死亡事故

4月8日18时左右，××公司1名工程师在维修机械时因1个零件掉落到电子加速器的气罐里，该工程师下去捡零件时立即昏倒，没有上来，正在值班的保安班长得知后下去救人也没有再上来。2人被救上来时已死亡。气罐装满六氟化硫（SF$_6$）绝缘气体，SF$_6$在常温下是无色、无味、无毒的非燃烧性气体，密度约为空气的5倍。

4.3.5 配电站、开关站、箱式变电站的门应朝向外开。

【释义】 配电站、开关站、箱式变电站的门均应向外开，配电站、开关站、箱式变电站发生燃烧或爆炸等事故时，便于工作人员迅速有效地撤离事故现场；同时这有利于外面的作业人员采取相应的补救措施，不至于在紧急与慌乱中造成门紧闭，从而引起惨重后果。

4.3.6 配电站、开关站的户外高压配电线路、设备在跨越人行过道或作业区时，若10、20kV裸露的导电部分对地高度分别小于2.7、2.8m，该裸露部分底部和两侧应装设护网。户内高压配电设备的裸露导电部分对地高度小于2.5m时，该裸露部分底部和两侧应装设护网。

【释义】 配电站、开关站户外跨越的人行过道或作业区是配电运维人员在巡视、配电检修作业时的区域，为了保证配电运维人员与高压配电线路、设备裸露部分的安全距离，户外10、20kV导电部分对地高度不应小于2.7、2.8m，户内不小于2.5m。如果对地高度小于安全距离，则裸露部分的底部或两侧必须装设护网，确保人员与带电设备的安全距离。依据《高压配电装置设计技术规程》（DL/T 5352—2018）5.1最小安全净距的规定："当屋外配电装置的电气设备外绝缘体最底部距地小于2500mm时，应装设固定遮栏；屋内配电装置的电气设备外绝缘体最低部位距地小于2300mm时，应装设固定遮栏。"根据《10kV及以下架空配电线路设计技术规程》（DL/T 5220—2005）规定，居民区对地垂直距离不小于6.5m，非居民区对地面垂直距离不小于5.5m。

【事故案例】 高压线对地高度不达标致人触电身亡事故

2018年4月19日21时许，钟×志与其女婿钟×雄、石×三人一同到村边水沟钓鱼，当沿着村边水沟小路往上走至新华乡平源村委楼边变压器旁时，不慎将鱼竿与变压器外端（10kV）高压线相碰，钟×志触电滑下水沟，经医院抢救无效于2018年4月19日22：05宣告电击伤死亡。而发生事故处的变压器为被告电力公司在十多年前安装，变压器外端至电杆的高压线路与地面路基最小距离为 3.36m。由于电力公司安装的高压线路不符合国家标准，且未在裸露部分底部和两侧装设护网，导致钟×志触电身亡，故原告要求电力公司依法应承担责任。

4.3.7 配电站、开关站的户外高压配电线路、设备所在场所的行车通道上，应根据表 1 设置行车安全限高标志。

表 1   车辆（包括装载物）外廓至无遮栏带电部分之间的安全距离

电压等级 kV	安全距离 m
10	0.95
20	1.05

【释义】   行车安全限高标志表示禁止装载高度超过标志所示数值的车辆通行，安全标示牌应有衬边，除警告标示牌边框用黄色勾边外，其余全部用白色将边框勾一窄边，如图 4-5 所示。标志的衬边宽度为标志边长或直径的 0.025 倍。标志一般选用不锈钢板、铝合金板、塑料等耐久性材料，亦可选用透明材料和 0.8mm 以上厚的铝板、覆白底反光膜或聚乙烯反光胶带。在配电站、开关站的户外高压配电线路、设备所在场所的行车通道上应设置对应的行车安全限高标志，确保车辆与带电设备保持相应的安全距离，防止带电设备对车辆放电，造成人身触电事故。

图 4-5   限高标示牌

【事故案例】   吊车吊索与带电设备距离不足放电导致停电事故

2021 年 10 月 14 日，××公司在 500kV××变电站内进行 220kV 设备改造施工中，吊车吊索与带电设备距离不足放电，造成 220kV 号 2 母跳闸，又因旁路代路运行方式时连接片位置错误，母差保护动作时发远跳命令至对侧 220kV××变电站，致使 6 回 220kV 出线及 5 座 220kV 变电站失电，损失负荷约 29.6 万 kW，停电用户 32.3 万户。

4.3.8 室内母线分段部分、母线交叉部分及部分停电检修易误碰有电设备的，应设有明显标志的永久性隔离挡板（护网）。

【释义】   由于配电站室内高压配电装置安装较为集中，设备之间的距离较近，可能造成配电运维人员触电伤害，因此室内母线分段部分、母线交叉部分及部分停电检修易误碰有电设备的，必须设有明显标志的永久性隔离挡板（护网），这些隔离挡板（护网）在有电的情况下不允许拆卸或损坏。

【事故案例】   10kV 设备改造线路反送电接地线脱落，作业人员触电重伤事故

4 月 3 日，××供电公司变电工区变电一班进行××110kV 变电站 10kV 设备改造工作，工作班成员张×在工作过程中触电灼伤。工作任务为××110kV 变电站 221 断路器更换、保护改造、B 相加装 TA，工作班成员为孙××（工作负责人）、侯××、梁××、张×（男，25 岁，高中文化程度，1999 年 8 月军转，经培训 2002 年 8 月工作）。现场采取的安全措施为在 221-5 隔离开关（母线侧隔离开关）断路器侧挂接地线一组并在隔离开关口加装绝缘隔板、在 221-2 隔离开关（线路侧隔离开关）线路侧挂接地线一组。

16 时左右进行 221-2 隔离开关与 TA 之间三相铝排安装，当时张×在 221 开关柜内右侧进行 A 相接引、校正 A 相铝排，侯××在柜门左外侧协助工作，孙××在柜门外侧监护工作。约 16∶10，221 线路来电，造成工作班成员张×触电灼伤，随即将其送至××县医院进行抢救。经医院治疗，张×右手小拇指、无名指、中指被截肢，构成重伤。原因分析：221 线路来电是××110kV 变电站 214 城西路对 221 城中路放电造成的。221 城中路、214 城西路为××110kV 变电站六回同塔架设的线路，位于上层的 214 城西路为运行线路，导线为 LGJ-95，当时负荷为 320A，由于 214 城西路负荷较重，导致弧垂过大对下层 221 城中路放电。现场检查 221-2 线路侧接地线处于脱落状态，因此 214 城西路对 221 城中路放电造成了人员触电。

4.3.9 配电设备的排列布置应便于操作、维护和检修，并有巡检、逃生的通道。

【释义】 在巡检、操作过程中，有可能在配电设备的前后、两侧进行，而且一旦发生配电设备燃烧、爆炸等事故，需要开展应急逃生，此时若无不小于 800mm 的通道，则严重影响配电运维人员的巡检、操作或逃生。特别是室内配电设备必须与房屋的顶部和墙面保持一定距离，禁止将配电设备顶墙安装放置。

4.3.10 电缆孔洞应用防火材料严密封堵。

【释义】 电缆孔洞之间管道都是相通的，如果不做防火密封处理或处理不当，一旦发生火灾将会导致一整根电缆都会被烧损，而且时间长了，雨水、污水、淤泥等会慢慢渗入管道内，或鼠虫等小动物窜入繁殖、死亡腐烂都会造成电缆破皮引发事故，因此需要用防火材料严密封堵。防火封堵材料按用途可分为：①孔洞用防火封堵材料是指用于贯穿性结构孔洞的密封和封堵，以保持结构整体耐火性能的防火封堵材料；②缝隙用防火封堵材料是指用于防火分隔构件之间或防火分隔构件与其他构件之间（如伸缩缝、沉降缝、抗震缝和构造缝隙等）缝隙的密封和封堵，以保持结构整体耐火性能的防火封堵材料；③塑料管道用防火封堵材料是指用于塑料管道穿过墙面、楼地板等孔洞时，以保持结构整体耐火性能所使用的防火封堵材料及制品。

【事故案例】 变电站站内电缆沟电缆短路着火事故

2022 年 4 月 17 日，××变电站主控楼至 51、52 保护室电缆沟（主控楼侧）起火冒烟，导致多条母线、线路双套保护直流失电，多个线路保护通道中断，多个稳控双套直流失电，通道中断，51、52、53 保护小室至主控楼监控 A、B 网、电量光缆中断，51 小室至主控楼 PMU 光缆中断。站端视频信号线缆烧损，统一视频平台中无法显示故障画面。紧急停运了多条线路和开关，××换流站高低端停运。

4.3.11 凡装有攀登装置的杆塔，攀登装置上应设置"禁止攀登，高压危险！"标示牌（式样见附录Ⅰ）。装设于地面的配电变压器应设有安全围栏，并悬挂"止步，高压危险！"等标示牌。

【释义】 在配电运维过程中，需要装设各种标示牌。安全标示牌有禁止标志、警告标志、指令标志、提示标志四类。禁止标志的含义是不准或制止人们的某些行动；警告标志的含义是警告人们可能发生的危险；指令标志的含义是强制人们必须做出某种动作或采用某种防范措施；提示标志的含义是示意目标的方向，向人们提供某一信息。

安全标示牌是以红色、黄色、蓝色、绿色为主要颜色，辅以边框、图形符号或文字构成的标志，用于表达与安全有关的信息。

1）禁止标志的含义是不准或制止人们的某些行动。禁止标志的几何图形是带斜杠的圆环，其中圆环与斜杠相连，用红色；黑色图形符号，白色背景。

2）警告标志的含义是警告人们可能发生的危险，警告标志的几何图形是黑色的正三角形，黑色图形符号，黄色背景。

3）指令标志的含义是必须遵守，指令标志的几何图形是圆形，白色图形符号，蓝色背景。

4）提示标志的含义是示意目标的方向，提示标志的几何图形是方形，白色图形符号及文字，绿、红色背景。

【事故案例】 隔离开关构架刷油漆工作中，工作人员误登带电设备造成重伤事故

2001年7月5日早上4：30变电工区开关班杨××（工作负责人、班长）带领工作班成员曹××、吴×、周×、黄××，持0001944号变电第二种工作票进行35kV隔离开关构架刷油漆，5：09变电站站长黄××、工作班成员黄××听到有放电声音并看见弧光，发现曹××趴在35kV 3232隔离开关横担上。值班员急忙进行停电操作，在操作过程中，杨××、吴×登上梯子去救曹××，隔离开关再次发生放电将杨、吴二人击倒在地。5：14变电站值班员将35kV部分全停后，将曹××从隔离开关构架上抬下来，随即与县急救中心联系，120急救车于5：40将3人送至县人民医院救治。经初步诊断：曹××左肩部、背部、左上臂烧伤，腰部、臀部、左手手掌、右小腿有放电烧伤痕迹；吴×左脚脚趾、右小腿被烧伤；杨××右大腿、右小腿、左小腿局部烧伤。考虑到县医院治疗条件有限，已将3人于中午12时送往上海电力医院救治。日前曹××左上臂截肢，Ⅲ度烧伤13%。

4.3.12 工作地点有可能误登、误碰的邻近带电设备，应根据设备运行环境悬挂"止步，高压危险！"等标示牌。

【释义】 为了防止人员误登、误碰邻近带电设备，在施工地点邻近带电设备的遮栏上、室外工作地点的围栏上、禁止通行的过道上、高压试验地点、室外构架上、工作地点邻近带电设备的横梁上等处悬挂"止步，高压危险！"等标示牌，起到警示作用。

【事故案例】 配电检修人员误登带电10kV变台感应电死亡事故

2003年9月23日8：00，为配合市政道路改造路灯亮化工程，10kV大格干1~109号停电作业，××供电分公司配电高压工程师李××，将运行班班长交给的大格干高、低压缺陷汇总单交给配电检修二班副班长冯××，安排检修二班准备10kV大格干停电作业。检修二班按工作票的要求，先后在已停电的10kV大格干1、42、43、109号杆上进行验电，并挂接了四组接地线，工作班7人集中在一起处理了两处缺陷后，将2人留在大格干号58，负责更换一组跌落式熔断器及一组低压隔离开关，其余4人在工作负责人冯××带领下在10：50左右按缺陷汇总单上缺陷内容的作业地点到达10kV荣达分号7变台，冯××安排赵××（死者，男，21岁）、李×（男，38岁）负责此台作业，工作任务是更换两支变台跌落式熔断器及一支低压隔离开关。二人接受任务后赵××伸手拽变台托铁登台。这时李×对赵××说"听听帽子有响没有"后李×即俯身去取材料。李×听赵××说"感应电"，紧接着就听到

"呼"的一声，李××抬头一看发现赵××已经触电倒在变台上（约11：07）。经现场人员紧急联系苏家屯区调度将10kV砂轮Ⅱ线停电后（约11：18），将赵××救下变台，此时赵××已触电死亡（当时10kV荣达分实际在带电运行中，原因是10kV荣达分是10kV大格干和10kV砂轮Ⅱ线的联络线，原来由10kV大格干号72受电运行，因系统运行方式变更，荣达分已于2000年11月21日改由10kV砂轮Ⅱ线受电，非本次停电范围）。

4.3.13 配电站、开关站的井、坑、孔、洞或沟（槽）的安全设施要求：

a）井、坑、孔、洞或沟（槽），应覆以与地面齐平而坚固的盖板。检修作业，若需将盖板取下，应设临时围栏，并设置警示标识，夜间还应设红灯示警。临时打的孔、洞，施工结束后，应恢复原状。

【释义】 按照相关规定，对井、坑、孔、洞口（水平孔洞短边尺寸大于2.5cm的，竖向孔洞高度大于75cm的）或沟（槽）孔都要进行防护。边长在1.5m以上的洞口，张挂安全平网并在四周设防护栏杆，或按作业条件设计更合理的防护措施。0.5m×0.5m~1.5m×1.5m的洞口，必须预埋通长钢筋网片，或满铺脚手板，脚手板必须绑扎固定，任何人未经许可不得随意移动。0.25m×0.25m~0.5m×0.5m的洞口，必须设置固定盖板，保持四周搁置均衡，并有固定其位置的措施。尺寸为2.5cm~25cm的洞口，必须设坚实盖板并能防止挪动移位。位于车辆行驶道路旁的洞口、深沟等，所加盖板应能承受不小于当地额定卡车后轮有承载力2倍的荷载。

井、坑、孔、洞或沟（槽）必须覆以与地面齐平而坚固的盖板，这是为了防止作业人员绊倒或坠落。如果需要将盖板取下，应装设临时围栏，起到提示作用，并设置警示标识，如"在此工作！""止步，高压危险！"等，洞口必须按规定设置照明装置和红灯示警装置，起到夜晚提醒作用。临时孔、洞在施工结束后应恢复原状，防止路人或车辆掉入孔、洞中。

【事故案例】 检查清扫操作机构过程中，清扫人员不慎滑落导致腰椎压缩性骨折事故

2000年12月15日，二级电站1号主变压器及6.3kVⅠ、Ⅲ段母线停电，10：30，清扫人员段××在电抗器室对623断路器及隔离开关操作机构检查清扫工作中，不慎从断路器旁后侧构架1.5m处滑落到地板上，落点处风机管道（未装）遗留孔洞50×80上的石棉盖板破裂，人继续下落至母线管室（水机层、两层高差4.82m），造成第一腰椎压缩性骨折。施工时遗留下的风机孔洞未按要求用坚固的盖板封堵，同时也暴露出对此类孔洞存在的安全隐患未及时发现和检查整改。

b）所有吊物孔、没有盖板的孔洞、楼梯和平台，应装设不低于1050mm高的栏杆和不低于100mm高的护板。检修作业，若需将栏杆拆除时，应装设临时遮栏，并在检修作业结束时立即将栏杆装回。临时遮栏应由上、下两道横杆及栏杆柱组成。上杆离地高度为1050~1200mm，下杆离地高度为500~600mm，并在栏杆下边设置严密固定的高度不低于180mm的挡脚板。原有高度1000mm的栏杆可不作改动。

【释义】 所有吊物孔、没有盖板的孔洞、楼梯和平台必须装设不低于1050mm高的栏杆和不低于100mm高的脚部护板；离地高度高于20m的平台、通道及作业场所的防护栏杆不应低于1200mm。如在检修期间需将栏杆拆除时，必须装设牢固的临时遮栏，并设有明显警告标志，避免因不熟悉作业环境，误入孔洞、楼梯和平台造成坠落事故的发生。检修结束后要立即把栏杆装回，原有高度1000mm的栏杆可不作改动。

【事故案例】 尼龙绳作为简易围栏，作业人员从起吊孔坠落死亡事故

1月17日上午，××厂更换输煤皮带，打开吊砣间的起吊孔（标高25m），仅用一条尼龙绳作为简易围栏。工作负责人于×带领岳×等人到达吊砣间进行疏通落煤筒工作，虽然发现起吊孔未设围栏，但是仍未采取防护措施便开始工作。一工作人员用大锤砸落煤筒，岳×为了躲避大锤后退时，从起吊孔坠落至地面（落差25m），经抢救无效死亡。

4.4 其他要求

4.4.1 作业前，应做好安全风险辨识。作业人员应被告知其作业现场和工作岗位存在的危险因素、防范措施及紧急处理措施。

【释义】 依据《安全生产法》第四十四条的规定："生产经营单位应当教育和督促从业人员严格执行本单位的安全生产规章制度和安全操作规程；并向从业人员如实告知作业场所和工作岗位存在的危险因素、防范措施以及事故应急措施。"在作业现场和工作岗位存在的危险因素都要提前告知作业人员，作业人员要及时掌握防范措施，一旦发生事故，作业人员还要知道事故应急措施。

【事故案例】 检修人员误入带电3161隔离开关柜被电弧严重烧伤事故

2005年6月30日，××检修一公司对某变电站1号站用变压器及1号站用变压器316断路器、316电缆、316保护仪表进行预试检验工作。10：10，运行值班人员对检修设备停电操作完毕并做好安全措施后，将316开关柜前后下层柜门打开，随后由值班负责人周××会同工作负责人熊××到现场，再次检查所做安全措施，但未对工作人员交代安全注意事项。10：24，控制室喇叭响、警铃响，1号主变压器310、308、314断路器跳闸。经现场检查，发现工作班成员周××触电，电弧将周××、熊××烧伤。周××烧伤严重，熊××面部及上半身部分烧伤，现已住院救治。据医院初步诊断，周××全身烧伤面积约80%，其中约60%为Ⅲ度烧伤，熊××灼伤面积约20%。事故直接原因：在对316断路器进行检修时，工作负责人熊××和工作班成员周××共同将×GN9-10-041型开关柜上层柜门打开，周××进入10kV带电母线及3161隔离开关柜内时导致放电短路，造成人身重伤事故和主变压器低压侧断路器跳闸。

4.4.2 任何人发现有违反本文件的情况，应立即制止，经纠正后才能恢复作业。

【释义】 《配电安规》是保证配电运维人员的安全工作规程，规程中的条款均为消除现场风险的重要规定，因此，任何人在发现违反《配电安规》的情况时必须立即制止，以防发生事故，而且必须经过纠正整改后才可以恢复作业。

【事故案例】 更换绝缘子发生高空坠落人身死亡事故

上午10：00更换绝缘子工作开始，13：00左右，完成了94、95号杆塔工作后，开始对99号塔进行绝缘子更换工作。安××上塔，李×负责监护指挥，另外两人进行地勤工作。安××上塔（7813型杆塔，呼称高20.7m）后，走到3相导线横担，并系好安全带延长绳，在横担上挂好单滑轮，接着将组三滑轮和防止导线意外脱落的保险钢丝绳套上挂在横担上，然后下至导线，安××将组三滑轮另一端挂在导线上后，将腰绳套在组三滑轮的绳子上。地面人员试用组三滑轮将导线拉起，安××即蹲下摘取碗头，此时由于组三滑轮上使用的棕绳受力后突然拉断，安全带延长绳受到导线和人体下坠的冲击力从横担一端的挂环处拉断，安××随导线落下，背部着地，时间为13：20左右。该小组人员就地进行人工救助

后，随即用架子车迅速将人拉下山抬上汽车，约 14：00 到陇县医院，经抢救无效于 15：00 左右死亡。经局事故调查组和扩大分析会分析，认为小组工作负责人未能认真履行工作监护人职责，指挥不当，对塔上工作人员的每一个操作行为未进行认真监护，未能及时发现并制止"塔上工作人员未挂导线保险绳套擅自摘掉碗头"这一违章行为，监护不到位。

4.4.3 **作业人员有权拒绝违章指挥和强令冒险作业。在发现直接危及人身、电网和设备安全的紧急情况时，作业人员有权停止作业或在采取可能的紧急措施后撤离作业场所，并立即报告；现场负责人应组织人员撤离作业现场。**

【释义】 依据《安全生产法》第五十四条的规定："从业人员有权对本单位安全生产工作中存在的问题提出批评、检举、控告；有权拒绝违章指挥和强令冒险作业。"依据《安全生产法》第五十五条的规定："从业人员发现直接危及人身安全的紧急情况时，有权停止作业或在采取可能的应急措施后撤离作业场所。"可见在施工现场，一旦发现有危及人身、电网、设备安全的紧急情况时，作业人员应停止危险作业或采取紧急措施后及时撤离作业现场，并立即向上级部门或单位报告现场情况，确保事件不会扩散。

【事故案例】 **电杆折断倾倒造成两人死亡事故**

从 7 月 10 日开始原渭×线连续五次多处被盗，8 月 10 日工区检修技术员刘××带领毕×等三人勘察了工作现场，当时 26～31 号杆东侧一相导线已被盗，制订了拆除工作方案。8 月 14 日上午，送电工区自行安排拆除该线路残留的旧导线及架空地线，带电二班班长毕×（现场总指挥）带领 14 名工作成员分三组，其中毕×带领 4 名班员为第三组，在 28 号杆（18m 高型水泥杆）处工作，10：40 到达工作地点后，发现 28～31 号杆之间原来剩余的两相导线又被盗，27～28 号杆西边两根导线仍在，28 号杆因受力不平衡而向西南稍有扭斜。毕×让工作班成员杨×、侯××登杆工作，杨×即去上杆，而侯××提出异议，认为上杆工作安全无法保证，要求打拉线后再上，毕×未采纳意见，又让工作班成员严××上杆，严××也未答应。此时，工作班成员王×（班技术员）也给毕×提出要打拉线，不打拉线太危险，毕×仍不听劝告，负气自己登杆工作。10：50 左右当毕×松开东边的架空地线，又到西边帮杨×松另一根地线时，东边立杆离地 0.4m 处扭折，随后西边立杆也从根部折断，整根杆向南倾倒，毕×、杨×松二人安全带系在杆顶横杆上随杆倒下，内伤严重，送市人民医院抢救无效死亡。

4.4.4 **在采用新工艺、新技术、新材料或使用新设备时，应了解、掌握其安全技术特性，制定相应的安全措施，经本单位批准后执行，并对作业人员进行专门的安全生产教育和培训。**

【释义】 依据《安全生产法》第二十九条的规定："生产经营单位采用新工艺、新技术、新材料或使用新设备，必须了解、掌握其安全技术特性，采取有效的安全防护措施，并对从业人员进行专门的安全生产教育和培训。"新工艺、新技术、新材料或使用新设备都是为了技术的更加完善，但是往往有些新的东西应用会带来不可预估的后果，因此需要本单位讨论批准后方可试用，而且一定要制订相应的安全措施和事故应急措施，并对作业人员进行针对性的安全生产教育和培训，使作业人员了解、掌握一些未接触过的技术特性，通过考核后方可使用。

5 安全组织措施

5.1 在配电线路和设备上工作的安全组织措施

a）现场勘察制度；

b）工作票制度；

c）工作许可制度；

d）工作监护制度；

e）工作间断、转移制度；

f）工作终结制度。

5.2 现场勘察制度

5.2.1 工作票签发人或工作负责人认为有必要现场勘察的配电检修（施工）作业和用户工程、设备上的工作，应根据工作任务组织现场勘察，并填写现场勘察记录。（见附录 A）

【释义】 在配网检修施工作业中，电力线路具有点多、面广、施工复杂、危险性大的特点，许多事故的发生往往是作业人员缺乏事前危险点的勘察与分析造成的。因此想安全、圆满完成配网作业，做好现场勘察是一个至关重要的环节。现场勘察执行的好坏，将直接关系到施工作业的效率和质量。《国家电网公司关于印发生产作业安全管控标准化工作规范（试行）的通知》（国家电网安质〔2016〕356 号）规定，以下情况需要进行现场勘察：①配电线路杆塔组立、导线架设、电缆敷设等检修、改造项目施工作业；②新装（更换）配电箱式变电站、开关站、环网单元、电缆分支箱、变压器、柱上断路器等设备作业；③带电作业；④涉及多专业、多单位、多班组的大型复杂作业和非本班组管辖范围内设备检修（施工）的作业；⑤使用吊车、挖掘机等大型机械的作业；⑥跨越铁路、高速公路、通航河流等施工作业；⑦试验和推广新技术、新工艺、新设备、新材料的作业项目；⑧工作票签发人或工作负责人认为有必要现场勘察的其他作业项目。

【事故案例】 未对 10kV 线路开展现场勘察，导致人员触电死亡事故

2000 年 12 月 21 日上午 8：40，××供电公司所属桥东供电分局进行 10kV ××线路家园分支线路更新工作，其中新铺设的东西走向导线需跨越已废弃多年的原砂轮厂专线导线，因施工困难，故现场工作负责人临时决定将该线段拆除，以便顺利施工。8：40，现场工作负责人带领检修班工人李××到事故发生地的耐张分支电杆处，准备登杆验电挂接地线后，进行拆除该段导线的工作。由于二人对该耐张分支杆实际情况不清楚，特别是将带电的北侧、东侧导线误认为与南侧废弃导线是同一条废弃线路，随即开始工作。李××登杆进行验电挂地线，工作负责人在地面监护。当对该杆侧导线验明无电后，准备封挂接地线时，由于该杆处于蔬菜冷库的屋顶上，无装设接地线接地端的位置，工作负责人在寻找合适的

地线接地点时，失去对杆上人员的监护，此时李××在杆上移动中触及带电导线，触电死亡。

5.2.2 现场勘察应由工作票签发人或工作负责人组织，工作负责人、设备运维管理单位（用户单位）和检修（施工）单位相关人员参加。对涉及多专业、多部门、多单位的作业项目，应由项目主管部门、单位组织相关人员共同参与。

【释义】 现场勘察应在编制"三措"及填写工作票前完成，由工作票签发人或工作负责人组织开展，一般由工作负责人、设备运维管理单位和作业单位相关人员参加。对涉及多专业、多单位的大型复杂作业项目，应由项目主管部门、单位组织相关人员共同参与完成。另外，承发包工程作业应由项目主管部门、单位组织，设备运维管理单位和作业单位共同参与。

5.2.3 现场勘察应查看检修（施工）作业需要停电的范围、保留的带电部位、装设接地线的位置、邻近线路、交叉跨越、多电源、自备电源、有可能反送电的设备和分支线、地下管线设施和作业现场的条件、环境及其他影响作业的危险点，并提出针对性的安全措施和注意事项。

【释义】 勘察记录应根据停电计划和工作方案，结合现场勘察实际情况进行填写。内容包括工作地点需要停电的范围、保留的带电部位、作业现场的条件、环境及其他危险点、应采取的安全措施。作业范围有分布式电源接入、有配电网自动化配电站运行等情况，需纳入现场勘察，并制订防止反送电的安全技术措施。

（1）需要停电的范围。作业中直接触及的电气设备，作业中机具、人员及材料可能触及或接近导致安全距离不能满足安全规程规定距离的电气设备。

（2）保留的带电部位。邻近、交叉、跨越等不需停电的线路及设备，双电源、自备电源、分布式电源等可能反送电的设备。

（3）作业现场的条件。装设接地线的位置，人员进出通道，设备、机械搬运通道及摆放地点，地下管沟、隧道、工井等有限空间，地下管线设施走向等。

（4）作业现场的环境。施工线路跨越铁路、电力线路、公路、河流等环境，作业对周边构筑物、易燃易爆设施、通信设施、交通设施产生的影响，作业可能对城区、人口密集区、交通道口、通行道路上人员产生的人身伤害风险等。

（5）应采取的安全措施。注明接地线、绝缘隔板、遮栏、围栏、标示牌等装设位置。

（6）附图与说明。现场绘制勘察草图，勘察图应为勘察主要内容的示意图，应绘出工作全范围的接线方式、线路名称和杆号、接地线位置、交叉跨越或邻近带电线路、跨越公路和河流等方面。勘察图应手工绘制，带电部分应用红色笔，其他部分用黑色或蓝色笔画出，也可采取在一次系统接线图进行标注的方式绘制。

现场勘察结束后，勘察人员要针对现场情况提出针对性的安全措施和注意事项，并填写现场勘察记录。

【事故案例】 未开展现场勘察，电力施工导致燃气管道泄漏事故

2022年4月2日，在实施阳湖片区一期路网工程临时用电工程项目时，未在施工前对施工现场的燃气管道位置进行物探定位，未与燃气经营者共同制订燃气设施保护方案，未在施工时通知燃气企业有关人员到场监护的情况下，擅自组织开展拉管作业，导致燃气管道泄漏事故。

5.2.4 **现场勘察后，现场勘察记录应送交工作票签发人、工作负责人及相关各方，作为填写、签发工作票等的依据。对危险性、复杂性和困难程度较大的作业项目，应制订有针对性的施工方案。**

【释义】 现场勘察结束后，应及时将现场情况通过填写现场勘察记录的方式进行详细说明，现场勘察记录宜采用文字、图示或影像相结合的方式。现场勘察记录内容包括：工作地点需停电的范围，保留的带电部位，作业现场的条件、环境及其他危险点，应采取的安全措施，附图与说明，其中附图常用电气符号如图 5-1 所示。现场勘察记录应使用统一票面格式：纸型（A4）、边距（上下左右各 2cm）、字体（标题：黑体小 2 号；栏目标题：宋体 5 号）。现场勘察记录应手工填写，用黑色或蓝色的钢（水）笔或圆珠笔，不准使用红色笔（安全措施附图中的带电部分及记录中保留、邻近带电部位除外）或铅笔。现场勘察记录所涉日期、时间的填写应按公历及 24h 制填写。如 2020 年 05 月 08 日 08 时 30 分、2020 年 05 月 08 日 18 时 03 分。要求拉开、合上的断路器、隔离开关，描述为拉开××断路器、拉开××隔离开关，合上××接地开关等，其中××为设备编号。

现场勘察记录由工作负责人收执，应同工作票一起保存一年。

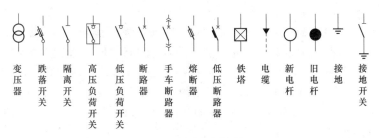

| 变压器 | 跌落开关 | 隔离开关 | 高压负荷开关 | 低压负荷开关 | 断路器 | 手车断路器 | 熔断器 | 低压断路器 | 铁塔 | 电缆 | 新电杆 | 旧电杆 | 接地 | 接地开关 |

图 5-1 常用电气符号图

5.2.5 **开工前，工作负责人或工作票签发人应重新核对现场勘察情况，发现与原勘察情况有变化时，应修正、完善相应的安全措施。**

【释义】 开始对配电设备进行操作、施工作业之前，要重新核对现场勘察情况，如环境、天气、配电设备运维情况等，一旦现有的情况与原勘察记录有所差别时，要及时补充完善对应的安全措施。

【事故案例】 带电作业人员带负荷解 10kV 搭头线电弧灼烫造成重伤

2000 年 3 月 13 日，××供电局带电班班长胡××，持线路第二种工作票申请停用 10kV ××线重合闸，工作任务是解 104 号杆 10kV 搭头线。9：30 接到许可开工令，9：55 胡××指挥带电作业车停靠后，通知彭××、姚××开始等电位带电作业。约 10：10，彭××解开 10kV 搭头线的扎线，即将脱开之时，导线对彭××双手放电拉弧。胡××立即令带电作业车脱离作业点，并派人打 120 电话求援，随即将彭××送往附近的市七医院抢治，当天转市三医院治疗，当即做了右拇指截除术，构成重伤。在工作开始前，有关人员未认真勘察现场，漏停一台 500kVA 配电变压器，造成带负荷解 10kV 搭头线。

5.3 工作票制度

5.3.1 在配电线路和设备上工作，应按下列方式进行：

a) 填用配电第一种工作票（见附录 B）；

b）填用配电第二种工作票（见附录 C）；

c）填用配电带电作业工作票（见附录 D）；

d）填用低压工作票（见附录 E）；

e）填用配电故障紧急抢修单（见附录 F）；

f）使用其他书面记录、电子信息或按口头、电话命令执行。

【释义】 电气工作票（简称工作票）制度是安规的重要组成部分，是"两票"管理（操作票、工作票）制度之一，严格执行工作票制度是保证人身、电网和设备安全的重要组织措施。工作票是准许在电气设备及系统软件上工作的书面命令，是执行保证安全技术措施的书面依据，也是明确安全职责、向工作人员进行安全交底，实施保证工作人员安全的组织、技术措施的依据。

配电工作票由工作负责人填写，也可由工作票签发人填写。工作票应使用统一票面格式：纸型（A4）、边距（上下左右各 2cm）、字体（标题：黑体小 2 号；栏目标题：宋体 5 号）。工作票应用黑色或蓝色的钢（水）笔或圆珠笔填写与签发，不准使用红色笔（安全措施附图中的带电部分及工作票中保留、邻近带电部位除外）或铅笔。工作票应一式两份，需要进入变电站或发电厂升压站进行架空线路、电缆等工作时，应增填工作票份数（按许可单位确定数量）。工作票填写应工整、清楚。工作票票面上的时间、工作地点、线路名称、设备双重名称（即设备名称和编号）、动词等关键字不得涂改。如有个别错、漏字需要修改、补充时，在写错处画两横线注销后改正。每份工作票的改写不得超过三处。工作票所涉日期、时间的填写应按公历及 24 小时制填写。如 2020 年 05 月 08 日 08 时 30 分、2020 年 05 月 08 日 18 时 03 分。要求拉开、合上的断路器、隔离开关，描述为拉开××断路器、拉开××隔离开关，合上××接地开关等，其中×××为设备编号。正式执行的工作票，除 PMS 系统工作票签发人签发签名和工作负责人收到工作票签名可使用电子签名外，其他需工作票签发人、工作负责人、工作许可人、专责监护人以及工作班成员签名的均应手工签名，不得直接打印，不得"复写"。电子签名应有保护电子签名的措施，否则不得使用。工作票有污损不能继续使用时，应补填新的工作票并重新履行签发、许可手续。

5.3.2 需要将高压线路、设备停电或做安全措施者，填用配电第一种工作票。

【释义】 需要将高压线路、设备停电或做电气隔离安全措施的配电工作应填写配电第一种工作票，其中，"安全措施"应该为检修状态的线路、设备名称，应断开的断路器（开关）、隔离开关（刀闸）、熔断器，应合上的接地开关，应装设的接地线、绝缘隔板、遮栏（围栏）和标示牌等，装设的接地线应明确具体位置，必要时可附页绘图说明。

【事故案例】 热电工程项目无票作业导致触电人身死亡事故

2021 年 8 月 28 日上午 6：50 左右，现场接线班班长倪×安排接线人员耿××、王××两人到输煤 6kV 配电间内进行灰库 MCC 段 400V 柜进行接线工作，两人于 7：12 到达配电间，并办理了进入登记，在没有办理工作票、工作盘柜没有停电的情况下开始工作。8：22 耿××右臂不慎触碰到 MCC 进线盘柜电缆室的三相熔断路发生触电，一同进入工作的王××听到声音后过来查看，发现耿××发生触电，已不能自主脱离，并伴随抽搐，王××没有采取断电措施，戴手套将已昏迷的耿××拉出；王××立刻通知配电间保安，保安随即拨打了 120 电话，120 急救人员于 9：02 到达现场，经检查确认，于 9：09 宣布耿××死亡。

5.3.3 高压配电（含相关场所及二次系统）工作，工作人员在工作中正常活动范围与邻近带电高压线路或设备带电部分的距离大于表 2 规定，不需要将高压线路、设备停电或做安全措施者，填用配电第二种工作票。

表 2   高压线路和设备不停电时的安全距离

电压等级 kV	安全距离 m	电压等级 kV	安全距离 m
交流			
10 及以下①	0.7（0.35）②	330	4.0
20、35	1.0（0.6）②	500	5.0
66、110	1.5	750	8.0③
220	3.0	1000	9.5
直流			
±50	1.5	±660	9.0
±400	7.2③	±800	10.1
±500	6.8	±1100	17.00

① 表中未列电压应选用高一电压等级的安全距离，后表同。
② 括号内数值仅用于作业人员与带电设备之间采取了绝缘隔离或安全遮栏措施的情况。
③ 750kV 数据按海拔 2000m 校正；±400kV 数据按海拔 3000～5300m 数据校正后，为全线统一使用的数值；其他电压等级数据按海拔 1000m 校正。

【释义】 当配电作业与高压线路、设备不停电时的安全距离满足要求，而且不需要停电或做电气隔离安全措施时，可填用配电第二种工作票。

【事故案例】 安装公司胡××误碰低压导线触电身亡事故

2001 年 5 月 9 日，××电力有限责任公司安装公司变电队的工作人员王××、范××、胡××（死者，男，26 岁）受变电队副队长何××的指派，到月园开关站的南侧终端杆上安装并固定 10kV 电缆终端头。施工处的 10kV 出线终端杆为改造后的钢管杆，杆高 15m，上层为 10kV 双回线（绝缘导线）。中、下层分别有 380V 路灯线和 380V 低压公用变压器主干线顺杆而过。在 5 月 1 日立杆时，杆身处的两回低压裸导线都采取了相应的绝缘措施：将开口的塑料套管套在导线上，再用绝缘胶带缠绕绑扎，处理长度达 4～5m。施工时 10kV 线路和 380V 低压主干线路没有停电。18：20，进行电缆头挂装，王××带民工拉吊绳，胡××在杆上接应并固定电缆头。当电缆头起吊上升至电缆支架处时被挂住，胡××（腰系安全带）试图推开电缆头，由于用力不当，造成身体摇晃，为平衡身体，双手无选择抓支撑物不慎触及绝缘被吊绳破坏的低压带电导线上，并发出"哎哟"一声。王××立即跑到距事发现场约 90m 处的低压配电箱，切断电源。只见胡××头部奋拉，口吐鲜血，脸色发紫，小便失禁。王××迅速返回并在民工的配合下将胡××放下，并立即将胡××送市急救中心抢救，途中施工人员对胡××进行了心肺复苏紧急处理，20：30 左右胡××在医院因抢救无效死亡。通过对事故现场的勘察，发现紧贴着滑车尼龙绳的低压主干线 A 相绝缘胶带被磨破，塑料套管有部分被拉脱，导线有裸露且死者右手掌下部有一电击点。很显然，胡××是在身体失去平衡时，不慎触及裸露的低压带电导线，遭电击身亡。

27

5.3.4 高压配电带电作业，填用配电带电作业工作票。

【释义】 带电作业是指在高压电气设备上不停电进行检修、测试的一种作业方法。电气设备在长期运行中需要经常测试、检查和维修，带电作业是避免检修停电、保证正常供电的有效措施。带电作业的内容可分为带电测试、带电检查和带电维修等几方面，对于以上作业可使用配电带电作业工作票。

【事故案例】 10kV 带电接引作业触电死亡事故

××公司承包用户 10kV 箱式变电站配电工程。为了这个工程早日通电，该公司副经理 5 月 28 日到施工处找到胡××经理，说他们干的配电工程急于通电，由于没有线路停电计划，请求带电接引。胡经理在没有履行正常审批手续情况下（既没有签订合同或协议又没有向供电公司和集团公司领导汇报），即让王××副经理先看现场是否符合带电作业条件和能否作业。5 月 29 日 15：40 电力电缆（带电）设备施工处工作负责人（监护人）王××带领葛××、王×（死者、男、45 岁）进入 35 号作业现场。王××进行现场勘察，35 号杆是 10kV 线路，为双回线上下排同杆架设，上排电台线呈三角形排列，下排兴业线呈水平排列，杆西为 C 相，杆东为 B、A 相；待接分歧线路上 3 个变压器台的高低压开关和 1 处电缆终端杆（两个回路）的开关由华电人员（非电力系统人员）全部拉开。汇报胡经理同意后，联系调度停用保护重合闸（上午已联系）后，组织工作班成员学习线路第二种工作票（编号为 2203128），对屏蔽服进行外观检查，准备工作就绪后开始作业。葛××开带电作业车，王××指挥并负责监护，王×坐带电作业吊斗中，先将 B 相（中间线）带电接好后，又在王××的指挥下调整带电作业吊斗至 A 相（靠马路侧），王×先把分歧线的绝缘皮剥掉 120mm 左右后，把绝缘线头的绝缘部位固定在带电的主线上，又把绑线的绑线头固定在主线路上，左手握待接分歧线头裸露部位，右手拿钳子去夹固定在主线路上的绑线时，突然左手产生弧光和放电声，王××立刻让吊车放下吊斗对伤者进行人工呼吸，用车送到就近的中心医院，王×经抢救无效死亡。

5.3.5 低压配电工作，不需要将高压线路、设备停电或做安全措施者，填用低压工作票。

【释义】 低压工作票是指在低压线路、设备上开展的带电作业、停电作业和在带电设备（包括线路）外壳上的工作，以及在控制柜、低压配电柜、配电箱、电源干线上的工作。

【事故案例】 无票作业违规打开电气控制箱发生触电身亡事故

2020 年 5 月 22 日 9：30 左右，××工业园内一工人未佩戴任何劳动防护用品，穿拖鞋踩在潮湿的地面上打开电气控制箱，发生触电死亡。该电气控制箱内无接地线保护，箱门与箱体未使用 PE 线（保护接地线）跨接保护，电气控制箱及上级电箱均无剩余电流动作保护开关（漏电开关）保护，电气控制箱箱门背面存在 220V 电压的裸露带电体。

5.3.6 配电线路、设备故障紧急抢修，填用工作票或配电故障紧急抢修单。非连续进行的故障修复工作，应填用工作票。

【释义】 配网故障抢修是指国家电网有限公司产权配电网设备故障研判、故障巡查、故障隔离、许可工作、现场抢修、汇报结果（停送电申请和操作）、恢复送电等工作。当紧急处理配电线路、设备故障时，应填用工作票或配电故障紧急抢修单。配电故障紧急抢修单由工作负责人根据抢修布置人布置的抢修任务填写。当配电线路、设备发生故障，应积极组织抢修，快速恢复供电。当某些故障线路、设备缺少备品备件或暂时无法修复的，需要把该故障点隔离，此时故障抢修时间存在断点，再次修复故障时，需要使用工作票。

【事故案例】 10kV 线路抢修工作人员触电死亡事故

2022 年 4 月 9 日，××供电公司在未经现场勘察、未编制作业方案的情况下，未上报作业计划、未告知客户、未填写工作票或配电故障紧急抢修单，开展 10kV×线 239 号塔抢修工作。作业人员在确认 209 号塔分段断路器（为故障地点电源侧的分段断路器）、隔离开关已断开后，在未装设接地线、未断开线路所带用户专用变压器进线侧跌落开关的情况下，组织开展 238~240 号塔间受损导线更换和线路搭接工作。线路搭接完成后，工作负责人饶××发现 240 号塔 B 相引流线距离脚钉过近，不满足送电要求，工作班成员次××在未验电、接地的情况下上塔处理隐患时触电，经抢救无效死亡。

5.3.7 可使用其他书面记录、电子信息或按口头、电话命令执行的工作。

5.3.7.1 测量接地电阻。

【释义】 接地电阻是用来衡量接地状态是否良好的一个重要参数，是电流由接地装置流入大地再经大地流向另一接地体或向远处扩散所遇到的电阻，它包括接地线和接地体本身的电阻、接地体与大地的电阻之间的接触电阻，以及两接地体之间大地的电阻或接地体到无限远处的大地电阻。接地电阻大小直接体现了电气装置与"地"接触的良好程度，也反映了接地网的规模。接地电阻的大小可定义接地电流的大小，接地电阻值越小，接地装置的接地电压值也就越小。这就是说接地电阻值的大小，标志着设备接地性能的好与坏。接地电阻的测量一般可用电流表—电压表、电桥法、接地电阻测量仪等来测量，一般常采用接地电阻测量仪来进行测量，此方法既简单又方便。常用的接地电阻测量仪有 ZC-8 型和 ZC-29 型两种。在接地电阻测试前要先拧开接地线的引下线，禁止在有雷电或被测物带电时进行测量。

5.3.7.2 修剪树枝。

【释义】 《电力法》规定，任何单位和个人不得在依法划定的电力设施保护区内种植可能危及电力设施安全的植物。根据《电力设施保护条例》第十条规定，10kV 的电力线路导线边线向外侧延伸 5m 保护区域内不得植树、建房、堆物。如果树木与供电线路的安全距离不足，极易引发线路故障，特别是遇到风雨天气时，部分树枝极易搭到线路，对线路安全供电造成严重的威胁。

【事故案例】 10kV 线路树木清障造成 1 死 1 轻伤事故

2019 年 11 月 16 日 9 时 30 分，××供电所所长黄××（死者）带领值班配电运维人员吴××、李××（伤者）、包××等 4 人携带高枝油锯、长铁柄镰刀等清障工具，开展 10kV 白沙线清理树障作业。约 12：08，黄××等 4 人开始对 10kV××线的周边树木进行清障，由于椰子树叶距离地面较高（高度约 9m），与 10kV 线路平行，利用高空作业车进行清障作业。由李××负责在高空作业车斗上操控，作业时将车斗升至约离地面 5m 的位置，吴××负责在车斗上使用高枝油锯修割椰子树叶，黄××、包××在地面负责监护。至 12：43，他们清理完 51~53 号杆之间的 3 棵椰子树叶后，转移到 46~48 号杆继续修割。此时黄××替换吴××到高空作业车斗上清理第 4、5 棵椰子树树叶，包××和吴××在地面负责监护。12：48，在修割完第 4 棵椰子树后，高空作业车又平移至第 5 棵椰子树。此时由于高枝油锯油料耗尽无法继续使用，黄××则改用长铁柄镰刀继续修剪第 5 棵椰子树叶子，李××负责在高空作业车斗上操控，突然地面监护人员听到黄××惊叫一声，同时听到电击的爆响声。随后发现，黄××、李××等 2 人跌倒在车斗内，李××立即操作降下车斗，包××、吴××将黄××、李××扶下车斗，黄××昏迷不省人事，李××受轻伤，神志清醒，现场作业人员对黄××采取人工呼吸、心肺复苏等急救措施，13：16，救护车到达现场将两名伤者送至县人民医院。15：20，县人民医院宣告黄××抢救无效死亡。

5.3.7.3 杆塔底部和基础等地面检查、消缺。

【释义】 配电线路杆塔地面以下部分的总体统称为杆塔基础，它的作用是用来稳定配电线路的杆塔，防止杆塔因承受地线、风、覆冰、断线张力等垂直荷载、水平荷载和其他外力作用而产生的上拔、下压或倾覆。为了保证杆塔不会倾覆，就需要配电运维人员定期开展检查，一旦发现有缺陷则及时消除缺陷，保证配电线路运行安全。

5.3.7.4 涂写杆塔号、安装标示牌等工作地点在杆塔最下层导线以下，并能够保持表 2 规定的安全距离的工作。

【释义】 作为电力行业标识的一种，杆塔号牌能清晰地记录配电杆塔信息，用于户外标记配电线路电压等级、线路名称、杆塔编号。标示牌则是用来警告人员不得随意接近设备的带电部分或禁止操作设备，警示牌还用来指示工作人员何处可以工作及提醒工作时必须注意的其他安全事项。为了保证涂写杆塔号、安装标示牌等工作的安全性，运维人员必须与带电线路保持安全距离。

【事故案例】 涂写杆塔号安全距离不够导致触电身亡事故

工作人员在 10kV 杆上涂写杆塔号，所处位置正前方水平距离 1.15m、背向方水平距离 1.5m、右侧水平距离为 1.35m 处均有带电设备，但没有采取任何隔离措施。工作负责人明知工作危险，仍然指挥进行作业。随后，工作人员在站起过程中，由于未站稳身体失去平衡，左手本能地抓到正前方带电线路，导致触电身亡。

5.3.7.5 接户、进户计量装置上的不停电工作。

【释义】 用户计量装置在室内时，从低压电力线路到用户室外第一支持物的一段线路为接户线；从用户室外第一支持物至用户室内计量装置的一段线路为进户线。用户计量装置在室外时，从低压电力线路到用户室外计量装置的一段线路为接户线；用户室外计量箱出线端至用户室内第一支持物或配电装置的一段线路为进户线。在接户、进户计量装置上的不停电工作则可以不使用工作票，但是需要做好相关的防护措施。

【事故案例】 供电所员工检查一客户家中断电情况导致触电身亡事故

××供电所员工检查一客户家中断电情况时发现 220V 低压线路导线断线，在未断开低压断路器、未戴绝缘手套的情况下，试图将导线卷起时，不慎触碰带电导线中间裸露部分，导致触电死亡。

5.3.7.6 单一电源低压分支线的停电工作。

【释义】 线路的一头连接的是电源，而线路的另一头连接的是负荷，那么这条线路就叫单一电源线路。对于单一电源线路的低压分支线而言，所存在的安全风险较小，不易造成事故。因此可不使用工作票。

5.3.7.7 不需要高压线路、设备停电或做安全措施的配电运维一体工作。实施此类工作时，可不使用工作票，但应以其他形式记录相应的操作和工作等内容。

【释义】 配电运维一体化是基于资源配置和作业流程优化的理念下，实现配电设备巡视、倒闸操作以及维护检修一体化的工作。在对配电设备开展不停电的运维巡视工作时，可以不使用工作票，但是应该有运维巡视记录等相关书面记录。

5.3.7.8 书面记录包括作业指导书（卡）、派工单、任务单、工作记录等。

【释义】 书面记录是为了保证作业人员通过作业指导书（卡）、派工单、任务单、工作记录等知晓作业任务，作业人员不会因此超范围作业。

5.3.7.9 电子信息包括使用电子邮件、短信、即时通信等方式传递的数字化的文字、图像、音频、视频等信息。

【释义】 为了保证抢修工作的及时性和快速性，有时是通过电子信息向施工作业人员派发工作任务，缩短故障恢复时间。

5.3.7.10 按口头、电话命令执行的工作应留有录音或书面派工记录。 记录内容应包含指派人、工作人员（负责人）、工作任务、工作地点、派工时间、工作结束时间、安全措施（注意事项）及完成情况等内容。

【释义】 针对作业内容单一、安全措施相对简单的工作，可不使用工作票，按口头或电话命令执行即可，为确保安全措施执行到位、作业流程安全可靠，工作必须留有录音或书面派工记录。

【事故案例】 **检修人员被电弧烧伤致死事故**

15：30，检修人员提前完成工作票上的检修任务，准备撤离检修现场，正好检修部电气主任王×过来，得知任务已经完成后，准备继续增加检修工作任务，王×命令检修人员不要撤离，今天把115-4隔离开关也清扫完成。15：35，王×联系运行值班人员，得知115-4隔离开关已经停电，由于时间紧迫，他就没有派人办理清扫115-4隔离开关工作票，自己将检修的梯子移至115-4隔离开关，但是他误把梯子移至带电的114-4隔离开关处，同时摘掉114-4隔离开关处的"止步，高压危险"警示牌，就电话通知检修人员到新增加任务的地点工作。15：40，检修人员到新增任务现场后，未核对隔离开关的编号，也没有验电就开始工作，李×是第一登上带电隔离开关，他刚一开始作业，就被电弧烧伤致死。

5.3.8 工作票的填写与签发

5.3.8.1 工作票由工作负责人或工作票签发人填写。

【释义】 工作负责人是指组织、指挥工作班人员完成工作任务的责任人员，工作票签发人是指确认工作必要性、工作人员安全资质和工作票上所填写安全措施是否正确完备的审核签发人员。这两种人均具有相关工作经验，熟悉设备情况，技术水平较高、安全意识较强、熟悉工作班人员工作能力和安规，因此填写工作票才能确保作业安全。

【事故案例】 **未办理工作票发生触电死亡事故**

2021年8月28日，6：50左右，现场接线班班长倪×安排接线人员耿××、王××两人到输煤6kV配电间内进行灰库MCC段400V柜进行接线工作。两人于7：12到达配电间，并办理了进入登记，在没有办理工作票、工作盘柜没有停电的情况下开始工作。8：22耿××右臂不慎触碰到MCC进线盘柜电缆室的三相熔断器发生触电，一同进入工作的王××听到声音后过来查看，发现耿××发生触电，已不能自主脱离，并伴随抽搐，王××没有采取断电措施，戴手套将已昏迷的耿××拉出；王××立刻通知配电间保安，保安随即拨了120电话，120急救人员于9：02到达现场，经检查确认，于9：09宣布耿××死亡。

5.3.8.2 工作票、故障紧急抢修单应使用统一的票面格式，采用手工方式填写或计

算机生成、打印。 采用手工方式填写时，应使用黑色或蓝色的钢(水)笔或圆珠笔填写和签发，至少一式两份。

【释义】 工作票应使用统一票面格式：纸型（A4）、边距（上下左右各 2cm）、字体（标题：黑体小 2 号；栏目标题：宋体 5 号）。这是规范工作票、故障紧急抢修单的填写要求，必须用黑色或蓝色不易于涂改的笔进行填写或签发，确保工作任务的准确性。工作票一式两份是为了保证作业的严谨性，其中一份交由工作票负责人收执，作为安全交底的书面凭证，负责人通过其向工作班成员交代工作任务、工作注意事项、现场风险源点及防范措施；另一份交由工作许可人留存，并按交接班制度进行管理，作为掌握现场工作情况、恢复安全措施设置的依据。计算机生成、打印的工作票、故障紧急抢修单必须使用统一票面格式，以此提高填写人或签发人的工作效率。

需要进入变电站进行架空线路、电缆等工作时，应增填工作票份数（按许可单位确定数量）。检修（施工）单位应至少在工作前一日将工作票通过书面、电子信息等方式送达变电运维人员。变电运维人员根据工作任务、停电范围认真审核工作票上所填写内容是否正确，如发现问题及时退回，重新填写或补充完善。

5.3.8.3 **工作票、故障紧急抢修单票面上的时间、工作地点、线路名称、设备双重名称（即设备名称和编号）、动词等关键字不应涂改。若有个别错、漏字需要修改、补充时，应使用规范的符号，字迹应清楚。**

【释义】 填写应工整、清楚，工作票票面上的时间、工作地点、线路名称、设备双重名称（即设备名称和编号）、动词等关键字不得涂改。若有个别错、漏字需要修改、补充时，在写错处画两横线注销后改正。每份工作票的改写不得超过三处。一旦关键地方被修改，有可能会引发作业人员误解，导致人身伤亡事故。

【事故案例】 工作票未明确工作地点，工作人员擅自登上 10kV 带电变压器台触电坠落，致人身重伤事故

6 月 18 日，××供电分公司配电修理值班室接到用户的报修请求后，配电修理班工作负责人郑××带领当班修理人员王××和申××（兼驾驶员）于当日 13：55 持 018 号工作票到达故障现场。经检查发现，10kV 西安线安达干 49 号变压器台南 100m 处 46 号杆低压零线断线。14：00，开始修理工作，14：32 修理结束，14：35，送电良好，修理工作结束。工作结束后，王××看见 49 号变压器台北侧紧挨着一个已经拆除的闲置变压器台上有低压横担和 3 只低压断路器（3 只低压断路器距离 49 号变压器台带电处 1.7m 左右），就想上去拆掉3 只低压断路器，说以后修理时能用上。郑××说："别拆了，没有用"。王××没有听，从北侧闲置变压器台南柱爬了上去，拆下 3 只闲置低压可摘挂式熔断器后，又拆低压断路器底座。由于底座固定螺丝锈蚀，王××便跨到运行变压器台要拆固定底座的低压横担，郑××说："小心，上面带电！"，郑××说完就去收拾工器具。约 3min，王××从 49 号变压器台北侧杆高低压间下杆时发现钳子丢落在变压器大盖上面，又急忙从 49 号变压器台北侧的高压侧登上去取钳子，刚上变压器台，因雨后脚滑没有站稳，于是本能的用右手抓住配电变压器台 10kV 母线横担支撑拉板（事故后检查有放电痕迹），左手碰到了 10kV 母线 C 相引下线上（有放电痕迹），造成触电坠落。郑××和申××立即进行抢救，同时拨打了 120 急救电话，送医院治疗。经诊断，伤者左腿及双手电击伤，左侧第 5、6、8 根肋骨骨折。

5.3.8.4 **由工作班组现场操作时，若不填用操作票，应将设备的双重名称，线路的**

名称、杆号、位置，停电及送电操作和操作后检查内容等按操作顺序填写在工作票上。

【释义】 在具备配电设备操作能力的工作班组进行作业时，可在配电第一种工作票中的"工作班完成的安全措施"操作栏中填写相关内容，即按操作顺序填写装设的工作接地线，其中"操作时间""执行人""已执行"栏目需在得到全部工作许可人工作许可后，由工作负责人根据现场操作情况如实记录，填写工作班组在作业现场组织实施的应断开有可能反送电的高压各分支线（包括用户设备）、有可能返回低压电源的断路器、隔离开关和熔断器（保险）、应装设的工作接地线、应悬挂的标示牌和应装设的遮栏（围栏）。

【事故案例】 **低压维护班作业人员违章操作发生触电重伤事故**

6月15日，根据工作计划，××供电局营销科低压维护班开展对10kV青×线1、2号公用变压器更换低压引线；3、4号公用变压器安装低压隔离开关和更换低压引线工作。6月15日15：20左右，工作负责人李×让工作班成员刘×用操作杆拉开4号公用变压器10kV跌开式熔断器，15：40工作负责人接调度通知10kV青×线Ⅱ、Ⅲ段已停电，随后工作负责人告诉小组负责人钟×和工作班成员刘×、仇×线路已停电。18：40左右工作结束，刘×拆除接地线。此时工作负责人和小组负责人钟×都在现场，6月15日18：47，工作班成员刘×从变压器台梁上攀登至跌开式熔断器下侧衬角间隙处穿过，刘×系好安全带后用手合上10kV青×线Ⅳ段4号公用变压器C相跌开式熔断器后，在合中相跌开式熔断器时，刘×左手拿住中相跌开式熔断器绝缘管时与中相跌开式熔断器下桩头放电，刘×发生触电并发出惊叫，此时工作负责人李×判断刘×触电（刘已脱离电源），正在台梁上的仇×去营救刘×，在营救的过程中触及变压器带电部分发生触电并从台梁上落下受伤。事故发生后李×立即组织抢救伤员，并打110、120电话求救，迅速将伤员送至县人民医院治疗。经检查刘×受轻伤（左手轻度电击伤），仇×受重伤（左胫骨线性骨折）。

5.3.8.5 工作票执行前，应由工作票签发人审核，手工或电子签发。

【释义】 工作票签发人要准确掌握作业内容和现场条件，熟悉工作负责人的业务能力和个人状态，了解作业班组的总体技能水平，把关作业班组是否胜任作业任务，确认票种选用、时间地点、人员信息、工作内容、风险因素、安全措施等票面关键内容是否正确完备，对安全措施变化的要重新签票，对作业内容变化、工作负责人变更的要履行审核流程。

为了确保工作票正确无误，确保工作票内容规范、安全措施完备可靠、工作负责人和工作班成员胜任工作要求，工作票应在执行前转到工作票签发人手中，由工作票签发人审核无误后在每份工作票上签名并填写日期及时间。配电第一种工作票，应至少在工作前一天送达设备运维管理单位（包括信息系统送达）。工作票签发人严禁签发空白工作票。

【事故案例】 **工作票签发人经电话联系后代签，导致检修人员触电身亡事故**

9月23日，10kV大×线因路灯队作业申请停电，××供电分公司配电二班借机处理大×线缺陷。早8：00，配电高压工程师李××将其填写签发的0309305号工作票及大×线高、低压缺陷汇总单（而不是配电缺陷处理单，内容有大×线缺陷，同时还有本次不停电的荣×分号7变台的缺陷）交给配电检修二班副班长冯××，准备检修材料。工作票内容为10kV大×干1~109号登检、处理缺陷工作。冯××带领工作班成员共计7人到达现场后，工作票签发人李××在8：30用电话通知工作负责人冯××大×线已停电，可以开始作业的许可命令，冯××便组织列队宣读工作票，并进行危险点交底及签名确认。作业开始后，检修二班按工作票要求先后在大×线1、42、44、109号杆挂了四组接地线，然后分组开始作业，10：50左右冯××安排赵××（死者，男，21岁）、李×（男，38岁，5年工龄）到分号7变台（有电线路）作业，工作任务是更换两只变台跌落式及一只低压隔离开关，由李×负责监护，赵××登杆作业。在未验电、未挂地线的情况下，直接登上变台，赵××在变台主杆母线横担处准备作业时触电，十几分钟后，经现场人员联系区调将10kV砂×Ⅱ线停电后，将赵××救下杆，此时赵××已死亡。

5.3.8.6 **工作票由设备运维管理单位签发，或由经设备运维管理单位审核合格且批准的检修（施工）单位签发。检修（施工）单位的工作票签发人、工作负责人名单应事先送设备运维管理单位、调度控制中心备案。**

【释义】 设备运维管理单位是配电设备的责任主体，熟悉配电设备的运维管理情况。因此，工作票由设备运维管理单位签发较稳妥，能保证工作票的安全措施准确无误。当设备运维管理单位签发有难度时，可由检修（施工）单位进行签发。但是检修（施工）单位的工作票签发人、工作负责人名单必须能胜任相关工作，名单也必须提前送到设备运维管理单位和调控中心备案。

【事故案例】 工作票签发人、工作负责人对作业设备不熟悉，导致作业人员触电身亡事故

6月12日8：30，工作负责人付×带领4名工作班成员在××变电站进行油断路器更换工作。工作负责人张××带领第二作业组作业人员焦××、王××持另一张工作票进行10kV北×线（线路停电）和宏×线电流互感器更换工作。9：10，工作许可人贾××和操作队值班负责人张××按工作票项目向工作负责人付×笼统交代了现场情况，并办理了工作许可手续，付×带领工作组成员学习工作票后开始更换断路器工作。13：00，张××作业组工作结束，工作票办理结束。张××、焦××、王××加入付×工作组。付×按工作票向三人交代工作地点、工作内容和带电部位，并笼统指出北×线等4条线路乙隔离开关线路侧带电。15：00，操作负责人孟××带领李××、王×拆除了北×线线路侧地线。15：30北×线负荷由10kV北×线带出，电源反送到北×线乙隔离开关线路侧。在10kV系统运行方式改变后，操作人员没有采取有效的防范措施。15：35，电力检修公司付×工作组当日工作结束，并办理工作票工作间断手续。6月13日8：50，付×工作组复工继续作业，工作许可人贾××和值班负责人张××向工作负责人付×仍然笼统交代："安全措施没变，10kVⅠ段各配电出线乙隔离开关线路侧均带电"，没有指出北×线乙隔离开关位置，也没有在北×线开关柜下间隔做安全措施。工作负责人付×没有认真查看作业现场和提出疑问，工作负责人付×分配工作、交代安全措施后，工作班成员也没有人提出疑问，工作组8名成员就开始作业。付×安排王××等五人更换1号电容器、北×线等8组油断路器操动机构。9：40左右，王××进入北×线开关柜下间隔时，碰到北×线乙隔离开关线路侧发生触电。现场人员立即联系线路停电后将王××救出，并送往××市中西医结合医院，10：03经医生抢救无效死亡。事故暴露出工作负责人没认真查勘作业现场，不掌握北×线乙隔离开关具体位置，没有检查核对安全措施是否满足拆除隔离开关操动机构的工作需要，便指挥现场作业。工作票签发人对作业设备不熟悉，对北×线乙隔离开关的位置未掌握，签发了一张不合格的工作票。

5.3.8.7 **承、发包工程，如工作票实行"双签发"，签发工作票时，双方工作票签发人在工作票上分别签名，各自承担相应的安全责任。**

【释义】 承发包工程中，工作票实行"双签发"形式，由外来施工企业工作票签发人和设备运维单位工作票签发人分别签名，其中，外来施工企业工作票签发人先签发，设

备运维管理单位后签发。发包方工作票签发人主要对工作票上所填工作任务的必要性、安全性和安全措施是否正确完备负责；承包方工作票签发人主要对所派工作负责人和工作班人员是否适当和充足以及安全措施是否正确完备负责。

以下情形工作票可执行"双签发"：①公司系统发包的工程，工作票分别由发包方设备运维管理单位、承包方（施工方）双方签发人签发；②用户到公司配电设备上工作，工作票分别由用户、配电运维双方签发人签发；③公司系统人员到用户配电设备上工作，工作票分别由工作方、用户方签发人签发。

【事故案例】　工作票未执行"双签发"，作业人员发生高处坠落死亡事故

2018 年 8 月 31 日 17：00，×热电有限公司外委施工单位在 2 号输煤皮带尾部落煤管脚手架拆除过程中违章作业，1 名人员发生高处坠落，经抢救无效死亡。因 2B 输煤皮带落煤管漏煤，需搭设脚手架处理，16：30 外委施工单位脚手架搭设工作结束（热力机械工作票：0007993）；19：50 燃料管理部检修班组处理好落煤管漏点（热力机械工作票：0009528）。8 月 31 日 15：30，外委施工单位安全员马××签发 0007998 工作票，工作任务为："2 号皮带，2B 带落煤管脚手架拆除"，工作负责人崔××，工作班成员为聂××、李××（死者，男，45 岁），工作负责人及工作班成员均为外委施工单位公司人员。15：40，崔××到输煤控制室办理该工作票许可手续，燃运三班主值班员刘××审核发现：该工作票未履行工作票"双签发"规定，第二签发人处空白，要求崔××到×热电公司工作票签发人处审核该工作票安全措施，履行工作票"双签发"规定，并执行安全措施后，再办理工作许可。随后崔××拿着工作票离开输煤控制室，直至事故发生，崔××未到输煤控制室办理该项工作票许可。16：30，外委施工单位安全员马××向贵州×热电公司设备管理部主任田××汇报，现场作业人员李××在拆除脚手架作业时发生高处坠落（高度 2.5m），并立即送往当地卫生院抢救（距事发现场约 200m）。17：20，当地卫生院通知，李××抢救无效死亡。

5.3.8.8　供电单位或施工单位到用户工程或设备上检修（施工）时，工作票应由有权签发的用户单位、施工单位或供电单位签发。

【释义】　供电单位或施工单位的人员到用户工程或设备上检修施工时，要经过用户单位同意并许可，工作票也需要执行"双签发"制度，确保用户工程或设备安全。

【事故案例】　10kV 线路带电接引作业时，作业人员违章作业触电死亡事故

××电力公司承包用户 10kV 箱变配电工程。为了这个工程早日通电，××电力设备有限责任公司副经理 5 月 28 日到××电力电缆（带电）设备施工处找到经理胡××，说他们干的配电工程急于通电，由于没有线路停电计划，请求带电接引。经理胡××在没有履行正常审批手续情况下（既没有签订合同或协议，又没有向供电公司和集团公司领导汇报），即让副经理王××先看现场是否符合带电作业条件和能否作业。5 月 29 日 15：40××电力电缆（带电）设备施工处工作负责人（监护人）王××带领葛××、王××（死者）进入兴×线 35 号作业现场。王××进行现场勘察，兴×干 35 号杆是 10kV 线路，为双回线上下排同杆架设，上排电台线呈三角形排列，下排兴×线呈水平排列，杆西为 C 相，杆东为 B、A 相；待接分支线路上 3 个变压器台的高低压开关和 1 处电缆终端杆（两个回路）的开关由华电人员（非电力系统人员）全部拉开；汇报经理胡××同意后，联系调度停用保护重合闸（上午已联系）后，组织工作班成员学习线路第二种工作票（编号为 2203128），对屏蔽服进行外观检查，准备工作就绪后开始作业。葛××开带电作业车，王××指挥并负责监护，王××坐带电作业吊斗中，先将B相（中间线）带电接好后，又在王××的指挥下调整带电作业吊斗至A相（靠马路侧），王××先把分支线的绝缘皮剥掉120mm左右后，把绝缘线头的绝缘部位固定在带电的主线上，又把绑线的绑线头固定在主线路上，左手握待接分支线头裸露部位，右手拿钳子去钳固定在主线路上的绑线时，突然左手产生弧光和放电声，王××立刻让吊车放下吊斗对伤者进行人工呼吸，用车送到××中心医院，经抢救无效死亡。

5.3.8.9 **一张工作票中，工作票签发人、工作许可人和工作负责人三者不应为同一人。工作许可人中只有现场工作许可人可与工作负责人相互兼任。若相互兼任，应具备相应的资质，并履行相应的安全责任。**

【释义】 工作票签发人要准确掌握作业内容和现场条件，熟悉工作负责人的业务能力和个人状态，了解作业班组的总体技能水平，把关作业班组是否胜任作业任务，确认票种选用、时间地点、人员信息、工作内容、风险因素、安全措施等票面关键内容是否正确完备。工作许可人要严格审核工作票所列安全措施是否正确完备，逐项确认由其负责的安全措施正确执行，必要时补充安全措施，严格按照调度指令操作，在批准的计划工作时间内办理工作许可、间断、转移、延期、工作负责人变动、任务变动及终结等手续。工作负责人要正确填用工作票，检查票上所列安全措施是否正确完备、是否符合现场实际条件，必要时予以补充完善；要在工作前对工作班成员进行安全交底，确保每个工作班成员知晓并由工作班成员本人在票上签名确认。工作负责人要全程在现场监护，随身携带工作票（作业票），合理设置专责监护人。三者各司其职，所以一张工作票中，三者不能为同一人。

在工作现场中，现场工作许可人与工作负责人可相互兼任，但是必须具备相应的工作资质，并履行工作负责人和工作许可人的安全责任，确保现场安全可靠。

【事故案例】 工作票签发人、工作负责人均为同一人，失去审核把关作用，导致检修人员触电身亡事故

9月23日，10kV大×线因路灯队作业申请停电，××供电分公司配电二班借机处理大×线缺陷。早8：00，配电高压工程师李××将其填写签发的0309305号工作票及大×线高、低压缺陷汇总单（而不是配电缺陷处理单，内容有大×线缺陷，同时还有本次不停电的荣×分7号变台的缺陷）交给配电检修二班副班长冯××，准备检修材料。工作票内容为10kV大×干1～109号登检、处理缺陷工作。冯××带领工作班成员共计7人到达现场后，工作票签发人李××在8：30用电话通知工作负责人冯××大×线已停电、可开始作业的许可命令，冯××便组织列队宣读工作票，并进行了危险点交底及签名确认。作业开始后，检修二班按工作票要求先后在大×线1、42、44、109号杆挂了四组接地线，然后分组开始作业，10：50左右冯××安排赵××（死者，男，21岁）、李×（男，38岁，5年工龄）到分7号变台（有电线路）作业，工作任务是更换两支变台跌落式熔断器及一支低压隔离开关，由李×负责监护，赵××登杆作业。在未验电、未挂地线的情况下，直接登上变台，赵××在变台主杆母线横担处准备作业时触电，十几分钟后，经现场人员联系区调将10kV砂×Ⅱ线停电后，将赵××救下杆，此时赵××已死亡。事故暴露问题：此次配电作业的工作票是一张严重违章的工作票。工作票签发人是经电话联系后代签，工作票签发人、工作负责人都是高压专工李××，失去了工作票的安全审核把关作用。

5.3.9 工作票的使用

5.3.9.1 同一张工作票多点工作，工作票上的工作地点、线路名称、设备双重名称、工作任务、安全措施应填写完整。工作内容应与工作地点相对应。

【释义】 配电现场往往有很多工作地点，尤其是一条配电线路会涉及十多根杆，工作点多、任务复杂，因此需要填写完整的工作地点、线路名称、设备的双重名称和工作任务，以及需要布置的安全措施，避免发生误操作事件。

【事故案例】 将运行线路误判断为检修线路，发生人身触电死亡事故

5月25日凌晨1：17，35kV××变电站10kVⅠ、Ⅱ段母线接地。经拉路查找后确定接地点在×南148线和×邮152线上，随即将这两条线转为热备用。2：45，调度所通知线路工区维护班在对火南和火邮线巡查故障点，工作至当晚4：03，故障点未能查到。9：00，线路工区副主任罗×安排维护一班工作负责人（班长）××带领边×、拉×、罗×继续对×南148线全线进行巡查（×南148线是由×××变电站供电至××开关站）。13：38，维护一班对×南148线全线巡查后，未发现故障点，该班工作负责人汇报至调度值班人员并申请试送×南148线路，经试送，该线路仍有接地现象，调度值班人员随即将该线转为热备用。维护一班工作负责人（班长）××将此情况汇报给线路工区副主任罗×，罗×要求××将通源公司附近的×南148线登杆电缆头解开进行检查。发现现场为两条线路同杆架设（无杆号），其上层为×南148线，而下层线路名称不清楚。随即汇报罗×后，罗×回答：下层线路可能是城调148线。14：53，罗×打电话与调度员巴×联系，了解了×南线故障情况，建议将当热路与夺底路交叉口处的×南线电缆头解开以进一步查找故障。由于现场与×南线同杆架设的下层线路需停电，而该杆无杆号（该段×南线路刚改造完工，尚未移交），对其下层线路的具体线路名称双方均提出了质疑，在未核清现场情况下，双方均认为与×南线同杆架设的下层线路为×调148线（实际与×南148线同杆架设的线路为×夺146线）。14：54，线路工区维护一班××向调度申请解开当热路与夺底路交叉口处的×南148线电缆头分段查找故障。经调度巴×与××核对现场情况，双方确认与×南线同杆架设的下层线路为×调线（实际应为×夺146线），调度员向相关变电站下达了×南148线路及×调142线路转检修的调度命令。15：31，调度值长格×在×南线、×调线转为线路检修后，格×在许可该项工作前，询问××现场工作地点杆号，在得到××回答"现场无杆号"后，格×知×上述两条线路已转为线路检修状态，并强调了工作前先要验电、挂接地线，××回答："好"以后，调度许可了该项工作。工作前，工作班成员拉×向该项工作负责人××提出没带验电器，建议到其他班组借用验电器，以免发生事故，但××未采纳该建议。15：40，维护班工作负责人安排该班工作人员罗×登杆工作，当罗×登至下横担位置时，突遭电击。此时维护班工作负责人××立即组织现场抢救，并迅速安排专人将伤者紧急送往急救中心。16：20，经医院确认罗×已死亡。

5.3.9.2 以下情况可使用一张配电第一种工作票：

a) 一条配电线路（含线路上的设备及其分支线，下同），或同一个电气连接部分的几条配电线路，或同（联）杆塔架设、同沟（槽）敷设且同时停送电的几条配电线路；

b) 不同配电线路经改造形成同一电气连接部分且同时停送电者；

c) 同一高压配电站、开关站内，全部停电的工作，或属于同一电压等级、同时停送电、工作中不会触及带电导体的几个电气连接部分上的工作；

d）配电变压器及与其连接的高低压配电线路、设备上同时停送电的工作；

e）同一天在几处同类型高压配电站、开关站、箱式变电站、柱上变压器等配电设备上依次进行的同类型停电工作。

【释义】　可归纳为以下两类作业：①同时停送电的配电检修工作，包括一条线路检修、同杆塔架设、配电变压器高低压部分等；②同一天在几处同类型配电设备上依次进行的同类型停电工作。

【事故案例】　**停电范围不当导致人身触电重伤事故**

4月21日22：40，10kV高×线911号断路器过电流保护动作跳闸，重合不成功。调度值班人员通知线路班长武××，对该线路进行巡视检查。检查发现1号杆支线引流线三相全断，2号杆最下层（10kV×化线921号线路）中相瓷棒绑扎线脱落。由于天黑，情况又较为复杂，安排在第二天一早进行处理，并于当晚准备了相应的导线、验电器、接地线等工器具。4月22日武××安排汪××、周××（伤者）两人负责2号杆（其实为仍带电运行的10kV高×线）瓷棒绑扎线处理（汪××监护，没有交代相应的停电范围、安全注意事项及危险点等）。9：20，两人到达工作地点后，汪××向周××交代戴好安全帽、系好安全带和带好验电器以及工作慢一点。交代完后汪××到街对面监护，周××沿方杆扶梯向上爬，准备穿越10kV高化线时，导致10kV线路对其手臂和安全帽放电，从高处（12m左右）坠落至下面的树枝上后，摔倒在地，立即将伤者送往××人民医院救治。在当日下午，应家属要求，将伤者送至××武警医院医治。入院诊断伤者为轻度电灼伤。5月8日，因伤者出现血管系统破坏，并逐步出现左手干性坏死，××武警医院对其进行了左手腕截除手术。至此，伤者由轻伤转为重伤。

5.3.9.3　以下情况可使用一张配电第二种工作票：

a）同一电压等级、同类型、相同安全措施且依次进行的不同配电线路或不同工作地点上的不停电工作；

b）同一高压配电站、开关站内，在几个电气连接部分上依次进行的同类型不停电工作。

【释义】　高压配电设备不停电工作，是对不同线路或不同工作地点依次进行的同类型、相同安全措施及同一配电站或开关站内在几个电气连接部分依次进行的工作，可使用一张配电第二种工作票。

【事故案例】　**35kV隔离开关构架刷油漆工作中工作人员误登带电设备造成重伤事故**

2001年7月5日早上4：30变电工区开关班杨××（工作负责人、班长）带领工作班成员曹××、吴×、周×、黄××，持0001944号第二种工作票到110kV泗×变电站进行35kV隔离开关构架刷油漆，5：09变电站站长黄×、工作班成员黄××听到有放电声音并看见弧光，发现曹××趴在35kV 3232隔离开关横担上。值班员急忙进行停电操作，在操作过程中，杨××、吴×登上梯子去救曹××，隔离开关再次发生放电将杨、吴二人击倒在地。5：14变电站值班员将35kV部分全停后，将曹××从隔离开关构架上抬下来，随即与县急救中心联系，120急救车于5：40将3人送至县人民医院救治。经初步诊断：曹××左肩部、背部、左上臂烧伤，腰部、臀部、左手手掌、右小腿有放电烧伤痕迹，吴×左脚脚趾、右小腿被烧伤，杨××右大腿、右小腿、左小腿局部烧伤。考虑到县医院治疗条件有限，将3人于12：00送往上海电力医院救治。最终曹××左上臂截肢，Ⅲ度烧伤13%。

5.3.9.4 对同一电压等级、同类型、相同安全措施且依次进行的多条配电线路上的带电作业，可使用一张配电带电作业工作票。

【释义】 带电作业根据人体与带电体之间的关系可分为三类：等电位作业、地电位作业和中间电位作业。当在同一电压等级、同类型、相同安全措施且依次进行的多条配电线路上工作时，可使用一张配电带电作业工作票。

【事故案例】 **带电作业人员带负荷解 10kV 搭头线电弧灼烫造成重伤事故**

2000 年 3 月 13 日，×供电局带电班班长胡××，持线路第二种工作票申请停用 10kV 沙×线重合闸，工作任务是解 104 号杆上班 10kV 搭头线。9：30 接到许可开工令，9：55 胡×指挥带电作业车停靠后，通知彭×、姚××开始等电位带电作业。约 10：10 彭×解开 10kV 搭头线的扎线，即将脱开之时，导线对彭×双手放电拉弧。胡×立即令带电作业车脱离作业点，并派人打 120 电话求援。随即将彭×送往附近的市七医院抢治，当天转市三医院治疗，当即作了右拇指截除术，构成重伤。

5.3.9.5 对同一个工作日、相同安全措施的多条低压配电线路或设备上的工作，可使用一张低压工作票。

【释义】 在配电工作中，需要将 380V 设备停电或做安全措施，但不需要将高压线路、设备停电或做安全措施者，含新建工程施工，以及 220V 装表接电工作，都可以使用低压工作票。对于在同一天工作且具有相同安全措施的，可使用一张低压工作票。

【事故案例】 **用户反送电致外包单位合同工触电死亡事故**

3 月 14 日，××送变电工程公司第一工程处承包局西×线 16~38 号区段支线进行换线改造工作。8：30 工作许可人南郊保职工丁××许可送变电公司开始工作。接到许可命令后，停复电联系人、工作负责人命令现场有关施工人员，先低压验电，后对上层高压验电，验明无电后在西二线 16 号和丰庆支 8 号各挂接地线一组，并将 37 号杆变压器高压引下线拆除。9：30 开始工作。12：50，田××、于××及李×在西二线 37 号杆丰庆支工作，在用绳吊线夹时，线夹挂在下层 380V 导线上，李×遂用手取，此时低压线路有电，李×触电后，由于安全带控制未掉下，仰躺在低压线路上。发现触电后，经南郊××送变电施工人员共同查找电源点，发现××公司配电室为反送电源。拉开该电源后，公网无电，将李×救下并用救护车送省人民医院，经抢救无效死亡。

5.3.9.6 工作负责人应提前知晓工作票内容，并做好工作准备。

【释义】 工作负责人应根据现场勘察记录，提前知道工作票的内容。在收到工作票以后，要认真审核工作票，确保安全措施无误且保证现场工作人员能够胜任工作后方可签字，然后再转交给工作许可人。

【事故案例】 **工作负责人不熟悉工作范围内邻近带电设备情况，发生人身触电重伤事故**

8 月 11 日，××开关站Ⅱ段母线停电预试，××供电分局结合停电安排运行班对 26 天×线路变压器、线路清扫工作，检修班配合工作。现场工作负责人由运行班班长关×担任，工作人员为郭××、朱×、魏××等 11 人，11：03 许可工作。11：20 工作班到达工作现场。工作负责人关×现场分工由检修班长郭××带检修班人员完成 26 天×路线 14 号分 1A-23A 段工作。郭××安排朱×、魏××两人一组，由朱×担任监护人，负责完成 14 分 012A 杆新具××公司 100kVA 变压器的清扫检查工作，并现场交代工作结束后在 14 分 016A 杆集中。12：20 左右，朱×、魏××在 012A 杆工作结束后，两人顺线路大号方向行进，当走到并行线路红变

126 定西路线（带电运行）057 号杆四冶 200kVA 变压器下时（26 天×路线、红变 126 定西路线同位于定西路北侧，26 天×路线在人行道上，红变 126 定×路线在快车道与自行车道之间的绿化带内，两线相距约 4m），两人商量变压器是否应该检查清扫，朱×看了后说："变压器附件为复合硅橡胶绝缘子，检查一下变压器的桩头是否松动。"随后就让魏××上去检查桩头，魏××从变压器高压侧登杆，上变压器台架后用右手抓住高压桩头 C 相引线造成触电，右手及腹部电击烧伤（当时约为 12：25）。触电后，朱×情急之下拉安全带将魏××脱离电源，魏××经朱×身体缓冲后头部着地。朱×立即向工作负责人电话汇报并于 12：40用车将魏××送省人民医院治疗。事故原因及暴露问题：工作负责人对工作范围内邻近带电设备虽作了交代，但未作强调，事故当事人、监护人不熟悉停电工作范围和邻近带电设备。

5.3.9.7　工作票一份由工作负责人收执，其余留存于工作票签发人或工作许可人处。工作期间，工作负责人应始终持有工作票。

【释义】　在工作过程中，工作负责人要随时知晓工作票上的内容，以便掌握工作进度，做好人员调配、安全措施布置等情况。所以工作票一份由工作负责人收执，其余的保留在工作许可人手中，以便在工作前布置相关安全措施，在工作后恢复原状。

5.3.9.8　一个工作负责人不能同时执行多张工作票。若一张工作票下设多个小组工作，工作负责人应指定每个小组的小组负责人（监护人），并使用配电工作任务单。

【释义】　一个工作负责人必须时刻监护工作班成员开展的工作，以便了解工作任务完成情况，并保证现场的安全，所以不能同时执行多张工作票。因为配电现场点多、面广、线长，工作负责人不能随时关注现场情况，此时就需要设定多个小组开展工作，工作负责人需要指定工作能力强、责任心强的人员担任小组负责人或安全监护人，确保圆满完成每一张工作票。配电工作任务单应与配电第一种工作票配合使用，不得单独作为工作票使用。配电工作任务单小组负责人和工作班成员不能在同一时间内从事两张及以上工作任务单工作。工作负责人不得兼任配电工作任务单小组负责人。凡使用配电工作任务单的工作，工作负责人不得单独负责监护某一工作地点或某一班组工作。

【事故案例】　**放线施工中未使用工作任务单，发生一起倒杆人身死亡事故**

7 月底，××开发有限公司李××到×电力局×供电营业所申请办理×镇×村板栗冰库用电，×供电营业所受理申请后，由该所职工柳×（兼局设计室成员）进行项目设计，柳×于 8 月6 日完成了施工图设计和预算且通知用户前来签订设计合同（合同至今尚未签订，设计资料也未交付）。8 月 11 日，用户李×在供电营业所兰×带领下到×电力有限公司×分公司要求尽快进行工程建设，并交了 2.5 万元工程预付款给×分公司（未签订施工合同），×分公司同意先发部分施工材料。×供电营业所在既未拿到设计资料和×分公司的委托施工协议、施工联系单，也未编制施工方案和进行安全技术交底的情况下组织进行了工程施工。8 月 21日开始，由×供电营业所电管员兰×（工作负责人）、黄×、谢×、高×、专职电工厉×、许×、刘×及民工李×、刘×、吴×组成的施工队伍对该工程进行施工，8 月 23 日在 6 号杆洞开挖深度严重不够（实际埋深 65cm，要求埋深 170cm）的情况下未向供电营业所汇报而擅自立了杆（10m 拔梢杆）。9 月 9 日上午完成 8~10 号（终端杆）耐张段放、紧线工作，下午14：10 开始进行 5~8 号耐张段放、紧线工作，具体分工是厉×（死者）负责 6 号杆、刘×负责 7 号杆的护线定位绑扎工作，高×和 3 个民工负责放拉线，谢×负责 5 号杆耐张挂头工作，黄×负责 8 号杆紧线工作。当放完 5~8 号耐张段的第一根导线（截面 35mm^2）尚未开始紧线时，15：00 左右，6 号杆因埋深严重不足发生倒杆，正在杆上的厉×随杆向公路侧（面向大号侧右边）倒下，扒在已倒的 6 号杆上。事故发生后，现场施工人员随即赶到，将厉×的保险带与副带解下，将伤者抬至公路旁；一边拦下公路段的车，将伤者于 15：35 送至××县人民医院，医院立即组织抢救。因伤者心血管破裂、内出血过多，在经历了两个多小时的全力抢救后，于 18：10 死亡。事故原因及暴露问题：①6 号杆倒杆直接原因是杆子埋深仅 65cm，严重不足引起（而且表面覆土松软），在调查过程中，施工人员均表示知道规范、规定要求，明知实际埋深远少于规定要求，仍然强行立杆、登杆，反映了施工人员的安全、质量意识极其淡薄，并埋下了事故祸根；②工作负责人兰×，在明知杆坑埋深不够情况下，强行立杆，立杆后又未对杆子进行加固补强处理，严重违章指挥是导致本次事故的主要原因；③死者厉×安全意识极其淡薄，自我保护意识不强，明知杆子埋深严重不足，未提出异议和拒绝作业，也是造成本次事故的重要原因；④×公司、×分公司管理意识不到位。供电所作为×分公司承担具体施工的队伍，没有任务单，人员借用手续未办理。

5.3.9.9 **工作任务单应一式两份，由工作票签发人或工作负责人签发。工作任务单由工作负责人许可，一份由工作负责人留存，一份交小组负责人。工作结束后，由小组负责人向工作负责人办理工作结束手续。**

【释义】　工作任务单与配电工作票配合使用，因此应由工作票签发人或工作负责人签发，并且都是一式两份。配电工作任务单由工作负责人填写，也可由小组负责人填写。手工填写、计算机或生成打印的工作任务单应使用统一票面格式：纸型（A4）、边距（上下左右各 2cm）、字体（标题：黑体小 2 号；栏目标题：宋体 5 号）。配电工作任务单应用黑色或蓝色的钢（水）笔或圆珠笔填写与签发，不准使用红色笔（安全措施附图中的带电部分除外）或铅笔。工作任务单应一式两份，由工作负责人许可，一份由工作负责人留存，一份交小组负责人。工作结束后，由小组负责人向工作负责人办理工作结束手续。手工填写应工整、清楚，票面上的时间、工作地点、线路名称、设备双重名称（即设备名称和编号）等关键字不得涂改。如有个别错、漏字需要修改、补充时，在写错处画两横线注销后改正。每份工作任务单的改写不得超过三处。

配电工作任务单工作结束，小组负责人应检查作业地段的状况，确认现场临时安全措施已拆除，没有遗留工具、材料以及保安接地线等，查明全部小组成员均已撤离。确认无误后，填写工作结束时间，并向工作负责人汇报。工作终结报告应简明扼要，小组负责人应向工作负责人汇报"小组负责人姓名、作业地段工作已经完工、设备改动情况、工作地段临时接地线已全部拆除，检修地段已无本作业班人员和遗留物"等信息后，履行工作终结手续。

【事故案例】　**检修人员在更换 10kV 开关作业中触电死亡**

6 月 12 日 8：30，工作负责人付×带领 4 名工作班成员在北山变电站进行油开关更换工作；工作负责人张××带领第二作业组作业人员焦××、王××持另一张工作票进行 10kV 北×线（线路停电）和宏×线电流互感器更换工作。9：10，工作许可人贾××和操作队值班负责人张××按工作票项目向工作负责人付×笼统交代了现场情况，并办理了工作许可手续，付×带领工作组成员学习工作票后开始更换开关工作。13：00，张××作业组工作结束，工作票办理结束。张××、焦××、王××加入付×工作组。付×按工作票向三人交代工作地点、工作内容和带电部位，并笼统指出北×线等4条线路乙隔离开关线路侧带电。15∶00，操作负责人孟××带领李××、王×拆除了北×线线路侧地线。15∶30北×线负荷由桃×路二次变电站10kV北×线带出，电源反送到北×线乙隔离开关线路侧。在10kV系统运行方式改变后，操作人员没有采取有效的防范措施。15∶35，电力检修公司付×工作组当日工作结束，并办理工作票工作间断手续。6月13日8∶50，付×工作组复工继续作业，工作许可人贾××和值班负责人张××向工作负责人付×仍然笼统交代："安全措施没变，10kVⅠ段配电出线乙隔离开关线路侧均带电"，没有指出北×线乙隔离开关位置，也没有在北×线开关柜下间隔做安全措施；工作负责人付×没有认真查看作业现场和提出疑问，工作负责人付×分配工作、交代安全措施后，工作班成员也没有人提出疑问，工作组8名成员就开始作业。付×安排王××等五人更换1号电容器、北×线等8组油开关操作机构。9∶40左右，王××进入北×线开关柜［GG-1A（F）-07D］下间隔时，碰到北×线乙隔离开关线路侧发生触电。现场人员立即联系线路停电后将王××救出，并送往市××医院，10∶03经医生抢救无效死亡。

5.3.9.10 工作票上所列的安全措施应包括所有工作任务单上所列的安全措施。几个小组同时工作，使用工作任务单时，工作票的工作班成员栏内，可只填写各工作任务单的小组负责人姓名。工作任务单上应填写本工作小组的全部人员姓名。

【释义】 为了确保工作票签发人、工作负责人和工作许可人掌握现场安全措施，工作票上必须包含所有工作任务单上所列的安全措施，一旦有现场安全措施不到位的，不允许开工。如果几个小组同时工作，所列的工作人员较多，工作票往往只填写十人及以下的人员名单。按照"谁使用谁负责"原则，工作票只填写工作任务单中小组负责人的姓名，小组负责人对工作任务单上的作业人员负责。但是每张工作任务单必须填写本工作小组的全部人员姓名，工作人员不得交叉使用。

5.3.9.11 一回线路检修（施工），邻近或交叉的其他电力线路需配合停电和接地时，应在工作票中列入相应的安全措施。若配合停电线路属于其他单位，应由检修（施工）单位事先书面申请，经配合停电线路的运维管理单位同意，并停电、验电、接地。

【释义】 为了避免临近或交叉的其他电力线路产生感应电，需要其配合停电和接地时，也要把相关的线路停电和接地的安全措施列入工作票的安全措施，保障人身安全。如果配合停电的线路属于别的单位，要提前提出书面申请，经过运维管理单位同意后方可开展停、验电并接地的工作。

【事故案例】 相邻线路带电导致作业人员触电事故

2001年4月5日，××市因风灾造成市区10kV×广线、×水线配电线路发生跳闸和断线故障。××供电公司城东供电所立即组织人力对故障线路进行巡视检修。经查10kV×广线存在谐振故障，对全线巡视检查未发现故障点，然后采取断开10kV配电变压器，并断开各分支线的检查方法，故障点仍未排除。4月6日9∶10，城东供电所根据4月5日的检查结果，决定进行分段排查确定故障点。因城区×广线为绝缘导线，安全措施必须做在耐张杆导线的裸露部分，安全措施组将接地线封在博×中心变×广线出线开口处。城东供电所工作人员唐××在10kV×广线中段杭州路口南侧耐张杆上登杆作业，当唐××解开A相弓子线后再解B相弓子线时，右腿触电，立即采取措施将唐××送往医院进行抢救，右腿因伤势比较严重，高位截肢。事故暴露出作业人员对×广线邻近的农×师6kV2线是否带电线不清楚，采取的安全措施（封接地线）不能起到安全防护作用。

5.3.9.12　需要进入变电站或发电厂升压站进行架空线路、电缆等工作时，应增填工作票份数（按许可单位确定数量），分别经变电站或发电厂等设备运维管理单位的工作许可人许可，并留存。

【释义】　因为配电线路的电源点一般都是从变电站或发电厂升压站出来，当作业人员需要进入其内开展架空线路或电缆等工作时，需要经过变电站或发电厂等设备运维单位同意并经许可后才可以工作。为了保证现场安全，工作票需要经过设备运维单位的工作许可人布置安全措施，因此需要增填工作票份数，并留存备案。

【事故案例】　**线路反送电接地线脱落导致作业人员触电重伤**

4月3日，××供电公司变电工区变电一班进行香×110kV变电站10kV设备改造工作，工作班成员张×在工作过程中触电灼伤。工作班成员为孙××（工作负责人）、侯××、梁××、张×（男，25岁，高中文化程度，1999年8月军转，经培训2002年8月工作）。现场采取的安全措施为在221-5隔离开关（母线侧隔离开关）断路器侧挂接地线一组并在隔离开关口加装绝缘隔板、在221-2隔离开关（线路侧隔离开关）线路侧挂接地线一组。事故经过：16：00左右进行221-2隔离开关与TA之间三相铝排安装，当时张×在221开关柜内右侧进行A相接引、校正A相铝排，侯××在柜门左外侧协助工作，孙××在柜门外侧监护工作。约16：10，221线路来电，造成工作班成员张×触电灼伤，随即将其送至县医院进行抢救，张策右手小拇指、无名指、中指被截肢，构成重伤。原因分析：221线路来电是由于×河110kV变电站214×西路对221×中路放电造成的。221×中路、214×西路为×河110kV变电站六回同塔架设的线路，位于上层的214×西路为运行线路，导线为LGJ-95，当时负荷为320A，由于214路负荷较重导致弧垂过大对下层221×中路放电。现场检查221-2线路侧接地线处于脱落状态，因此214×西路对221×中路放电造成了人员触电。

5.3.9.13　在原工作票的停电及安全措施范围内增加工作任务时，应由工作负责人征得工作票签发人和工作许可人同意，并在工作票上增填工作项目。若需变更或增设安全措施，应填用新的工作票，并重新履行签发、许可手续。

【释义】　在原工作票的停电及安全措施范围内临时增加工作任务时，必须由工作负责人征得工作票签发人和工作许可人同意，不得盲目增加相关内容，并在工作票上明确新增的工作项目。但是如果需要变更或增加安全措施，如增添接地线、将相邻带电线路停电时，必须填写新的工作票，并且重新履行签发和许可手续，不能沿用旧工作票开展工作。

【事故案例】　**新增工作任务未经同意，作业人员装设接地线时触电死亡事故**

9月29日8：40，××电业多经总公司线路安装一班班长白××带领本班11名成员执行配电的"滨兴25号变压器台向北移位5m"的施工任务。到现场后，工作负责人姚×对施工负责人白××说："只停的油断路器，并检查了该线路所带的×厂也没有电。"之后，白××同姚×又一同检查了25号变压器，判断确实无电后，姚×又说："25号杆需要移位布线，未经请示工作票签发人刘××同意，到25号杆装设接地线。"8：50左右，施工负责人白××安排郭××、付××两人去装设接地线。大约8：55，付××开始登杆装设接地线工作，当付××装设完A相接地线后，在杆上转身装设B相接地线时，右手虎口处与地造成感应电。经紧急停电进行抢救无效死亡。触电原因是：滨×线为双回线路，后改为单回线路，下线在22、24号杆两线接地端接地，因上下导线间歇接触，下线有电造成付××感应电触电身亡。

5.3.9.14　变更工作负责人或增加工作任务，若工作票签发人和工作许可人无法当面办理，应通过电话联系，并在工作票登记簿和工作票上注明，或在数字化工作票上办理。

【释义】　当工作负责人临时有事，或需要增加工作任务时，如果工作票签发人和工作许可人不在作业现场，不能当面办理变更或新增手续时，要通过电话联系后详细说明情况，并在工作票上写明变更或新增原因，如果现场有网络，可在数字化工作票上办理相关手续。

【事故案例】　在采油样进行过程中临时增加工作任务致人触电死亡事故

2002年4月28日13：20，一次变工区主任金××在接到北×一次变66kV电容器组电抗器（B相）进水的通知后，于14：10电话通知工区运行专工王××和检修班长房×，到北×一次变检查进水电抗器并采油样进行复检；随后金××又电话通知北×一次变当值值班长林×，配合作业组成员取油样，并根据需要布置安全措施。值班长林×安排当值主值班员陈×负责布置安全措施，陈×随后将一面"在此工作！"旗和"在此工作！"牌放在电容器组围栏外侧的地面上，待作业组履行工作手续时，再将"在此工作！"旗和牌放在工作地点。15时，专工王××、工作负责人房×、工作组成员刘×（死者，男、25岁，1996年参加工作）等人共同驱车到达北×一次变。工作负责人房×到主控楼取材料库钥匙，以便拿出油盘等作业工器具；专工王××沿巡视道巡视完主变压器后与携带油盘等工具的房×一同来到电容器组围栏外侧。观察完设备后，约15：10，工作负责人房×正要到主控室办理开工手续时，忽然听到"呲啦"放电声，王××、房×一同跑到放电地点，发现作业组成员刘×仰躺在电容器组西隔离开关下的草地上，呼吸急促，身体左侧放有一面"在此工作！"旗。二人立即对刘×进行了人工呼吸急救，同时工作负责人房×拨打120急救电话。约20min后急救车赶到，刘×经抢救无效死亡。

5.3.9.15　在配电线路、设备上进行公司系统的非电气专业工作（如电力通信工作等），应执行工作票制度。

【释义】　在开展通信、光纤架设等非电气专业工作时，当带电距离不足以保障人身安全时，需要执行工作票制度，履行相关的签发、许可手续，不能随意开展不停电作业。

【事故案例】　一光纤施工现场发生一起1人触电身亡事故

2022年7月21日早上7：00，信×公司的施工队长李×财带领施工人员周×、向×雄、向×亚、沈×财、方×林来到一山头田地上进行布放钢绞线（光纤吊线）施工作业。根据作业前分工，李×财和向×亚在对面的山上放钢绞线，周×与向×雄在新立水泥线杆附近将套有塑胶管的钢绞线通过上跨塑胶电线进行拉线，方×林和沈×财在两杆档距中间的地方矫正钢绞线。14：00，周×站在已收割稻谷旱田地上，用手将上跨搭在电线上的钢绞线进行拉伸扯直时，钢绞线触碰到电线接头处，发生触电休克倒在地上。旁边的方×林见状迅速用手里的木棒把周×手里的钢绞线打掉，然后和向×雄等人把周×抬出到安全的泥地上，迅速对周×进行抢救，同时拨打120电话。卫生院的120救护车于14：25到达现场，医护人员在现场对周×抢救至15：05时，因抢救无效医生现场宣告周×死亡。16：00，派出所接到村委会报警后，立即赶到事发现场处置和向有关部门报告，随后市公安局技术中队进行现场勘验和对尸体检查，确认属意外触电死亡。

5.3.9.16　配电第一种工作票，应至少在工作前一天送达设备运维管理单位(包括信息系统送达）；通过传真送达的工作票，其工作许可手续应待正式工作票送到后履行。

【释义】 为了保证工作票的正确性以及现场作业人员能否胜任相关工作，必须在工作前一天将配电第一种工作票送到设备运维管理单位，设备运维管理人员可通过系统熟悉掌握第二天需要布置的安全措施。而且设备运维管理人员能够保证工作票的安全措施完备可靠并具有针对性，并明确作业的危险点及预控措施，所以配电第一种工作票必须在作业前一天送达。如果是通过传真送达的工作票，工作票并不规范，因此工作许可手续应等正式工作票送达后方可执行。

【事故案例】 未提前将工作票送达，导致配电检修人员误登带电 10kV 变台感应电死亡

2003 年 9 月 23 日 8：00，为配合市政道路改造路灯亮化工程，10kV 大×干 1~109 号停电作业，××供电分公司配电高压工程师李××，将运行班长交给的大×干高、低压缺陷汇总单交给配电检修二班副班长冯××，安排检修二班准备 10kV 大×干停电作业。检修二班按工作票的要求，先后在已停电的 10kV 大×干 1、42、43、109 号杆上进行验电、并挂接了四组接地线，工作班 7 人集中在一起处理了两处缺陷后，将两人留在大×干 58 号，负责更换一组跌落式熔断器及一组低压隔离开关，其余 4 人在工作负责人冯××带领下在 10：50 左右按缺陷汇总单上缺陷内容的作业地点到达 10kV 荣×分 7 号变台，冯××安排赵××（死者，男，21 岁）、李×（男，38 岁）负责此台作业，工作任务是更换两支变台跌落式熔断器及一支低压隔离开关。二人接受任务后赵××伸手拽变台托铁登台。这时李×对赵××说"听听帽子有响没有"后李××即俯身去取材料。李听赵××说："感应电"，紧接着就听到"呼"的一声，李抬头一看发现赵××已经触电倒在变台上（约 11：07）。经现场人员紧急联系区调度将 10kV 砂Ⅻ线停电后（约 11：18），将赵××救下变台，此时赵××已触电死亡（当时 10kV 荣×分实际在带电运行中，原因是 10kV 荣×分是 10kV 大×干和 10kV 砂Ⅻ线的联络线，原来由 10kV 大×干号 72 受电运行，因系统运行方式变更，荣×分已于 2000 年 11 月 21 日改由 10kV 砂Ⅻ线受电，非本次停电范围）

5.3.9.17 需要运维人员操作设备的配电带电作业工作票和需要办理工作许可手续的配电第二种工作票、低压工作票，应至少在工作前一天送达设备运维管理单位（包括信息系统送达）。

【释义】 需要运维人员操作设备的配电带电作业工作票和需要办理工作许可手续的配电第二种工作票、低压工作票，必须在工作前一天送达设备运维管理单位，设备运维管理专责根据票的内容核实作业票的安全措施，确保人身安全。

【事故案例】 ××供电分公司操作工丁×在处理路灯线断线故障过程中意外触电死亡

2003 年 8 月 30 日，××供电分公司在进行抢险救灾施工时发生一起意外人身死亡事故。当日 20：30 供电分公司蔡××操作小班接班。当时接到吴泾地区因龙卷风和雷暴雨袭击引起的抢修任务，随即先驱车处理事故，结束后返回途中又接调度指令（调度接 110 报剑×路 137 号门前电线杆遭雷击倒下）赶赴现场处理故障。22：10 左右到达现场（剑×路 139 号门前）发现灯 *1450-01/12（东）~灯 *1450-01/13（西）这一档的一根路灯裸导线断线悬在半空中，蔡××派丁×上杆工作，黄×地面配合。丁×带好绝缘手套先登上 01/12 杆将路灯线剪断，后登上 01/13 杆将另一段路灯线剪断，此时蔡××已将剪下的 01/12 路灯线收起，而 01/13 杆吊下的路灯线则缠挂在树枝上，丁×下杆后戴着绝缘手套去拉此断线（后经勘察发现该段导线带电），拉了几下无法扯下，就对蔡××讲拉不下，于是蔡××到抢修车

上取来绝缘棒准备将缠挂在树枝上的断线挑落，此时（大约22：15~22：20）丁×突然倒地（已自行脱离断线），挣扎着想支起身体但又倒地。蔡××、黄×和司机马上将丁×搬到人行道上不停地进行人工呼吸抢救，并立即打120电话和请居民帮忙联系医院，22：36医院（距出事地点300m左右）派来三名救护人员用担架抬至医院进行抢救，23：30左右医生宣布死亡。

5.3.9.18 除填写方式、打印份数外，数字化工作票的填写、使用要求与纸质工作票一致。

【释义】 为了提高工作效率，各单位普遍都使用数字化工作票，其填写和使用要求必须与纸质工作票保持一致。

5.3.9.19 已终结的工作票（含工作任务单）、故障紧急抢修单、现场勘察记录至少应保存1年。

【释义】 已办理终结手续的工作票（含工作任务单）、故障紧急抢修单、现场勘察记录至少应保存1年，这是为了后期对工作票的评价、总结、分析、检查以及事故调查等提供相应的依据。

5.3.10 工作票的有效期与延期

5.3.10.1 工作票的有效期，以批准的检修时间为限。批准的检修时间为调度控制中心或设备运维管理单位批准的开工至完工时间。

【释义】 工作票的有效期，以批准的检修时间为依据，当调度控制中心或设备运维管理单位批准后，开始执行工作票。当工作结束后，工作负责人向工作许可人汇报工作结束事项。工作许可人则向调度控制中心汇报完工时间，调度控制中心收到回令后结束本次工作。

【事故案例】 未接到调度员的开工命令，施工人员在10kV 横×线农网改造时发生触电死亡

2000年4月24日13：50，××供电局电力安装公司组织施工队及雇请部分民工在10kV 横×线14号~44号杆段的4台配电变压器进行升台架施工。4月24日7：32，工作负责人梁××在未接到调度员成××的开工命令，即打电话给工作班民工工头李××：做好安全措施后可以开工。8：45，梁××和陈××到达44号杆罗×配电变压器施工现场，梁×向施工人员交代安全事项，交代陈××做好现场监护工作后，与陈××前往横×线罗围支线23号杆处。午饭后约13：00，施工继续进行，由雇请的民工范××登杆安装引线，在安装横×线A相时，范××不是坐在B、A相之间而是坐到横×线的A相与官×线C相之间施工，在装扎A相第一道绑扎线时仍未发现有危险，绑扎到第二道约5~6圈时，范××伸腰坐直，引致背部距带电的官×线C相跳弓（即导引线）太近而引发放电触电，只听到"啪"的一声，已发现范××背部压在官×线跳弓上且背部冒烟约三分钟，当场死亡。现场施工管理员陈××发现有人触电，立刻打电话报安装公司经理范××和施工队长邓××，邓××立刻通知调度室，由当值调度员令东×站切开10kV 官×线，而经理范××向有关领导汇报情况。

5.3.10.2 办理工作票延期手续，应在工作票的有效期内，由工作负责人向工作许可人提出申请，得到同意后给予办理；不需要办理许可手续的配电第二种工作票，由工作负责人向工作票签发人提出申请，得到同意后给予办理。

【释义】 当工作过程中因特殊情况，导致工作不能按照计划完成，此时需要在工作票的有效期内申请延期手续，由工作负责人向工作许可人提出申请，得到同意后才能办理。

当超过工作有效期内却发现工作仍未完成时，则需要重新办理工作票的签发、许可手续。对于不停电的配电第二种工作票，只要工作票签发人同意后即可办理。

【事故案例】 ××未办理延期手续，违规使用钢卷尺进行测量工作发生放电造成1名施工单位人员死亡事故

2021年6月17日，××供电公司在110kV××变电站配电装置改造项目施工期间，××供电公司所属产业单位××集团有限公司电力安装分公司工作负责人孙×在完成××变电站110kV×线串带2号主变压器过渡方式恢复正常方式改接线工作后，与××供电公司变电运维中心变电运维正值沈××在未办理任何手续的情况下，前往110kV高压室×间隔，违规使用钢卷尺进行测量工作（非工作票所列作业内容），在钢卷尺靠近带电的母线引下线过程中发生放电，导致孙×触电死亡。

5.3.10.3 工作票只能延期一次。延期手续应记录在工作票上。

【释义】 工作票只能延期一次，不能无限次办理延期，而且办理的延期手续必须记录在工作票上，确保工作票的完整性和正确性。

5.3.11 工作票所列人员的基本条件

5.3.11.1 工作票签发人应由熟悉人员技术水平、熟悉配电网接线方式、熟悉设备情况、熟悉本文件，具有相关工作经验，并经本单位批准的人员担任，名单应公布。

【释义】 工作票签发人是指签发配电工作票的人员，一般都是由工区负责人担任。工作票签发人熟悉当班的人员能力，熟悉所管辖的配电网线路走向、配电设备的运维管理情况，熟悉《配电安规》，具有多年的工作经验。工作票签发人必须经过考核合格后方可担任，并在年初发布的"三种人"名单中公示。

【事故案例】 工作票签发人在明知水泥杆埋深不足的情况下签发作业票，导致一起倒杆人身死亡事故

9月9日，××开发有限公司放线施工中，发生一起倒杆人身死亡事故，造成1人死亡。7月底，李××到××电力局××供电营业所申请办理×镇×村板栗冰库用电，××供电营业所受理申请后，由该所职工柳×（兼局设计室成员）进行项目设计，柳×于8月6日完成了施工图设计和预算，通知用户前来签订设计合同（合同至今尚未签订，设计资料也未交付）。8月11日，用户李×在供电营业所兰×带领下到××电力有限公司××分公司要求尽快进行工程建设，并交了2.5万元工程预付款给××分公司（未签订施工合同），××分公司同意先发部分施工材料。××供电营业所在既未拿到设计资料和××分公司的委托施工协议、施工联系单，也未编制施工方案和进行安全技术交底的情况下组织进行了工程施工。8月21日开始，由××供电营业所电管员兰×（工作负责人）、黄×、谢×、高×、专职电工厉×、许×、刘×及民工李×、刘×、吴×组成的施工队伍对该工程进行施工，8月23日在6号杆洞开挖深度严重不够（实际埋深65cm，要求埋深170cm）的情况下未向供电营业所汇报而擅自立了杆（10m拔梢杆）。9月9日上午完成8~10号（终端杆）耐张段放、紧线工作，14：10开始进行5~8号耐张段放、紧线工作，具体分工是厉×（死者）负责6号杆、刘×负责7号杆的护线定位绑扎工作，高×和3个民工负责放拉线，谢×负责5号杆耐张挂头工作，黄×负责8号杆紧线工作。当放完5~8号耐张段的第一根导线（截面35mm²）尚未开始紧线时，6号杆因埋深严重不足发生倒杆，正在杆上的厉×随杆向公路侧（面向大号侧右边）倒下，趴在已倒的6号杆上。事故发生后，现场施工人员随即赶到，将厉×的保险带与副带解下，

将其抬至公路旁；一边拦下公路段的车，将其于15：35送至××县人民医院，医院立即组织抢救。因伤者心血管破裂、内出血过多，在经历了两个多小时的全力抢救无效后，于18：10死亡。

5.3.11.2 工作负责人应由有本专业工作经验、熟悉工作班成员的安全意识和工作能力、熟悉工作范围内的设备情况、熟悉本文件，并经工区（车间，下同）批准的人员担任，名单应公布。

【释义】 工作负责人是基层工作中的现场安全第一责任人，是班组安全生产的重点，是企业安全工作的基础，工作负责人的表现直接关系到企业全局的安全。工作负责人要掌握必要的安全规程，要有全面的技术知识，具备较高的专业技术水平，原则性要强，责任心要强，有一定的工作能力和指挥能力。工作负责人必须经考核合格方可上任并在本单位发布的"三种人"名单中公示。

【事故案例】 **工作负责人盲目施救，导致2人触电死亡事故**

2018年5月20日，××供电公司在××线路参数测试工作中，发生感应电触电事故，造成2人死亡。××供电公司所属集体企业××电力实业总公司变电分公司线路参数测试工作负责人胡××、工作人员于×持工作票至××变电站，在接受变电站当值人员现场安全交底和履行现场工作许可手续后，进入设备场地进行线路参数测试。在完成××线零序电容测试后，工作人员于×未按规定使用绝缘鞋、绝缘手套、绝缘垫且在××线两端未接地的情况下，直接拆除测试装置端的试验引线，导致感应电触电。工作负责人胡××在没有采取任何防护措施的情况下，盲目对触电中的于×进行身体接触施救，导致触电。2人经抢救无效死亡。

5.3.11.3 工作许可人应由熟悉配电网接线方式、熟悉工作范围内的设备情况、熟悉本文件，并经工区批准的人员担任，名单应公布。工作许可人包括值班调控人员、运维人员、相关变（配）电站[含用户变（配）电站]和发电厂运维人员、配合停电线路工作许可人及现场工作许可人等。

【释义】 工作许可人应是经工区（所、公司）生产领导书面批准的，具有一定工作经验的值班调控人员、运维人员、相关变（配）电站[含用户变（配）电站]和发电厂运维人员、配合停电线路工作许可人及现场工作许可人，用户配电站的工作许可人应是持有效证书的高压电气工作人员。工作许可人必须经考核合格方可上任并在本单位发布的"三种人"名单中公示。

【事故案例】 **工作许可人布置的安全措施不周导致合同工触电身亡事故**

3月14日，××工程公司第一工程处承包×局在西×线16～38号区段支线进行换线改造工作。8：30工作许可人丁××许可送变电公司开始工作。接到许可命令后，停复电联系人、工作负责人命令现场有关施工人员，先低压验电，后对上层高压验电，验明无电后在西×线16号和丰×支8号各挂接地线一组，并将37号杆变压器高压引下线拆除。9：30开始工作。12：50，田××、于××及李×在西×线37号杆丰×支工作，在用绳吊线夹时，线夹挂在下层380V导线上，李×遂手取，此时低压线路有电，李×触电后，由于安全带控制未掉下，仰躺在低压线路上。发现触电后，经送变电施工人员共同查找电源点，发现××娱乐有限责任公司配电室为反送电源。拉开该电源后，将李×救下并用救护车送省人民医院，抢救无效死亡。

5.3.11.4 专责监护人应由具有相关专业工作经验，熟悉工作范围内的设备情况和

本文件的人员担任。

【释义】　专责监护人是指不参与具体工作、专门负责监督作业人员、现场作业行为是否符合安全规定的责任人员。进行危险性大、较复杂的工作，如临近带电线路设备、带电作业及夜间抢修等作业，仅靠工作负责人无法监护到位，因此除工作负责人外还应增设监护人。在带电区域（杆塔）及配电设备附近进行非电气工作时，如刷油漆、绿化、修路等，也应增设监护人。专责监护人主要监督被监护人员遵守本规程和现场安全措施，及时纠正不安全行为，因此，专责监护人应掌握安全规程，熟悉设备和具有相当的工作经验。专责监护人在执行重要工作任务时做好安全监督工作，是保障工作安全的安全监督员。专责监护人应熟悉工作范围内的设备，熟悉配电安规。专责监护人必须有较强的责任心、由具有多年工作经验的人担任，了解工作范围内岗位的作业过程、熟悉工艺操作和设备状况，能熟练使用安全工器具、施工机具及其他救护器具。专责监护人应对安全措施落实情况进行检查，监督安全措施情况，发现落实不好或安全措施不完善时，有权提出暂不进行作业。专责监护人要佩戴明显的标志，坚守岗位，专门监护作业人员的操作，一旦发现有异常情况则及时叫停处理。

【事故案例】　专责监护人未起到监护作用，作业人员高处坠落造成重伤事故

3月29日，××电力公司将10kV×一线24～43号、×八线18～36号（同杆共架）架空线路落地改电缆，新投运开关站1台，电缆分支箱3台。××电力公司安排电缆运行七班梁××担任第一小组负责人，小组成员分别为白××、刘××（男，35岁，复员军人，1993年1月进局）、该项工作负责人常×现场又临时指定寇××作为18号杆塔作业的专责监护人。该小组当天工作任务为：10kV×一线24号杆和×八线18号杆（同杆共架）两根电缆终端杆户外头吊装、搭接引线。当时杆上作业人员为刘××、梁××，现场监护人寇××。11：25，当杆上东侧10kV×一线电缆吊装工作结束后，刘××下至杆子东侧第二层爬梯解开腰绳，在转向西侧×八线准备固定10kV×八线上层第一级电缆抱箍时，由于换位转移过程中，脚未踩稳、手未抓牢，从距地约6m高处坠落，造成人身重伤事故。

5.3.12　工作票所列人员的安全责任

5.3.12.1　工作票签发人：

a）确认工作必要性和安全性；

b）确认工作票所列安全措施正确、完备；

c）确认所派工作负责人合适，工作班成员适当、充足。

【释义】　工作票签发人应根据现场的运行方式和实际情况对工作任务的必要性、安全性以及采取的停电方式、安全措施等进行考虑；审查工作票上所填安全措施是否与实际工作相符且正确完备，以及所派工作负责人及工作班成员配备是否合适等，各项内容经审核通过后签发工作票。

5.3.12.2　工作负责人(监护人)：

a）确认工作票所列安全措施正确、完备，符合现场实际条件，必要时予以补充；

b）正确、安全地组织工作；

c）工作前，对工作班成员进行工作任务、安全措施交底和危险点告知，并确保每个工作班成员都已签名确认；

d）组织执行工作票所列由其负责的安全措施；

e）监督工作班成员遵守本文件、正确使用劳动防护用品和安全工器具以及执行现场安全措施；

f）关注工作班成员身体状况和精神状态是否出现异常迹象，人员变动是否合适。

【释义】 工作负责人是执行工作票工作任务的组织指挥和安全负责人，负责正确、安全地组织现场作业；同时，工作负责人还应负责对工作票所列现场安全措施是否正确、完备，是否符合现场实际条件等方面情况进行检查，必要时还应加以补充完善。工作许可手续完成后，工作负责人应向工作班成员交代工作内容、人员分工、带电部位和现场安全措施，告知危险点。在每一个工作班成员都已知晓并履行确认手续后，工作班方可开始工作。工作负责人应始终在工作现场，认真履行监护职责，督促、监护工作班成员遵守本规程，正确使用劳动防护用品和执行现场安全措施，及时纠正工作班成员不安全的行为。工作负责人还要负责检查工作班成员变动是否合适，精神面貌、身体状况是否良好等方面情况，因为变动不合适，工作班成员精神状态、身体状况不佳等因素极有可能引发事故。

【事故案例】 **工作负责人未安全交底导致触电事故**

××公司进行35kV石×变电站的35kV石×线390间隔和石×Ⅰ线394间隔的断路器小修，线路避雷器、线路TV试验，保护首检工作，以及35kV号1站用变压器小修预试工作。工作票签发人陈××开具了201001005号工作票，将三项工作放在同一张工作票中。工作负责人吴××及5名工作班成员持该票进入站内进行工作。当班运行人员履行完停电、验电、挂接地线等措施后，布置现场围网，将390、394检修间隔安全围网的出入口分别设在与其相临带电的石×Ⅱ线395间隔区内。10：45，工作许可人翁××许可开工。10：55，工作负责人吴××（班长）未履行任何手续，未进行现场安全交底，将另一个工作班组（持201001006号工作票工作）的人员陈××抽调到本班组工作，并离开作业现场和当班运行人员交涉工作票问题，失去对现场工作的安全监护。11：13，临时抽调的人员陈××见相邻的石×Ⅱ线395断路器操作机构箱门上挂有"在此工作！"标示牌，即错误地将绝缘梯搬到带电的395断路器间隔构架，攀爬擦拭绝缘子，陈××在攀爬过程中，两手对395断路器带电部位放电，人从1m左右（绝缘梯第三个阶梯）跌落。伤者神志清醒，经查陈××四肢电烧伤面积4%，其中Ⅲ度烧伤面积2%。工作负责人吴××未履行任何手续以及进行现场安全交底情况下擅自调人，未履行工作负责人职责，是造成事故的重要原因。

5.3.12.3 工作许可人：

a）确认工作票所列由其负责的安全措施正确、完备，符合现场实际。对工作票所列内容产生疑问时，应向工作票签发人询问清楚，必要时予以补充；

b）确认由其负责的安全措施正确实施；

c）确认由其负责的停、送电和许可工作的命令正确。

【释义】 配电工作有多种许可方式，如调度许可、工区值班员许可和工作现场许可等。可能存在工作许可人与工作票签发人兼任，故需工作许可人在受理第一种工作票时，应根据电网实际情况及有关规定审查工作的必要性和工作票中各项安全措施是否正确完备。工作许可人的主要职责是对许可的线路停电、送电和接地等安全措施是否正确完备负责，故工作许可人应核对检修线路的电源全部断开，保证线路停电、送电和操作许可工作的命令正确无误，审查工作票接地线的数量是否满足要求，挂设的位置是否正确，确认停电线路的操作接地等安全措施已全部实施完成，并与工作票核对无误后，方可向工作负责人发出许可命令，工作许可人对工作票所列内容产生疑问，应向工作票签发人询问清楚，必要时要求作出详细补充。

5.3.12.4　专责监护人：

a）明确被监护人员和监护范围；

b）工作前，对被监护人员交代监护范围内的安全措施，告知危险点和安全注意事项；

c）监督被监护人员遵守本文件和执行现场安全措施，及时纠正被监护人员的不安全行为。

【释义】　专责监护人应明确自己的被监护人员、监护范围，确保被监护人员始终处于监护之中。专责监护人在工作前，应向被监护人员交代安全措施、告知危险点和安全注意事项，并确认每一个工作班成员都已知晓，做好事故应急工作。专责监护人应全程监督被监护人员遵守本规程和执行现场安全措施，及时纠正不安全行为，从而保证作业安全。

【事故案例】　专责监护人监护不到位导致触电事故

××供电公司××配电安装公司按计划进行××公司业扩工程及自强街预安装高压隔离开关工程。在自强街 10kV 549 线路 26 号杆预安装高压隔离开关时，工作负责人吴××指示工作成员贾××、王×到附近 551 棉×专线 24 号杆挂接地线，指定贾××为专责监护人。而后贾×由于天热到旁边树下休息，未对王×交代必要的安全措施，作业人员王×登上带电的 551 棉×专线 24 号杆，在外拉验电器准备验电过程中，右臂与导线放电，由于王×系着安全带，未从杆上摔下来。

5.3.12.5　工作班成员：

a）熟悉工作内容、工作流程，掌握安全措施，明确工作中的危险点，并在工作票上履行交底签名确认手续；

b）服从工作负责人、专责监护人的指挥，严格遵守本文件和劳动纪律，在指定的作业范围内工作，对自己在工作中的行为负责，互相关心工作安全；

c）正确使用施工机具、安全工器具和劳动防护用品。

【释义】　工作班成员要认真参加班前会、班后会，认真听取工作负责人或专责监护人交代的工作任务，熟悉工作内容、工作流程，掌握安全措施，明确工作中的危险点，并履行确认手续。这是确保作业安全和人身安全的基本要求。工作班成员应自觉遵守安全规章制度、技术规程和劳动纪律，服从工作负责人的分配和统一指挥，对自己在工作中的行为负责，不违章作业，互相关心工作安全，并监督本规程的执行和现场安全措施的实施，这是作业人员的权利和义务。正确使用安全工器具及劳动安全保护用品，并在使用前认真检查，这是保证作业人员安全作业的重要措施。

【事故案例】　误入带电侧横担导致触电事故

××供电公司进行同塔并架双回线路单回线路检修工作，10：54，专责监护人王×对熊×作了西线带电、东线检修的交代。熊×从 D 腿（靠停电线路侧）脚钉登塔，由下层往上层工作。熊×工作完毕后，告诉王×："我已擦完"。王×回答："好。"王×从挎包中拿出"标准作业指导书"，开始检查号 5 塔的基础。11：12，王×正在检查 A 腿接地线时，听到放电声，抬头看见熊×倒在未停电的孙鸡西线中相横担上，身上已着火。救下时熊×已经死亡。熊×对现场安全措施掌握不当，对危险点认识不清，工作中对自己的行为不负责，是导致事故的主要原因。

5.4　工作许可制度

5.4.1　各工作许可人在发出许可下一步工作的命令前，应完成工作票所列由其负责的停电和装设接地线等安全措施，并向工作负责人逐项交代。

【释义】　工作许可制度是确保现场工作人员作业安全必不可少的组织措施，履行工作许可是运检双方确认安全措施已设置完成及许可工作的必要手续。工作许可人在确认作业现场工作票所列由其负责完成的安全措施已完成，并向工作负责人逐一交代清楚后，方可下达许可工作许可命令。工作许可人和工作负责人在工作票上分别确认、签字，记录许可时间。

5.4.2　值班调控人员、运维人员在向工作负责人发出许可工作的命令前，应记录工作班组名称、工作负责人姓名、工作地点和工作任务。

【释义】　当多个班组同时在一条停电线路上工作时，为防止个别工作班的工作尚未结束就恢复送电，值班调控人员、运维人员在向工作负责人发出许可工作的命令前，应将工作班组名称、数目、工作负责人姓名、工作地点和工作任务等及时予以记录（可记录在专门的记录簿内或值班日志中，也可根据本单位的相关规定采用其他方式进行记录），以便在接收各个班组的终结报告时与记录核对，防止个别班组尚未报告工作终结，误将线路恢复送电，造成触电伤害、设备损坏等事故。

【事故案例】　**因调度员遗漏工作申请发生恶性误调度事故**

××供电公司计划进行 220kV 2248 线路切改工作，2248 线路停电期间，××电厂突然针对 2248 线路厂内部分设备提出了工作申请，并经批准同意。调度员王×根据检修申请拟写 2248 线路送电操作票，遗忘了××电厂的检修任务，在线路上工作完工后，王×下令 2248 线路送电，导致 2248 线路××电厂侧带线路工作接地线合闸，幸未造成人员伤亡。工作许可人调度员王×对工作任务掌握不周全，未记录全部班组及工作任务，对其负责的送电许可命令的错误负主要责任。

5.4.3　现场办理工作许可手续前，工作许可人应与工作负责人核对线路名称、设备双重名称，检查核对现场安全措施，指明保留带电部位。

【释义】　为保证作业现场电气安全措施执行到位，确保作业安全，在现场办理工作许可手续前，工作许可人应与工作负责人一同核对停电线路的线路双重称号和设备双重名称无误，防止作业人员误入带电间隔、误登带电杆塔；一同检查核对并确认现场安全措施是否完备；工作许可人还要向工作负责人指明保留带电的具体部位，使检修方清楚停电的范围以及有电的位置。对于需停电作业的线路、设备，必要时应由工作许可人向工作负责人当场验电确认。

【事故案例】　**未履行许可手续进行箱式变电站故障巡视导致触电事故**

××日上午 9：15，××供电公司配电三班班长李××接到配电部门主任王××的电话通知：10kV ××路停电，可能是××小区的箱式变电站出现故障，要求迅速前往××小区检查设备并排除故障。李××带领工作人员张××立即赶往朝阳小区箱式变电站，9：35 到达现场后，李××认为 10kV ××路已停电，指挥张××打开箱式变电站的变压器设备开始检查，9：45 听到张××"啊"的一声倒在了箱式变电站的变压器前，李××立即将张××送至医院进行抢救，医生诊断为 20%Ⅲ度烧伤。工作负责人李××只听配电部门主任模糊的通知，未经调度许可，在未设置安全措施、不明确带电部位的情况下即开始工作，是造成事故的主要原因。

5.4.4　工作许可后，工作负责人（小组负责人）应向工作班（工作小组）成员交代工作内容、人员分工、带电部位、现场安全措施和其他注意事项，告知危险点，工作班成员应履行确认手续。

【释义】　工作负责人下达工作命令前，应对全体工作班成员进行工作任务、安全措施、技术措施交底和危险点告知。工作班成员签字前，工作负责人（小组负责人）要进行现场提问，确保工作任务、停电范围、带电部位、危险点及安全措施已交代清楚，工作班成员已完全掌握。多小组作业的，小组负责人应在作业前再次进行安全交底，最终在工作票上确认签名。

【事故案例】　低压台区综合配电箱计量检查触电伤亡事故

×月×日 15：05，××县××供电所××营业所人员刘××、钟××（工作负责人）2 人到××乡 10kV××线××村 R0003 台区开展 0.4kV 低压综合配电箱计量检查，15：22，刘××攀登竹梯至 0.4kV 低压综合配电箱进线柜检查变压器互感器变比，钟××负责监护（综合配电箱距离地面高度约为 2.3m，刘××站在竹梯第 7 层距离地面高度约为 1.9m）。刘××在检查过程中，不慎碰触到 220V（C 相）低压铝排裸露的连接部位（漏保上端），触电从竹梯坠落，紧急送至医院后，经抢救无效死亡。刘××、钟××对台架低压综合配电箱内低压接线不完全清楚，对带电裸露部分触电风险辨识不到位，也未采取相应防范措施是导致事故的主要原因。

5.4.5　工作负责人发出开始工作的命令前，应得到全部工作许可人的许可，完成由其负责的安全措施，并确认工作票所列当前工作所需的安全措施已全部完成。工作负责人发出开始工作的命令后，应在工作票上签名，记录开始工作时间。

【释义】　有的工作可能会有两个或以上的工作许可人，工作负责人发出开始工作的命令前，应得到全部工作许可人的许可，检查核对工作票所列安全措施已全部完成。工作负责人发出开始工作的命令发后，应在工作票上签名，记录开始工作时间。

【事故案例】　许可手续不全导致触电事故

××供电公司配电 1 班班长张×，班员李××和王×按检修计划进行 10kV 273 线路 18～34 号杆更换线路避雷器工作，273 线路 26～27 号杆与其他供电公司 10kV××线路交叉，当日该线路正处于检修状态。张×到达现场后与调度员郭××联系，郭××告诉张×273 线路与 10kV××线路都已经转检修了，10kV××线路其他单位有工作，张×说"行，正好省事儿了"，张×让李××和王××开始工作。16：32，张×听到在 26 号杆上工作的李××大喊一声"有电！"随后，李××从杆上滑下，所幸系了安全带，左臂小面积灼伤。事后经查明，10kV××线路工作完成后，进行了恢复送电。工作负责人张×未得到其他单位的许可手续即开始工作，是造成事故的重要原因。

5.4.6　带电作业需要停用重合闸（含已处于停用状态的重合闸），应向值班调控人员或运维人员申请并履行工作许可手续。

【释义】　停用重合闸是为了防止带电作业时引起的故障跳闸或作业线路本身故障使断路器跳闸后而造成带电作业人员重复伤害事故。带电作业需要停用重合闸（含已处于停用状态的重合闸）的，作业前应向调控值班人员履行停用重合闸手续；该项带电作业应经当值调控人员许可后进行。

5.4.7　填用配电第二种工作票的配电线路工作，可不履行工作许可手续。

【释义】　由于不需要改变设备的运行状态，不影响系统的稳定运行，因此填用电力线路第二种工作票时，不需要履行工作许可手续。持配电第二种工作票进入变电站内作业，以及承发包工程施工、用户到公司系统设备上持第二种工作票进行工作的，均需履行许可手续。

5.4.8　用户侧设备检修，需电网侧设备配合停电时，停电操作前应得到用户停送电联系人的书面申请，并经批准。在电网侧设备停电措施实施后，由电网侧设备的运维管理单位或调度控制中心负责向用户停送电联系人许可。恢复送电前，应接到用户停送电联系人的工作结束报告，做好录音并记录。

【释义】　为满足客户侧设备检修需要，需电网侧设备配合停电的，应履行调度和设备检修相关规定并履行相应手续。为保证停送电工作的安全性，明确客户停送电联系人应是持有有效证书且熟悉客户电气设备的高压电气工作人员。

5.4.9　在用户设备上工作，许可工作前，工作负责人应检查确认用户设备的运行状态、安全措施符合作业的安全要求。作业前检查有多电源、自备电源的用户已采取机械或电气联锁等防反送电的强制性技术措施。

【释义】　公司系统人员到客户设备上工作，工作负责人和工作班成员应事先熟悉用户设备运行方式和状态。在许可工作前还应检查确认用户设备运行状态，确保现场安全措施满足作业要求。多电源客户电源接入处采取机械或电气连锁，是防止多路电源合环和向停电区域反送电的措施。停电作业时应检查其是否能够可靠连锁，以防止向停电区域送电。在停电的客户设备上作业，作业人员接触设备前，工作负责人应再次验电确认设备无电后方可允许作业人员接触设备作业。

【事故案例】　10kV 业扩验收触电身亡事故

8∶30，应业扩报装客户要求，××供电公司客服中心副主任马××安排吕××联系相关人员，组织对用户新安装的 800kVA 箱式变电站进行验收。10∶55，吕××带领验收人员××县供电公司计量中心吴××、李××、生技部熊××和施工单位赵××等 4 人到达现场。到达现场后，吕××与客户负责人联系，到现场协助验收事宜。稍后，现场人员听到"哎呀"一声，便看到计量中心李××跪倒高压计量柜前的地上，身上着火。经现场施救后送往医院抢救无效，于 11∶20 死亡。经调查，9 月 17 日，施工人员施工完毕并试验合格，因客户要求送电，施工人员擅自对箱式变电站进行搭火。9 月 26 日，计量中心李××独自一人到高压计量柜处（工作地点），没有查验箱式变电站是否带电，强行打开具有带电闭锁功能的高压计量柜门，进行高压计量装置检查，触及带电的计量装置 10kV C 相桩头，触电死亡。李××在工作前未检查确认用户设备状态，导致触电死亡。

5.4.10　许可开始工作的命令，应通知工作负责人，其方法可采用：

a）当面许可。工作许可人和工作负责人应在工作票上记录许可时间，并分别签名；

b）电话或电子信息许可。工作许可人和工作负责人应分别记录许可时间和双方姓名，复诵或电子信息回复核对无误。

【释义】　工作许可要求如下：

（1）当面许可。指工作许可人与工作负责人双方在工作现场当面办理工作票工作许可手续。现场办理工作许可手续前，工作许可人应与工作负责人核对线路双重称号、设备双重名称，检查核对现场安全措施，指明保留带电部位。确认无误后工作许可人与工作负责人应在工作票上记录许可时间，并分别签名。

以下工作应采取当面许可方式，由设备运维管理单位的现场工作许可人负责执行：填用配电第一种工作票的工作；400V及以上配电故障抢修工作；多电源配电低压分支线抢修工作；持配电工作票进变电站工作；外包施工或外委作业人员在公司配电设备上，进行填用配电第二种工作票、低压票的工作；其他供电方式复杂，认为有必要进行现场许可的工作。

（2）电话许可。指工作许可人不在工作现场，工作负责人通过电话方式向工作许可人汇报现场安全措施落实情况，工作许可人复诵核对无误后，办理工作票许可手续。工作许可人与工作负责人应分别在工作票上记录许可时间和双方姓名。

值班调控人员、运维人员在向工作负责人发出许可工作的命令前，应记录工作班组名称、工作负责人姓名、工作地点和工作任务。

5.4.11　工作负责人、工作许可人任何一方不应擅自变更运行接线方式和安全措施，工作中若有特殊情况需要变更时，应先取得对方同意，并及时恢复，变更情况应及时记录在值班日志或工作票上。

【释义】　工作许可后，工作班成员开始在检修设备上工作，一旦检修设备运行接线方式变更，可能产生感应电压或直接造成检修设备带电，导致事故发生，所以工作负责人、工作许可人任何一方不得擅自变更运行接线方式。工作票所列的安全措施，已由工作负责人、工作许可人双方检查并确认，任何一方擅自变更安全措施，将导致安全措施的完整性遭到破坏，留下安全隐患。因此，在工作中严禁任何一方擅自变更已设置好的安全措施。若需变更或增设安全措施，应填用新的工作票，并重新履行签发、许可手续。需要改变原停电范围、设备状态的，还应履行新的停电申请（不需要申请的除外）手续。

5.4.12　不应约时停、送电。

【释义】　约时停电是指不履行工作许可手续，工作人员按预先约定的停电时间进行工作。由于系统运行方式有可能随时发生变化，或工作的线路由其他原因有随时恢复送电的可能，若按约定时间开始工作，而实际未停电，将会造成人身触电事故。约时送电是指不履行工作终结手续，工作许可人按预先约定的时间恢复送电。由于工作中可能发现新的问题或工作班人员因某些原因使工作任务不能在预先约定的时间内完成，如果按预先约定时间恢复送电，将会引发人身触电事故。停电、送电作业应严格执行工作许可制度，禁止采用约时停电、送电。停电工作前，工作许可人应与工作负责人核对线路名称、设备双重名称，检查核对现场安全措施，指明保留带电部位。恢复送电时，工作许可人应向工作负责人确认所有工作已完毕，所有工作人员已撤离，所有接地线已拆除，与记录簿核对无误并做好记录后，方可下令拆除各侧安全措施，合闸送电。

【事故案例】　约时送电导致触电事故

××供电公司进行城区线路停电检修，拆除五一路1号杆上隔离开关，安装一组跌落式熔断器，工作人员约定停电时间是上午9：00～10：00，到点送电，结果工作一个小时后，原定送电时间已到，工作尚未结束，就对线路送电，造成一人重伤、一人轻伤的触电事故。该事故中约时停送电是导致事故的直接原因。

5.5　工作监护制度

5.5.1　工作负责人、专责监护人应始终在工作现场。

【释义】　工作负责人既是执行工作任务的组织领导者，也是所有工作班成员的总安全监护人（专责监护人仅对被监护对象负责）。专责监护人是进行邻近带电部位的工作、高处作业、复杂工作时，增设的监护人员。工作过程中，工作负责人和专责监护人必须始终在工作现场（不得擅离岗位），对工作班成员的安全进行监护，及时纠正不安全行为，防止发生触电、高处坠落、机械伤害等事故。

【事故案例】　专责监护人监护不到位导致触电事故

供电公司××配电安装公司按计划进行××公司业扩工程及自强街预安装高压隔离开关工程。在自强街 10kV 549 线路 26 号杆预安装高压隔离开关时，工作负责人吴××指示工作成员贾××、王×到附近 551 棉纺专线 24 号杆挂接地线，指定贾××为专责监护人。而后，贾××由于天热到旁边树下休息，未对王×交代必要的安全措施，作业人员王×登上带电的 551 棉纺专线 24 号杆，在外拉验电器准备验电过程中，右臂与导线放电，由于王×系着安全带，未从杆上坠落。

5.5.2　检修人员（包括工作负责人）不宜单独进入或滞留在高压配电室、开关站等带电设备区域内。若工作需要（如测量极性、回路导通试验、光纤回路检查等），而且现场设备条件允许时，可以准许工作班中有实际经验的一个人或几人同时在他室进行工作，但工作负责人应在事前将有关安全注意事项予以详尽的告知。

【释义】　为防止作业人员失去监护而发生事故或意外且无法得到及时救护，作业人员不宜单独进入、滞留在高压室、开关站等带电设备区域。针对部分需在多处进行的工作（如测量极性、回路导通试验、光纤回路检查等），在安全措施可靠时，可准许工作班中有实际经验的一个人或几个人同时在他室进行工作，但工作负责人应事前将有关安全注意事项告知清楚。如果在他室进行工作的作业人员有两人或两人以上时，应指定其中一人负责监护。

5.5.3　停电作业时，工作负责人在确保监护工作不受影响，且班组人员确无触电等危险的条件下，可以参加工作班工作。

【释义】　工作负责人一般不参与工作，只有在停电作业、旁边无触电危险的条件下才可以参与工作，而且要确保不影响专责监护人的工作。

5.5.4　工作票签发人或工作负责人对有触电危险、检修（施工）复杂容易发生事故的工作，应增设专责监护人，并确定其监护的人员和工作范围。

【释义】　复杂的电气工作环境中，在安全距离小、作业安全条件较差时，工作票签发人和工作负责人应根据现场实际、施工范围、工作需要等具体情况，增设专责监护人，确定被监护对象。专责监护人应视工作现场条件而设定，原则是每名作业人员均处于被监护范围之内。

5.5.5　专责监护人不应兼做其他工作。专责监护人临时离开时，应通知被监护人员停止工作或离开工作现场；专责监护人回来前，不应恢复工作。专责监护人需长时间离开工作现场时，应由工作负责人变更专责监护人，履行变更手续，并告知全体被监护人员。

【释义】　对专责监护人员的相关要求包括：①专责监护人不得兼做其他工作。专责监护人临时离开时，应通知被监护人员停止工作或离开工作现场，待专责监护人回来后方可恢复工作。专责监护人需长时间离开工作现场时，应由工作负责人变更专责监护人，履行变更手续，并告知全体被监护人员。②专责监护人的变更仅限一次。

【事故案例】　10kV 配电接地线装设误操作

9 时左右，××县供电公司所属集体企业××工程公司根据施工计划安排，工作负责人刘××（死者）和工作班成员王××在倪岗分支线 41 号杆装设高压接地线两组（另一组装在同杆架设的废弃线路上，事后核实该废弃线路实际带电，系酒厂分支线）。当王××在杆上装设好倪岗分支线的接地线后，因两人均误认为废弃多年的线路不带电，未验电就直接装设第二组接地线。接地线上升拖动过程中接地端连接桩头不牢固而脱落，地面监护人刘××未告知杆上人员即上前恢复脱落的接地桩头，此时王××正在杆上悬挂接地线，由于该线路实际带有 10kV 电压，王××感觉手部发麻，随即扔掉接地线棒，刘××因垂下的接地线此时并未接地且靠近自己背部，同时手部又接触了打入大地的接地极，随即触电倒地，经医院抢救无效死亡。监护人刘××未履行安全职责，未告知被监护接地桩头不牢固脱落，而是参与到接地桩头恢复工作。

5.5.6　工作期间，工作负责人若需暂时离开工作现场，应指定能胜任的人员临时代替，离开前应将工作现场交代清楚，并告知全体工作班成员。原工作负责人返回工作现场时，也应履行同样的交接手续。

【释义】　工作负责人确需暂时离开工作现场时，应指定能胜任的人员临时担任工作负责人，以保证工作现场始终有人负责。原工作负责人应向临时工作负责人详细交代现场工作情况、安全措施、邻近带电设备等，并移交工作票，同时还应告知工作班成员并通知工作许可人。原工作负责人返回工作现场后，也应与临时工作负责人履行同样的交接手续，临时工作负责人不得代替原工作负责人办理工作转移和工作终结手续。若作业现场没有胜任临时工作负责人的人员，工作负责人又确需离开现场时，则应将全体工作人员撤出现场，停止工作。若工作负责人确需长时间离开工作现场，应向原工作票签发人申请变更工作负责人，经同意后，通知工作许可人，由工作许可人将变动的情况记录在工作票工作负责人变动一栏内。原工作负责人在离开前应向新担任的工作负责人交代清楚工作任务、现场安全措施、工作班人员情况及其他注意事项等，并告知全体工作班成员。

【事故案例】　安装防避雷针触电坠落死亡事故

××供电公司组织安装防绕击避雷针工作，并制订了《66～220kV 线路带电安装防绕击避雷针安全技术组织措施》。8：00 王×签发了带电作业票（带电班 012～0048），工作内容为在 66kV××线 53～59、72～77 号塔及架空地线上安装防绕击避雷针。当日工作地点为 66kV××线 56 号塔，计划工作时间为 6 月 25 日 8：30～18：00。10：30，班组人员到达作业现场，工作负责人杨××（带电班班长），工作班成员郑××、陈××、刘××等共 8 人。工作负责人宣读工作票、布置工作任务及本项目安全措施后，11：10 工作班成员开始作业。11：20，杨××突然肚子疼，跟郑××说"我去上个厕所，一会儿就回来，你们小心点"，随后离开现场。11：35，郑××、陈××两人在安装防绕击避雷针过程中，对安装机进一步调试时，发生放电，郑××由 56 号塔高处坠落地面，经抢救无效死亡。该事故中工作负责人杨××暂时离开工作现场，未指定临时负责人，未将工作现场交代清楚，是引发事故的重要原因。

5.5.7　工作负责人若需长时间离开工作现场，应由原工作票签发人变更工作负责

人，履行变更手续，并告知全体工作班成员及所有工作许可人。原、现工作负责人应履行必要的交接手续，并在工作票上签名确认。

【释义】 工作负责人暂时离开工作现场时，应指定能够胜任的人员临时代替，以保证工作现场始终有人负责。对工作负责人的相关要求如下：①工作票工作许可前原则上不允许变更工作负责人，确需变更时应重新填用工作票；②工作期间，工作负责人若需短时（一般30min内）离开工作现场，应指定能胜任的人员（须有工作负责人资格）担任临时工作负责人并履行监护职责，离开前应将工作现场交代清楚，并告知全体工作班成员，原工作负责人返回工作现场时，也应履行同样的交接手续。临时工作负责人不得办理工作票终结和工作间断后复工手续；③工作期间，工作负责人若需长时间离开工作现场，应由原工作票签人变更工作负责人，履行变更手续，并告知全体工作班成员及所有工作许可人，原、现工作负责人应履行必要的交接手续，并在工作票上签名确认，若工作票签发人或工作许可人不在现场，可电话征得工作票签发人和工作许可人同意（应做好录音），由原工作负责人代签名，并在"备注"栏内注明电话联系的时间；④对复杂、危险等工作，以及工作负责人离开工作现场前不能准确、详尽交代工作时，均不得变更工作负责人。这两种情形下，工作负责人确需离开时，应停止现场作业。工作负责人不能办理现场工作终止的，由原工作票签发人到现场协助办理；⑤工作负责人的变更仅限一次，若需再次变更，应重新填用工作票并重新履行签发、许可手续。

【事故案例】 架空低压线路改造工作人员触电伤亡事故

××供电局××供电分局装表计量班、线路检修班在××县兴隆村按计划进行10kV××线兴隆中街公用变压器（简称公变）低压4号杆T接兴隆一组支线1~9号杆、兴隆四组分支线5-1号~5-4号杆架空低压线路改造工作。6：10左右，在工作负责人李××的监护下，分局装表计量班工作班成员汪××带电开断了支线1号杆处临时连接的A相和中性线，并用黑色绝缘胶布将线头包好圈固在支线1号杆上。6：30，线路检修班人员到达现场后，装表计量班工作负责人李××与线路检修班工作负责人黄××做了工作交接，随后由线路检修班负责兴隆一组支线1~9号杆旧导线的拆除和新导线的架设工作。工作开始后，钟××上支线1号杆，再次将带电的绝缘导线端头用白色的绝缘胶带进行了包扎，随后开始了换线的相关工作。首先用原单相旧导线中的一根导线来牵渡新导线的A、C两相（两根边线）。9：40，因雷阵雨工作间断。10：45复工后将A、C相安装好。10：50，线路检修班再次用另一根旧导线牵渡B相和中性线新导线（中间两根）。在牵渡过程中天又下起了大雨，但这次施工没有因雨间断。11：40，当B相和中性线两根导线拖放至支线7~8号杆时，由于在复工后不久钟××擅自下了支线1号杆，加之该组小组负责人徐××擅自离开其负责的岗位，以致未能发现钟××擅自离杆的行为，致使支线1号杆处，正在施放的B相新导线与支线1号杆上开断并包扎好的A相带电绝缘铜芯线发生摩擦，使A相带电绝缘导线绝缘层被磨破，与正在施放的B相导线线芯接触使之带电，另一根新施放的中性线又通过横担等导体与B相导通，故而同时带电，导致正在支线7~8号杆之间拉线的施工人员和支线1号杆附近线盘处送线的施工人员触电，造成5人死亡，10人受轻伤。小组负责人徐×擅自离开其负责的岗位，未指定能胜任的人员临时代替或履行工作负责人变更手续，未能及时制止钟××违章行为，间接导致事故发生。

5.5.8 **工作班成员的变更，应经工作负责人的同意，并在工作票上做好变更记录；**

中途新加入的工作班成员，应由工作负责人、专责监护人对其进行安全交底并履行确认手续。

【释义】 工作负责人是作业现场的第一责任人，工作班成员的变更必须经工作负责人的同意，并在工作票上记录变更情况，对中途新加入的工作班成员应进行安全交底并履行确认手续，做到工作"四清楚"（工作任务清楚、危险点清楚、作业程序清楚、安全措施清楚）。工作班成员变动情况应在工作票上记录，由工作负责人在工作票"工作人员变动情况"栏或在"备注"栏内填写。

5.6 工作间断、转移制度

5.6.1 工作中，遇雷、雨、大风等情况威胁到工作人员的安全时，工作负责人或专责监护人应下令停止工作。

【释义】 当作业过程中出现大风、大雨、雷电、突发洪水、地质灾害等异常情况时，会威胁到工作人员人身安全，工作负责人或专责监护人应果断停止现场工作。上述风险、异常未解除时，不得冒险恢复工作。

5.6.2 工作间断，若工作班离开工作地点，应采取措施或派人看守，不让人、畜接近挖好的基坑或未竖立稳固的杆塔以及负载的起重和牵引机械装置等。

【释义】 工作间断，工作班暂时离开工作现场时，应指派专人在工作现场看守，防止外部人员（包括车辆）、牲畜等接近挖好的基坑或未竖立稳固的杆塔以及负载的起重和牵引机械装置等。视具体情况，对作业现场设置安全围栏和警示标识，以及对未竖立稳固的杆塔以及负载的起重和牵引机械装置等按相关要求做好临锚（将各类缆风、拉线、制动绳等受力绳锁住）、增设后备保护、锁定制动装置等临时安全措施。

【事故案例】 **脚手架倒塌伤人事故**

××供电公司进行城区线路改造，上午8：00，在架设好脚手架后，工作负责人李××带领杨××、王××在脚手架上开始工作，12：15，李××带领杨××、王××去附近小饭馆吃午饭。12：40，李××等人回到现场，发现脚手架倒塌，一14岁小孩被压在脚手架下，立即送往附近医院抢救。该事故中，工作负责人李××在工作间断时没有安排专人守护、未采取防止脚手架倒塌的安全措施，是导致事故发生的重要原因。

5.6.3 工作间断，工作班离开工作地点，若接地线保留不变，恢复工作前应检查确认接地线完好；若接地线拆除，恢复工作前应重新验电、装设接地线。

【释义】 工作间断期间，接地线等安全措施可能因自然环境、人为因素而遭受破坏，导致重新恢复工作时产生安全隐患，故在恢复工作之前，应首先检查接地线等安全措施的完整性，若接地线拆除，恢复工作前应重新验电、装设接地线，确认工作条件是否变化。只有当所有安全措施符合工作票及现场安全要求时，方可恢复作业。

【事故案例】 **接地线挂设不规范违规事件**

××供电公司组织35kV城北3501线12~15号塔进行年度检修。该工作计划持续两天，第一天17：30，工作收工后，未拆除工作接电线。第二天9：00，工作继续，工作负责人杨××在未派人检查接地线情况下下令开工，11：00，安监部门来现场检查，发现15号塔处C相接地线未连接，有重大安全隐患，被通报批评。该项违规事件中，工作负责人在第二天复工前未派人检查接地线等安全措施情况，是违规事件的主要原因。

5.6.4　使用同一张工作票依次在不同工作地点转移工作时，若工作票所列的安全措施在开工前一次做完，则在工作地点转移时不需要再分别履行许可手续；若工作票所列的停电、接地等安全措施随工作地点转移，则每次转移均应分别履行工作许可、终结手续，依次记录在工作票上，并填写使用的接地线编号、装拆时间、位置等随工作地点转移情况。工作负责人在转移工作地点时，应逐一向工作人员交代带电部位、现场安全措施和其他注意事项，告知危险点。

【释义】　使用同一张工作票依次在多个工作地点转移工作时，为了保证安全措施的完整性和提高工作效率，保障检修作业现场安全顺利完成，现场安全措施可采取一次性做完或随工作地点转移依次实施两种方式来执行。采取一次性做完方式时，采用一次性工作许可方式，转移到新地点时，不需再履行许可手续。采取随工作地点转移依次实施方式时，转移前履行已结束工作地点的工作终结手续，转移到新的地点作业前要履行许可手续和安全交底手续，相关内容要及时记录在工作票上。

5.6.5　一条配电线路分区段工作，若填用一张工作票，经工作票签发人同意，在线路检修状态下，由工作班自行装设的接地线等安全措施可分段执行。工作票上应填写使用的接地线编号、装拆时间、位置等随工作区段转移情况。

【释义】　使用一张工作票在一条停电检修的配电线路上分区段工作时，经工作票签发人同意，工作班自行装设的接地线等安全措施可分区段执行。由工作班分区段实施的安全措施，工作负责人应将使用的接地线编号、装拆时间、位置等随工作地点转移情况逐一填写在工作票上。

5.7　工作终结制度

5.7.1　工作完工后，应清扫整理现场，工作负责人（包括小组负责人）应检查工作地段的状况，确认检修（施工）的配电设备和配电线路的杆塔、导线、绝缘子及其他辅助设备上没有遗留个人保安线和其他工具、材料，查明全部工作人员确由线路、设备上撤离后，再命令拆除由工作班自行装设的接地线等安全措施。接地线拆除后，应即认为线路、设备带电，任何人不应再登杆工作或在设备上工作。

【释义】　工作结束后，设备上如有遗留物，可能造成检修设备、线路送电后发生短路、接地等故障。工作负责人（包括小组负责人）应对检修地段进行仔细检查，确定在配电设备和线路杆塔、导线、绝缘子及其他辅助设备上没有遗留个人保安线和其他工具、材料等，并确认全部工作人员已撤下，方可下令拆除工作班自行装设的接地线等安全措施。工作地段的接地线拆除以后，即应视为设备线路带电，不允许任何人再登上设备和线路进行任何工作。

【事故案例】　未核实工作人员撤离即送电，导致作业人员触电身亡事故

2007年8月19日，一座110kV变电站10kV 314线路发生单相接地，经查是314断路器下端到P1杆上3147出线隔离开关电缆损坏，需停电处理。20日晚，生技股主任胡××等到现场查勘，决定拆开电缆头将电缆放到地面再进行电缆中间头制作，由配电运检一班龙××担任工作负责人。同时决定由配电运检二班更换3087、3147隔离开关（因隔离开关合不到位），班长王××为工作负责人。21日，配电运检二班王××持故障紧急抢修单，负责3087、3147两组隔离开关更换工作；配电运检一班龙××持配电第一种工作票，负责电缆中间头制作。12：30，完成现场安全措施，经调度许可同时开工。16：30，配电运检二班完成3087、3147两组隔离

开关更换、拆除现场安全措施（含与配电第一种工作票合用的接地线）后，由工作负责人王××向调度汇报竣工，并带领工作班成员离开现场。17：30，电缆中间头处理工作将要结束，线路专责朱××电话通知王××来现场恢复电缆引线工作。18：20，电缆中间头工作结束后，工作负责人龙××汇报工作完结并办理工作票终结。此时，王××已到现场并准备进行3147隔离开关与电缆头的搭接工作。维操队在恢复314送电时，导致正在杆上作业的王××触电死亡。王××在完成隔离开关更换后，未经配电第一种工作票负责人同意，擅自拆除了配电第一种工作票上要求的、安装在3147隔离开关电缆侧接地线且王××电缆头恢复的工作未结束，便办理工作终结手续，明知接地线已拆除还擅自上杆进行作业。

5.7.2　工作地段所有由工作班自行装设的接地线拆除后，工作负责人应及时向相关工作许可人（含配合停电线路、设备许可人）报告工作终结。

【释义】　工作地段所有由工作班自行装设的接地线拆除后，工作负责人应及时向相关工作许可人（含配合停电线路、设备许可人）报告工作终结。接地线拆除后，又发现新的缺陷或遗留问题必须恢复作业时，按以下规定执行：①接地线已经拆除，但未向工作许可人汇报工作终结的，可在重新验电、装设接地线后，由工作负责人重新指派人员进行登杆作业，其他作业人员不得登杆；②对已向工作许可人汇报工作终结的，无论线路是否已送电，都必须视为带电，由工作负责人向工作许可人汇报发现的问题和处理意见，重新履行工作许可手续、布置安全措施，才能进行工作。

5.7.3　多小组工作，工作负责人在与工作许可人办理工作终结手续前，应得到所有小组负责人工作结束的汇报。

【释义】　当多个小组同时工作时，为防止个别小组的工作尚未结束就恢复送电，造成作业人员受到伤害，工作负责人应在得到所有小组负责人工作结束的汇报后，才能向工作许可人汇报工作结束，办理工作终结手续。

5.7.4　工作终结报告应按以下方式进行：

a）当面报告；

b）电话或电子信息报告，并经复诵或电子信息回复无误。

【释义】　工作终结要求如下：①采取当面许可方式的工作，工作终结应采取当面报告方式；②采取电话许可方式的工作，可当面办理终结手续，或以电话报告方式办理工作终结手续（电话报告内容应录音，电话报告内容经对方复诵确认无误）；③当面报告工作终结，由工作负责人当面向工作许可人报告，工作许可人、工作负责人双方在工作票上签字确认。电话报告工作终结，先由工作负责人得到各小组负责人工作结束的汇报，并经工作负责人检查，确认无误后，再用电话向工作许可人报告。

5.7.5　工作终结报告应简明扼要，主要包括下列内容：工作负责人姓名，某线路（设备）上某处（说明起止杆塔号、分支线名称、位置称号、设备双重名称等）工作已经完工，所修项目、试验结果、设备改动情况和存在问题等，工作班自行装设的接地线已全部拆除，线路（设备）上已无本班组工作人员和遗留物。

【释义】　工作负责人向工作许可人报告工作终结的主要内容：①工作负责人的姓名，所执行工作任务的工作票编号、所修的项目、设备改动的情况、试验结果及存在问题等；②分为几个小组作业，所有小组工作均已结束，参与作业的所有人员已全部撤离；③工作区段内各接地点所挂接地线已经全部拆除，本工作段已具备送电条件。工作负责人汇报以上内容完毕后，按照工作许可人报送的时间在工作票上填写工作票终结时间并签名。至此工作负责人履行工作票的职责已完毕。

【事故案例】 工作终结报告不清楚引发带地线送电事故

××供电公司计划进行 10kV××线路改造，10~24 号杆及 27~31 号杆两段架空线路电缆入地工作。上午 9:00，调度员李×将线路转入检修，工作负责人胡×带领张××开始工作，在 10 号杆和 27 号杆各封挂一组接电线，12:05，10~24 号杆架空入地工作完工，胡×对张××说"先告诉调度一声活完了，然后去吃饭，吃完再接着干"，随后胡×电话联系调度员李×"活儿完了啊，我先吃饭去，一会儿再说"，李×回答"好，地线拆了吧?"，胡×回答"拆了"。胡×随后与张××去吃午饭。调度员李×误以为全部工作已经完工，随即下令 10kV××线路送电，12:24，线路保护动作掉闸，送电失败。该事故中，胡×与李×在工作完工报告中不规范，描述不清楚导致理解有误，是造成事故的主要原因。

5.7.6 工作许可人下令拆除各侧安全措施前，应接到所有工作负责人（包括用户）的终结报告，并确认所有工作已完毕，所有工作人员已撤离，所有接地线已拆除，与记录薄核对无误并做好记录。

【释义】 所有工作负责人是指包括配合工作的用户工作负责人在内的停电检修线路及设备上的所有工作班组负责人。工作许可人接到所有工作负责人的工作终结报告，应确知工作已经完毕、所有工作人员已撤离、现场工作接地线已经全部拆除，并与工作许可时的记录核对一致，确认所许可的工作班组工作负责人已全部报告工作终结后，方可下令拆除安全措施，恢复送电。如不严格执行以上流程，则可能发生个别工作班组的工作尚未完工，在尚未报告工作终结的情况下，误向停电工作线路、设备恢复送电或带地线合闸，造成人身触电伤害、设备损坏事故。

【事故案例】 10kV 配电线路工作终结办理不规范导致人员触电死亡事故

2007 年 8 月 19 日，一座 110kV 变电站 10kV 314 线路发生单相接地，经查是 314 断路器（开关）下端到 P1 杆上 3147 出线隔离开关电缆损坏，需停电处理。20 日晚，生技股主任胡××等到现场查勘，决定拆开电缆头将电缆放到地面再进行电缆中间头制作，由配电运检一班龙××担任工作负责人；同时决定由配电运检二班更换 3087、3147 隔离开关（因隔离开关合不到位），班长王××为工作负责人。21 日，配电运检二班王××持事故应急抢修单，负责 3087、3147 两组隔离开关更换工作；配电运检一班龙××持配电第一种工作票，负责电缆中间头制作。12:30，完成现场安全措施，经调度许可同时开工。16:30，配电运检二班完成 3087、3147 两组隔离开关更换、拆除现场安全措施（含与配电第一种工作票合用的接地线）后，由工作负责人王××向调度汇报竣工，并带领工作班成员离开现场。17:30，电缆中间头处理工作将要结束，线路专责朱××电话通知王××来现场恢复电缆引线工作。18:20，电缆中间头工作结束后，工作负责人龙××说要带人去变电站内恢复 314 间隔柜内电缆接线，当时工作班成员刘××说电缆没接好，要求其不要离开现场并建议另外派人去。但龙××说只要几分钟，马上就回来，并带领工作人员进入变电站内。18:22，龙××在变电站控制室内向调度段××汇报说："老段，我工作搞完了，向你（二人开始开玩笑，调度：向老人家汇报啊；龙××：向老人家汇报）汇报"。18:25，龙××与维操队工作许可人办理工作票终结并返回到 P1 杆工作现场，也没有向在现场的其他作业人员说明已办理工作票终结和向调度汇报的事。此时，王××已到现场并准备进行 3147 隔离开关与电缆头的搭接工作。18∶29，县调段××下令维操队将××变电站308、314由检修转冷备用再由冷备用转运行。18∶42，维操队在恢复314送电时，导致正在杆上作业的王××触电死亡。县调调度员段××接受工作负责人工作终结的汇报不规范，在工作负责人汇报内容不全情况下，没有与工作负责人确认现场是否已拆除安全措施、是否具备送电条件，盲目向维操队下达送电指令导致正在杆上作业的王××触电死亡。

6 安全技术措施

6.1 在配电线路和设备上停电工作的安全技术措施

a）停电；

b）验电；

c）接地；

d）悬挂标示牌和装设遮栏（围栏）。

【释义】 停电、验电、接地、悬挂标示牌和装设遮栏（围栏）等，是在配电线路和设备上停电工作时防止作业人员触电的基本措施，所有操作必须严格执行工作票要求，做好保证安全的技术措施，现场工作人员须规范执行。

6.2 停电

6.2.1 工作地点应停电的线路和设备

6.2.1.1 检修的配电线路或设备。

6.2.1.2 与工作人员在工作中正常活动范围的距离小于表 2 规定的线路或设备。

6.2.1.3 危及线路停电作业安全，且不能采取相应安全措施的交叉跨越、平行或同杆(塔)架设线路。

6.2.1.4 有可能从低压侧向高压侧反送电的设备。

6.2.1.5 工作地段内有可能反送电的各分支线（包括用户，下同）。

6.2.1.6 其他需要停电的线路或设备。

【释义】 以上 6 项可归纳为：工作的线路和设备、不满足安全距离的线路和设备、有可能反送电的线路和设备、其他需要停电的线路和设备四个方面。停电措施须满足以下要求：工作地段不能存在未停电的电源及有可能来电的情况；应与带电部位保持足够的安全距离；应拉开关断路器、隔离开关、熔断器等，保证工作地点各端有明显断开点。

（1）工作的线路和设备。除带电作业外，对直接接触的检修线路、设备必须采取停电措施。

（2）不满足安全距离的线路和设备。指作业人员工作中正常活动范围与高压线路、设备带电部分的安全距离。若不满足安全距离要求，设备应停电；若满足安全距离要求但不满足"高压线路、设备不停电时的安全距离"要求，可通过绝缘挡板、硬质安全围栏（围栏缝隙不宜过大并有防倾倒措施）等将带电部位隔离进行工作，当无法采取可靠隔离措施时，设备应停电。若停电检修线路与邻近或交叉的带电线路距离不满足安全距离要求，该带电线路应停电、接地。

（3）有可能反送电的线路和设备。包含高压反送电和低压反送电两类。双电源、多电源及自备电源用户，在电源侧无闭锁装置情况下可能造成反送电；低压侧电通过变压器或电压互感器等设备，可能反送电至高压侧；低压用户自发电或违规接取其他低压电源，可能造成反送电。

(4) 其他需要停电的线路和设备。如 10kV 开关柜检修工作，需拉开 10kV 开关操作电源的小开关、信号小开关、二次总开关等情况。

【事故案例 1】 作业人员擅自打开后柜门进行清扫工作触电身亡事故

××电业局检修人员进行 110kV 桃×变电站 10kV Ⅱ段母线设备年检，主要作业内容为 10kV×建线 314、×南线 312、×杰线 308、×北线 306、×天线 302 断路器柜小修、例行试验和保护全检以及×南线 312、×杰线 308、×北线 306、×天线 302 开关柜温控器更换和 3×24TV 小修和例行试验等工作。上午 8：30，桃×变电站运行人员罗××许可工作开工，检修工作负责人谭××对刚×等 9 名工作人员进行班前"三交"后作业开始。9：06，刚×失去监护擅自移开 3×24TV 开关柜后门所设遮栏，卸下 3×24TV 开关柜后柜门螺丝，并打开后柜门进行清扫工作时，触及 3×24TV 开关柜内带电母排发生触电，送医院抢救无效死亡。

【事故案例 2】 低压侧向高压侧反送电导致作业人员触电身亡事故

××供电公司组织 8 名作业人员开展 10kV 背×线 239 号塔抢修工作，11：20，作业人员在确认 209 号塔分段断路器（为故障地点电源侧的分段断路器）、隔离开关已断开后，开始拆除 238~240 号塔间的受损线路，使用裸导线将 238~240 号塔直接连接。18：13，抢修作业结束后，工作负责人饶××发现 240 号塔 B 相引流线距离脚钉过近、不满足送电要求，工作班成员次××上塔处理隐患时触电，经抢救无效死亡。后经初步调查，本次作业未封挂接地线、未断开线路所带用户进线侧跌落式断路器，事发时用户使用的低压自备发电机通过配电变压器向线路反送电，造成人员触电。

6.2.2 检修线路、设备停电，应把工作地段内所有可能来电的电源全部断开（任何运行中星形接线设备的中性点，应视为带电设备）。

【释义】 为防止突然来电造成人员触电或设备损坏，在检修线路、设备停电时，应把工作地段内所有可能来电的电源（包括可能反送电的线路、设备）全部断开。

对中性点非有效接地和有效接地系统来说，运行中中性点具有一定的位移电压，主要是由各相对地电容不等引起。尤其是发生单相接地故障时，中性点对地电压可高达相电压数值，这是极其危险的。因此，将检修设备停电时，必须同时将与其电气连接的其他任何运行中星形接线设备的中性点断开。

【事故案例】 未将可能来电的电源断开导致人员触电伤亡事故

××供电公司所属××实业总公司变电工程分公司在××供电公司××220kV 变电站改造工程消缺中，在更换 10kV Ⅰ段母线电压互感器时发生 2 人死亡、1 人严重烧伤的人身伤亡事故。开关柜厂家在实际接线中，仅将 10kV 母线电压互感器接在母线设备隔离小车之后，将避雷器直接连接在 10kV 母线上，导致拉开 10kV 母线电压互感器 9511 隔离小车后，10kV 避雷器仍然带电。由于电压互感器与避雷器共同安装在 10kV Ⅰ段母线设备后柜内，施工人员在工作过程中，触碰到带电的避雷器上部接线桩头，造成人员触电伤亡。

6.2.3 停电时应拉开隔离开关（刀闸），手车开关应拉至试验或检修位置，使停电的线路和设备各端都有明显断开点。若无法观察到停电线路、设备的断开点，应有能够反映线路、设备运行状态的电气和机械等指示。无明显断开点也无电气、机械等指示时，应断开上一级电源。

【释义】 线路和设备上的明显断开点是指符合相应电压等级电气安全距离，隔离可靠、可见的电气断开点。有明显断开点是为避免设备停电检修时，断路器操作连杆损坏、触头熔融粘连或绝缘击穿等原因致使断路器不能有效隔离电源，而导致停电设备带电。

电力系统中使用的铠装组合式电气设备和配电箱式设备，无法直接观察到设备的断开点，为准确判断停电操作结果，可通过安装在设备上的电气和机械指示来确认。对配电系统中只有机械指示等单信号源的设备，如柱上断路器，应在操作前后均采用直接验电的方式补充确认。

【事故案例】 在线路没有明显断开点的情况下擅自接触设备导致触电身亡事故

××月××日下午，××供电所 10kV ××线因雷击造成单相接地，县调通知供电所安排人员事故巡线。该所安全员方××安排两组人员巡线：其中一组由王×负责带领 2 名职工、2 名民工到××线××支线巡线。王×小组巡线至××支线××电站（并网小水电）时，根据线路故障情况判断，认为故障点可能在该支线××电站变压器上，打算对该变压器进行绝缘测试。15：30 左右，王×进入该落地变压器院内，2 名职工和 2 名民工跟随其后十余米处。随后，王×在未采取任何安全措施的情况下（验电笔、操作棒和接地线放在现场的汽车上），就去拆变压器的高压端子，造成触电。其他人员听到王×喊了一声"有电"，立即赶到院内时，发现王×已倒在地上，失去知觉。事故发生后经过抢救无效死亡。该事故中，王×未确认线路已经停电，在线路没有明显断开点的情况下擅自接触设备，是造成事故的主要原因。

6.2.4 对难以做到与电源完全断开的检修线路、设备，可拆除其与电源之间的电气连接。不应在只经断路器(开关)断开电源且未接地的高压配电线路或设备上工作。

【释义】 对难以做到与电源完全断开的检修设备或有特殊原因必须缩小停电范围时，可拆除工作点附近的引线，确保有效断开电源。只经断路器断开电源且未接地的高压配电线路或设备，易造成触电伤害，因此禁止在此种情况的线路或设备上工作。

【事故案例】 在加装绝缘隔板过程中作业人员触电灼伤事故

××供电公司变电工区变电一班进行×河 110kV 变电站 10kV 设备改造工作，工作班成员张×在工作过程中触电灼伤。工作任务为×河 110kV 变电站 221 断路器更换、保护改造、B相加装 TA。工作班成员为孙××（工作负责人）、侯××、梁××、张×（男，25 岁）。现场采取的安全措施为在 221-5 隔离开关（母线侧隔离开关）断路器侧挂接地线一组并在隔离开关口加装绝缘隔板、在 221-2 隔离开关（线路侧隔离开关）线路侧挂接地线一组。16：00左右进行 221-2 隔离开关与 TA 之间三相铝排安装，当时张×在 221 开关柜内右侧进行 A 相接引、校正 A 相铝排，侯××在柜门左外侧协助工作，孙××在柜门外侧监护工作。约16：10，221 线路来电，造成工作班成员张×触电灼伤，随即将其送至××县医院进行抢救。

6.2.5 两台及以上配电变压器低压侧共用一个接地引下线时，其中任一台配电变压器停电检修，其他配电变压器也应停电。

【释义】 配电变压器三相负荷不平衡可能导致中性点位移、接地线带电。当两台及以上配电变压器低压侧共用一个接地引下线时，当其中一台变压器停电检修、其他变压器运行时，由于共用的接地引下线带电，极易造成触电伤害。

6.2.6 高压开关柜前后间隔没有可靠隔离的，工作时应同时停电。电气设备直接连接在母线或引线上的，设备检修时应将母线或引线停电。

【释义】 一些老式开关柜前后隔离措施不齐全，一台停电工作时，相邻的以及工作过程中可能触碰或邻近的开关柜也应同时停电。个别小型柜的开关与母线之间没有隔离开关，老式手车型开关柜的避雷器直接连接在母线上，这些开关柜停电检修时母线应同时停电。安全距离不够且不能可靠隔离带电部位的设备，工作时应停电。

【事故案例】 擅自使用电脑钥匙将开关下柜门打开导致作业人员触电身亡事故

00：51，××电业局停电处理"110kV ××变电站 3 号主变压器 6032 隔离开关发热缺陷"，3：5 缺陷处理完毕，3：25 调度下令南郊集控所复电操作。由于当天工作是"零点"工程，属大型操作，南郊集控所所长潘××和副所长刘×于前一日 23：00 就已到达现场，以加强现场监督。现场操作监护人为刘××，操作人为王××，协助人为黄××。4：26 执行"10kV 工农路 652 开关由冷备用转热备用"操作，当操作人王××操作到第三项时发现 6522 隔离开关合不上，王××认为自己力气不足，请副所长刘×帮忙又去试合一次，还是合不上，事故当事人潘××就让现场人员停止操作，随即从操作人手上取走电脑钥匙去主控室。4：35，潘××带着电脑钥匙返回 10kV 开关室，并独自一人使用电脑钥匙将 652 开关下柜门打开，造成 6522 隔离开关线路侧带电部位对人体放电。当时在开关室门外等候的当班人员，听到室内设备区有放电响声，立即跑进去，发现当事人倒在 652 开关柜边，开关下柜门敞开，电脑钥匙掉在地上。刘×当即查看当事人，发现其手部有被电弧击伤的痕迹且神志不清，就立即对其进行心肺复苏抢救，并由 120 急救后送医院抢救，于 6：30 由院方宣告抢救无效死亡。

6.2.7 低压配电线路和设备检修，应断开所有可能来电的电源（包括解开电源侧和用户侧连接线），对工作中可能触碰的相邻低压带电线路和设备应采取停电或绝缘遮蔽措施。

【释义】 为避免设备反送电或突然来电，应断开工作地段各端所有可能来电的电源。在低压设备上工作，设备带电时，可使用绝缘隔板将带电设备隔离；在低压线路上工作，应采取隔离及绝缘遮蔽措施。

【事故案例】 导线相间短路致使电流互感器烧毁事故

××分公司计量所的电能表外勤人员在客户变电站带电更换电能表。工作开始前，外勤班长用 $1mm^2$ 的铜导线将电流互感器的二次侧缠绕短路，在未采取任何有效安全遮蔽和防止相间短路措施前，便将电流互感器接地点导线更换新线。在更换过程中，电流互感器 A 相和 C 相二次铜导线碰到一起，造成相间短路，致使电流互感器烧毁。

6.2.8 可直接在地面操作的断路器（开关）、隔离开关（刀闸）的操作机构应加锁；不能直接在地面操作的断路器（开关）、隔离开关（刀闸）应悬挂"禁止合闸，有人工作！"或"禁止合闸，线路有人工作！"的标示牌。熔断器的熔管应摘下或悬挂"禁止合闸，有人工作！"或"禁止合闸，线路有人工作！"的标示牌。

【释义】 可直接在地面操作的设备指作业人员不需要借助工器具，站在地面即可操作的设备，该类设备操作机构加挂机械锁是为强制闭锁操作机构，以防止误操作；不能直接在地面操作的设备指需要借助工器具才能完成操作的设备，在该类设备可操作处悬挂标示牌，提醒操作人员不得擅自操作该设备，以防止向停电检修设备或工作地段送电而造成触电伤害。熔断器停电操作需要将熔管拉开，将熔断器的熔管摘下或悬挂标示牌，以防止停电检修中其他人员误认为熔断器熔管自跌落而误送电。

【事故案例】 在隔离开关操作处未悬挂标示牌导致村民触电烧伤事故

15：35，××供电公司 10kV ××线路保护动作掉闸，重合不良。经检查，在 35 号杆处线路隔离开关被拉开，有明显电弧灼伤现象。经询问，所在村庄一村民在捕鸟时，爬上杆塔，顺手拉到了隔离开关，发生触电，从杆塔上摔下，被送往当地医院抢修，造成右臂严重烧伤，多处骨折。该事故中，现场隔离开关操作处未悬挂任何警示标示牌，未能及时警示村民线路带电，是造成事故的重要原因之一。

6.3 验电

6.3.1 配电线路和设备停电检修，接地前，应使用相应电压等级的接触式验电器或测电笔，在装设接地线或合接地开关处逐相分别验电。架空配电线路和高压配电设备验电应有人监护。

【释义】 停电检修作业在接地前，应使用相应电压等级的接触式验电器或测电笔，在接地线装设处或接地开关闭合处逐相分别验电。合格的验电器应为有资质的单位鉴定通过的合格产品，在试验有效期内，绝缘部分及工作部分均完好等。

【事故案例】 未对线路进行验电、挂接地线造成1人触电身亡事故

×日下午，××电业局线路工区×班组处理火×148线路接地故障工作中，将与火×148线路同杆架设的下层城×146线路误认为是城×148线路，导致申报的停电线路与实际应停电线路不符，同时工作人员未对线路进行验电、挂接地线等安全措施，发生1起人身伤亡事故，造成1人死亡。

6.3.2 高压验电前，验电器应先在高压有电设备上试验，验证验电器良好；无法在有电设备上试验时，可用工频高压发生器等确证验电器良好。

【释义】 为避免因验电器故障造成设备带电情况误判而造成触电伤害，在验电前应确认验电器良好，方可进行验电。确认验电器良好应在有电设备上试验，无法在有电设备上试验时，可用工频高压发生器等确证验电器状态。

未装设接地线的线路和设备，均应视为带电。因此，架空配电线路和高压配电设备验电应设专人监护。

【事故案例】 作业人员未对废弃线路验电即挂设接地线导致触电身亡事故

××供电公司所属集体企业阳光工程公司进行×× 10kV线路29号杆台区低电压改造工作，在31号杆装设两组高压接地线（其中一组装在同杆架设的废弃线路上，该废弃线路实际带电）。作业人员未对废弃线路验电即挂设接地线，未设监护人，路人触及脱落的接地极，造成1人触电死亡。

6.3.3 低压验电前，验电器或测电笔应先在低压有电部位上试验，验证验电器或测电笔良好。室外低压配电线路和设备验电宜使用声光验电器。

【释义】 低压验电前应先在低压有电部位上试验，确认验电器或测电笔良好，以避免造成低压设备带电情况误判。室外低压配电线路和设备验电，宜使用声光验电器，便于查看。

【事故案例】 未检查验电器绝缘情况导致作业人员触电烧伤事故

上午，××供电公司10kV××线路跳闸，重合良好。配电工区急修班夏××、郭××奉命带电查线，在巡至68号杆处发现有鸟巢搭载放电烧焦痕迹，夏××登杆进行带电清除鸟巢，用随身携带的伸缩式验电器去捅鸟巢，在验电器接触到鸟巢瞬间，夏××突然发生触电，随后，验电器脱手，夏××右臂严重烧伤。经检查，夏××所用验电器绝缘杆严重受潮。该事故中，夏××违

规使用验电器进行消除鸟巢操作，未检查验电器绝缘良好，是造成事故的主要原因。

6.3.4 高压验电时，人体与被验电的线路、设备的带电部位应保持表 2 规定的安全距离。使用伸缩式验电器，绝缘棒应拉到位，验电时手应握在手柄处，不应超过护环，应戴绝缘手套。

【释义】 验电时，人体与被验电的线路、设备的带电部位应不小于安全距离。使用伸缩式验电器时，应将绝缘杆全部拉出，验电时手握在手柄处且不得超过护环。为防止验电器绝缘杆表面泄漏电流造成触电伤害，验电时应戴绝缘手套。

【事故案例】 作业人员擅自摘下双手绝缘手套作业导致触电身亡事故

××供电公司作业人员带电处理某 10kV 线路 20 号杆中相绝缘子破损和导线偏移危急缺陷，现场拟定了施工方案和作业步骤，填写电力线路应急抢修单。作业过程中樊××擅自摘下双手绝缘手套作业，举起右手时误碰遮蔽不严的放电线夹，在带电体（放电线夹带电部分）与接地体（中相立铁）间形成放电回路，导致 1 人触电死亡。

6.3.5 雨雪天气室外设备宜采用间接验电；若直接验电，应使用户外型验电器，并戴绝缘手套。

【释义】 雨雪天气湿度较大，验电器绝缘杆可能因表面受潮不均匀而发生湿闪，对验电人员造成伤害。因此，雨雪天气室外设备验电时，应使用带防雨罩的雨雪型验电器，并戴绝缘手套。

【事故案例】 雨雪天未戴绝缘手套验电导致作业人员触电死亡事故

××供电公司在下雪天气进行 10kV ××线绝缘化改造及消缺作业，发生事故工作小组负责 10kV ××线多处更换设备线夹作业。转移工作地点过程中处理 17 号杆遗留缺陷（非本次作业内容），登杆未使用带防雨罩的雨雪型验电器，未戴绝缘手套验电，触电死亡。

6.3.6 对同杆(塔)架设的多层电力线路验电，应先验低压、后验高压，先验下层、后验上层，先验近侧、后验远侧。作业人员不应越过未经验电、接地的线路对上层、远侧线路验电。

【释义】 依据同杆（塔）架设的多层电力线路分布形式以及作业时人体与未经验明无电线路的安全距离，确定"先低后高、先下后上、先近后远"的验电顺序。配电线路相间距离较小，作业人员穿越未经验电、接地的线路时存在触电风险。因此，禁止作业人员越过未经验电、接地的线路对上层、远侧线路验电。

【事故案例】 作业人员穿越 10kV 带电线路进行验电导致触电灼伤事故

××供电公司进行 10kV 万×线（与另一回线路同杆并架，万×线在上层、下层线路带电）4~10 号杆的业扩工程施工，10∶10，王××准备在 4 号杆拆除低压双合横担，当向上攀登进行验电时，左手距离 10kV 带电导线太近，发生触电，由于身体自重下滑，脱离电源，人被安全带吊在杆上，被迅速解下，送医院抢救，左手小指和右脚小指截除。该事故中，王××穿越 10kV 带电线路进行验电严重违规，是造成事故的重要原因。

6.3.7 检修联络用的断路器（开关）、隔离开关（刀闸），应在其两侧验电。

【释义】 联络用断路器（开关）、隔离开关（刀闸）断开后，其两侧为无电气连接的两个部分，因此验电应在其两侧分别进行。

【事故案例】 未验电带电合接地开关的恶性误操作事故

××供电公司某断路器及线路检修。当值值班员田××和曹××进行相关操作，曹××是监护人。当进行到××隔离开关（出线隔离开关）断路器侧验明无电压后；未在××隔离开关（出线隔离开关）线路侧验明无电压，便合上接地开关时（当时线路还有电），造成带电合接地开关的恶性误操作事故。

6.3.8 **低压配电线路和设备停电后，检修或装表接电前，应在与停电检修部位或表计电气上直接相连的可验电部位验电。**

【释义】 低压检修及装表接电作业前，为确保工作部位无电，应在与停电检修部位或表计电气上直接相连的可验电部位进行验电。

【事故案例】 **心存侥幸用手背触碰表箱险些发生触电事故**

××供电公司抄表人员秦××按抄表计划，和另一名同事对××供电所××线路进行抄表工作。因为处于雷雨季节，加上昨晚的小雨一直下到早晨，二人仍按抄表计划安排正常出发，进行高压抄表，到达北黄北台区的时候，二人拿出纸笔准备抄表。秦××在同事监护下，心存侥幸的用手背触碰表箱，发现漏电，随即拿出电笔测试发现表箱真的带电，险些发生触电事故。

6.3.9 **无法直接验电的设备，应间接验电，即通过设备的机械位置指示、电气指示、带电显示装置、仪表及各种遥测、遥信等信号的变化来判断。判断该设备已确无电压，至少应有两个非同样原理或非同源的指示发生对应变化，且所有这些确定的指示均已同时发生对应变化。检查中若发现其他任何信号有异常，均应停止操作，查明原因。 若遥控操作，可采用上述的间接方法或其他可靠的方法间接验电。**

【释义】 当环网柜、箱式变电站等配电设备不具备直接验电条件时，应采取间接验电方法。非同样原理指类似机械位置指示和带电显示装置不同原理的表现方式，非同源信号取自不同的位置。判断时，应有两个及以上非同样原理或非同源的指示发生对应变化且所有这些确定的指示均已同时发生对应变化，方可确认该设备无电。若未发现任何信号发生对应变化，均应停止操作并查明原因。间接验电确认的判据，应逐项写入操作票。

【事故案例】 **未按规程进行其他方法验电导致误入带电间隔触电身亡事故**

××供电公司进行 110kV ××变电站 4 号主变压器年检预试工作中，4 号主变压器 DL214 两侧隔离开关 G2141、G2142 在断开位置，DL214 两侧接地开关 G21410、G21420 合上接地，4 号主变压器各侧均为 HGIS 设备，检修人员李××、王××进入工作区域后，查看了 DL214 断路器指示位置在分闸位置，随即准备现准备试验，在调整 4 号主变压器高压侧 G2141 隔离开关合不到位的缺陷时，误入不属于工作范围的 220kV 龚×一线（4E）线路侧带电运行的 G2142C 相位置，造成放电，李××当场死亡。该事故中，HGIS 设备机械指示位置无法看清，进入工作区域时，李××、王××没有按规程采用其他方法进行验电，导致误入带电间隔，是造成事故的重要原因。

6.4　接地

6.4.1 **当验明确已无电压后，应立即将检修的高压配电线路和设备接地并三相短路，工作地段各端和工作地段内有可能反送电的各分支线都应接地。**

【释义】 接地可防止检修的线路、设备突然来电，消除邻近带电线路、设备的感应电，放尽停电检修线路、设备的剩余电荷。在需接地处验电，确认无电后应立即接地，否则会因设备突然来电等意外情况而造成事故。当检修线路、设备突然来电时，三相短路电流使电源侧继电保护动作，断路器跳闸切断电源，使残压降至最低，以确保人身安全。电源侧、负荷侧、高低压分支等工作地段各端和有可能反送电的各分支线都应装设接地线，防止突然来电及线路剩余电荷伤人。

【事故案例】　未验电和挂接地线造成上杆工作人员触电死亡事故

××电业局10kV 火×线发生接地故障，安排线路工区进行分段停电检查。由于现场人员将需要停电的10kV 火×线和10kV 城×线（两条线路同杆架设，火×线在上，城×线在下）误报为10kV 火×线和10kV 城××线，导致调度将上述两条线路停电，而没有对10kV 城×线停电。工作人员上杆塔工作前又未验电和挂接地线，造成上杆的工作人员触电死亡。

6.4.2　配合停电的交叉跨越或邻近线路，在线路的交叉跨越或邻近处附近应装设一组接地线。　配合停电的同杆（塔）架设线路装设接地线要求与检修线路相同。

【释义】　为防止配合停电的交叉跨越或邻近线路误送电对作业人员造成感应电伤害，应在线路的交叉跨越或邻近处附近装设一组接地线。配电同杆（塔）架设线路间距较小，在线路停电检修工作中随时可能触碰其他邻近线路，因此配合停电的同杆（塔）架设线路装设接地线要求与检修线路相同。

6.4.3　星形接线电容器的中性点应接地，电缆作业现场应确认检修电缆至少有一处已可靠接地。

【释义】　停电后电缆及电容器仍有较多的剩余电荷，应逐相充分放电后再短路接地。停电的星形接线电容器三相电容不完全相同，即使已充分放电并短路接地，但其中性点仍存在一定电位，因此星形接线电容器的中性点应另外接地。串联电容器及与整组电容器脱离的电容器无法一次放尽剩余电荷，因此应逐个充分放电。电缆线路停电检修作业，在本端装设接地线时存在接地线脱落可能性，为确保安全，需将线路的另一端可靠接地，并有防止错停电缆的措施。

【事故案例】　用地线触碰电缆导致作业人员被残余电荷击中事故

××供电公司进行10kV 电缆的预防性试验工作。试验人员李××做直流耐压试验，试验完成后，刘××站在梯子上进行电缆的恢复工作，突然"咚"的一声摔倒在地。事后调查发现，事故的主要原因是该电缆长约300m，试验人员李××试验后对电缆放电不充分，只用接地线碰了一下电缆，未将接地线固定在电缆上，导致刘××被残余电荷击中。

6.4.4　对于因交叉跨越、平行或邻近带电线路、设备导致检修线路或设备可能产生感应电压时，应加装接地线或使用个人保安线，加装（拆除）的接地线应记录在工作票上，个人保安线由作业人员自行装拆。

【释义】　交叉跨越、平行或邻近带电线路可能在待检修的线路上产生感应电压，为防止感应电压伤人，应在检修线路上加装接地线或使用个人保安线。现场加装以及拆除的接地线应全部记录在工作票上，个人保安线应由作业人员自行加装、拆除。

【事故案例】　违规接导线端导致脱落伤人事故

上午，配电检修二班班长孙××带领班员王××、李××进行10kV 线路绝缘子更换工作，褚××登杆进行工作。在到达杆塔横担处后，褚××从工具包中拿出个人保安线，违规先接导线端，然后俯身接地端，此时由于导线端接挂不牢固，发生脱落，王××突然接地端脱手，个人保安线从杆塔上掉落，在杆塔下监护的李××躲闪不及，右肩膀被砸伤，划出一道10cm 左右伤口，随即被送往医院治疗，所幸未造成生命威胁。该事故中，王××安装个人保安线严重违规，先装设导线端，因安装不牢固导致脱落。

6.4.5 作业人员不应擅自变更工作票中指定的接地线位置，若需变更，应由工作负责人征得工作票签发人或工作许可人同意，并在工作票上注明变更情况。

【释义】 擅自变更接地线位置，会造成与工作票要求不一致，工作终结时工作负责人核对现场接地线时，易出现漏拆接地线的情况，从而导致带接地线误送电事故。工作过程中擅自变更接地线位置还会导致作业人员失去接地线保护。如需变更接地线位置，工作负责人应征得工作票签发人或工作许可人同意，并在工作票上注明变更情况。

6.4.6 装设、拆除接地线均应使用绝缘棒并戴绝缘手套，人体不应碰触接地线或未接地的导线。

【释义】 接地线装、拆过程中，可能发生突然来电或在有电设备上误挂接地线、停电设备有剩余电荷、邻近带电设备产生感应电压等情况，因此要求装、拆接地线均应使用绝缘棒并戴绝缘手套且人体不得触碰接地线或未接地的导线。

【事故案例】 接地线连接不够牢固导致伤人事故

××供电公司配电工区李××、张××进行 10kV××线路 26 号杆过线更换工作。李××登杆挂设接地线时，接地线未挂接牢固，发生松动，随即坠落，正砸在杆下张××的肩膀上，导致张××左肩严重划伤。该事故中，李××在装设接地线时，接地线连接不够牢固，导致松动，从杆塔上掉下，是造成事故的主要原因。

6.4.7 装设、拆除接地线应有人监护。监护人应持有书面依据。

【释义】 为保证接地前验电正确和装设位置无误，确保工作人员人身安全，装、拆接地线时应设专人监护。监护人应持有书面依据（如操作票、工作票等），查看装设、拆除的接地线是否符合要求，是否严格按照书面指示的位置进行装拆。

6.4.8 当验明检修的低压配电线路、设备确已无电压后，至少应采取以下措施之一防止反送电：

a）所有相线和零线接地并短路；

b）绝缘遮蔽；

c）在断开点加锁、悬挂"禁止合闸，有人工作！"或"禁止合闸，线路有人工作！"的标示牌，或派人看守。

【释义】 将所有相线和零线接地并短路，可有效防止反送电、感应电和突然来电。绝缘遮蔽宜采取隔离并遮蔽，在工作范围以外将带电部位隔离并进行绝缘包裹，使其与工作地段隔离。断开点加锁即采用锁住低压开关箱门的方式，并悬挂"禁止合闸，有人工作！"或"禁止合闸，线路有人工作！"标示牌。

【事故案例】 测量表笔误碰造成电压回路弧光短路被电弧烧伤

××供电公司用电营销科计量班班长董××与×供电站杨××巡查 10kV 石拉沟线路 5 号公用配电变压器台区计量装置，董××用万用表测量计量装置时，测量表笔误碰，造成电压回路弧光短路，董××左侧颈部被电弧烧伤。该事故中在带电的电流互感器、电压互感器二次回路上工作时，未按要求采取防止相间短路和单相接地的绝缘隔离措施，是造成本次事故的直接原因。

6.4.9 作业人员应在接地线的保护范围内作业。不应在无接地线或接地线装设不齐全的情况下进行高压检修作业。

【释义】 接地线是防止作业人员触电的有效技术措施。作业人员在接地线保护范围以外或在无接地线或接地线装设不齐全的情况下开展工作，属于冒险作业，有极大的触电危险，必须严格禁止。工作过程中禁止擅自移动或拆除接地线。

6.4.10　在配电线路和设备上，接地线的装设部位应是与检修线路和设备电气直接相连去除油漆或绝缘层的导电部分。绝缘导线的接地线应装设在验电接地环或其他验电接地装置上。

【释义】　接地线接地端固定在接地电阻合格的接地体或与接地网可靠连接的接地桩上，并保证其接触良好，不得接在表面油漆或有绝缘层的金属设备上，油漆会导致接地不良或接触电阻过大，绝缘层会导致接地回路不通，使接地线失去保护作用。绝缘导线新架设时应安装验电接地环，无验电接地环的应及时加装，其接地线应装设在验电接地环或其他验电接地装置上。

6.4.11　装设接地线应先接接地端、后接导体端，拆除接地线的顺序与此相反。

【释义】　装设的接地线若接触不良、连接不可靠，将使接触电阻大幅增加，当线路突然来电时，接地线会由于残压升高而发热烧断，导致接地线失效，使作业人员失去接地保护。装设接地线时还应安装牢固、可靠，防止接地线摇摆、脱落造成检修线路失去接地线保护。因此，装设的接地线必须接触良好、连接可靠。装、拆接地线过程中，为确保接地线始终处于地电位，装设接地线时应先接接地端、后接导体端，拆除接地线时应先拆导体端、后拆接地端。

【事故案例】　**违规装设接地线作业人员被触电烧伤事故**

××工区××班组处理与10kV××线15号同杆架设的未运行空线路，在装设接地线时，职工杨××被指派上15号杆上相横担挂接地线，上杆前，工作负责人吴××专门交代其一定要将接地端连接牢靠。在由地面将两根接地线同时吊上去后，杨××刚将其中一根放在一边，开始装设第一根接地线，杨××按规定的程序在挂好第一根接地线后，发现接地线的接地端未连接好，擅自用手将已挂好接地线接地端拆下，此时该线路的感应电压由接地线导线端的线夹通过杨××双手、腿部对横担放电，导致双手被烧伤、腿部被烧伤。后地面人员通过已挂好的用于吊地线的绳索将地线打掉，使触电者脱离了电源，随后地面又增派两人上塔救助，迅速用绳索将杨××放至地面。

6.4.12　装设同杆(塔)架设的多层电力线路接地线，应先装设低压、后装设高压，先装设下层、后装设上层，先装设近侧、后装设远侧。拆除接地线的顺序与此相反。

【释义】　在同杆（塔）架设的多层线路上装设接地线，验明无电后，依据导线的排列位置及作业人员与导线间的位置关系，应立即按"先低后高、先下后上、先近后远"的顺序装设接地线，防止因突然来电或产生感应电而造成触电。拆除接地线时，顺序与装设接地线时相反，也是为避免拆除过程中造成的触电伤害。

【事故案例】　**违规先挂上层接地线导致作业人员触电灼伤事故**

×日上午，××供电公司配电工区配电运检班班长郭××，带领班员许××、张××进行10kV××线路驱鸟器更换任务，该线路与另一回线路同杆并架，并位于下部，联系调度确认线路已停电后，郭××安排许××登杆挂接地线，许××在杆塔上验电完成后，拿起接地线就去挂上层线路，手臂与边相线路过近，发生感应电压放电，造成许××左臂小范围灼伤。该事故中，许××违反规规规定，同杆架设多层线路挂接地线，违规先挂上层，未与边相保持安全距离，是造成事故的主要原因。

6.4.13　电缆及电容器接地前应逐相充分放电，串联电容器及与整组电容器脱离的电容器应逐个充分放电。

【释义】　停电后，电缆及电容器仍有较多的剩余电荷，应逐相充分放电后再短路接地。串联电容器及与整组电容器脱离的电容器无法一次放尽剩余电荷，因此应逐个充分放电。

6.4.14　成套接地线应用有透明护套的多股软铜线和专用线夹组成，接地线截面积应满足装设地点短路电流的要求，且高压接地线的截面积不应小于 25mm²，低压接地线和个人保安线的截面积不应小于 16mm²。

【释义】　铜导电性能良好且多股软铜线柔软并具有一定韧性，使接地线携带、操作较为方便。采用透明护套，不仅具备抗机械损伤及化学腐蚀能力，而且便于观测软铜线的受损情况。突然来电时，接地线将流过短路电流，因此接地线截面积除应满足装设地点短路电流的要求外，还应满足机械强度要求。当接地线悬挂处短路电流超过其熔化电流时，将导致接地线熔断从而失去接地保护。

【事故案例】　个人保安线代替接地线导致作业人员触电烧伤事故

××供电公司进行 10kV 线路架空入地工作，8：45，线路停电后，工作负责人李××安排工作班成员吴××、刘××在工作地段两端挂好接地线后开始工作。10：8，吴××在杆塔上工作时，突然大喊一声"有电"，随即下落，脱离导线，造成吴××上肢严重烧伤。事后经查明，后段线路有用户将自备发电机误接入线路，导致线路带电，该侧所用接地线非正规接地线，由个人保安线改造而来，老化严重，中间断裂。该事故中，违规使用改装后的个人保安线代替接地线是造成事故的重要原因。

6.4.15　接地线应接触良好、连接可靠，使用专用的线夹固定在导体上，不应用缠绕的方法接地或短路。不应使用其他导线接地或短路。

【释义】　接地线的接线端应采用螺栓压紧式，应使用专用的线夹并保证接触良好、装拆便捷，有足够的机械强度且在短路电流通过时不会松动。

采用缠绕的方法接地或短路，若接触不良，流过短路电流时会导致过早烧毁；若接触电阻大，流过短路电流时会产生较大残压；若缠绕不牢，易导致脱落。

采用其他导线接地或短路，其导电性能和韧性不如软铜线，易烧毁或断裂。

【事故案例】　作业人员分支线路接引工作触电伤亡事故

××供电公司配电工区在 10kV××线路 9 号杆上进行分支线接引工作。9 号杆上层为 10kV 配电线路、下层为已停电的 380V 低压线路。当时在杆上作业的共 3 人，分工如下：甲蹲在低压横担上，用缠线器在带电的高压线上缠绕分支线引流与主线的绑线；乙站在低压横担上观看缠绕绑线质量；丙站在较低的杆塔处传递工具，但其胸部夹在已停电的低压线中间。作业过程中，乙因为没有站稳，身体摇晃使一只手触到带电导线上，一只脚踩在下面的低压线上，导致低压线送电，丙因胸部夹在两根低压线中间，触电死亡。

6.4.16　杆塔无接地引下线时，可采用截面积大于 190mm²（如 φ16mm 圆钢）、地下深度大于 0.6m 的临时接地体。土壤电阻率较高地区，如岩石、瓦砾、沙土等，应采取增加接地体根数、长度、截面积或埋地深度等措施改善接地电阻。

【释义】　临时接地体的接地电阻值由其埋深、截面积及土壤电阻率决定。减小接地体电阻可有效降低电压值、减少残压存在时间。接地体截面积应大于 190mm²，埋深应大于

0.6m。土壤电阻率较高时，可采取增大临时接地体与土壤接触面积、增加埋深等措施改善接地电阻。

【事故案例】 接地体不合格导致线路跳闸事故

雷暴天气，××供电公司 10kV××线发生跳闸，配电工区组织现场查线。现场巡视至 9 号杆时，发现杆塔有明显雷击放电痕迹。天晴后，配电人员发现，9 号杆避雷器接地引下线末端有断点，挖掘发现接地体埋深只有 30cm，锈蚀严重。该事故中，接地线、接地体不满足规程要求，导致雷击时无法对杆塔形成有效保护，是造成事故的重要原因。

6.4.17 接地线、接地开关与检修设备之间不应连有断路器（开关）或熔断器。 若由于设备原因，接地开关与检修设备之间连有断路器（开关），在接地开关和断路器（开关）合上后，应有保证断路器（开关）不会分闸的措施。

【释义】 检修设备应始终在接地线、接地开关保护范围内，如接地线、接地开关与检修设备之间连有断路器（开关）或熔断器，若发生误动、误碰等情况引起断路器（开关）或熔断器断开，检修设备将失去接地线、接地开关保护。

若由于设备原因，只能通过断路器（开关）接地时，为确保检修设备接地保护可靠，应采取加锁、挂"禁止分闸！"标示牌等保证断路器（开关）不会分闸的措施。

【事故案例】 带接地线合闸误操作事故

××供电局对 10kV××线路（1~10 号杆与 10kV 杜桥线路同杆架设）进行停电消缺工作。13：35 工作结束，15：17 停送电联系人（现场许可人）前往变电站办理恢复送电手续，此时，现场工作许可人未将该线路和杜桥线路 1 号杆分别装设的操作接地线拆除。15：32，合闸送电时，该线路 1 号杆发生短路，断路器跳闸，造成带接地线合闸的误操作事故。

6.5 悬挂标示牌和装设遮栏（围栏）

6.5.1 在工作地点或检修的配电设备上悬挂"在此工作！"标示牌；配电设备的盘柜检修、查线、试验、定值修改输入等工作，宜在盘柜的前后分别悬挂"在此工作！"标示牌。

【释义】 在工作地点或检修设备上，应按照工作票明确的作业地点悬挂"在此工作！"标示牌。标示牌应悬挂在检修设备或网门上，也可放置于作业区域地面上。配电设备的盘柜检修、查线、试验、定值修改输入等工作，宜在盘柜的前后位置处分别悬挂"在此工作！"标示牌。

6.5.2 在一经合闸即可送电到工作地点的断路器(开关)和隔离开关(刀闸)的操作处或机构箱门锁把手上及熔断器操作处，应悬挂"禁止合闸，有人工作！"标示牌；若线路上有人工作，应悬挂"禁止合闸，线路有人工作！"标示牌。

【释义】 在配电线路及设备上的工作，应在一经合闸即可送电到工作地点的断路器（开关）、隔离开关（刀闸）、熔断器操作处悬挂"禁止合闸，有人工作！"或"禁止合闸，线路有人工作！"标示牌。

【事故案例】 无视安全警告牌作业人员触电后高处坠落身亡事故

××公司承包××供电局变电站防腐工程，经验收不合格，定于 12 月 24~26 日在××变电站部分停电期间进行返工。25 日××供电公司现场工作负责人曾三次告知工程公司负责人，35kV 旁路母线带电不准攀登上层。该处设有"禁止攀登"标示牌，但未设置围栏。16：10

整个工作结束，供电公司工作人员全部退出现场，准备做耐压试验。工程公司刘××为抢工期，未请示任何负责人，无视安全警告牌，从100m外搬来7m长的梯子，随即爬上5m高的5725号旁路隔离开关刷银粉，16：25被电击失稳高处坠落，经抢救无效死亡。

6.5.3　由于设备原因，接地开关与检修设备之间连有断路器（开关），在接地开关和断路器（开关）合上后，在断路器（开关）的操作处或机构箱门锁把手上，应悬挂"禁止分闸！"标示牌。

【释义】　接地开关与检修设备之间连有断路器（开关），若断路器（开关）断开，则工作地点失去接地保护。因此，应将接地开关和断路器（开关）合上，并在操作处或机构箱门锁把手上悬挂"禁止分闸！"标示牌，防止误操作。

6.5.4　高压开关柜内手车开关拉出后，隔离带电部位的挡板应可靠封闭，不应开启，并设置"止步，高压危险！"标示牌。

【释义】　高压开关柜内手车开关拉出后，隔离带电部位的挡板应可靠封闭，因挡板与挡板后静触头带电部分之间的距离远小于不停电的安全距离，因此禁止开启挡板，同时设置"止步，高压危险！"标示牌。

6.5.5　配电线路、设备检修，在显示屏上断路器（开关）或隔离开关（刀闸）的操作处应设置"禁止合闸，有人工作！"或"禁止合闸，线路有人工作！"以及"禁止分闸！"标记。

【释义】　为防止远方遥控误操作，在电脑显示屏上，断路器（开关）、隔离开关（刀闸）的操作处均应设置"禁止合闸，有人工作！"或"禁止合闸，线路有人工作！"以及"禁止分闸！"标记，在工作现场相应位置悬挂标示牌。

【事故案例】　擅自合上出线隔离开关造成杆上检修人员触电身亡事故

××工程队对客户配电站10kV ××隔离开关和厂区线路同时进行检修工作。运维人员在操作完成后，未在隔离开关把手上悬挂"禁止合闸，有人工作！"标示牌，便许可工作。检修人员夏××在检修过程中，需要查看该隔离开关的情况，在未取得运维人员的许可情况下，擅自合上出线隔离开关，造成厂区线路带电，1号杆上的检修人员李××触电，经医院抢救无效死亡。

6.5.6　高低压配电室、开关站部分停电检修或新设备安装，应在工作地点两旁及对侧运行设备间隔的遮栏（围栏）上和不应通行的过道遮栏（围栏）上悬挂"止步，高压危险！"标示牌。

【释义】　高低压配电室、开关站部分停电检修工作，可将带电设备设置封闭式遮栏（围栏），向外悬挂"止步，高压危险！"标示牌；或在工作地点设置遮栏（围栏），向内悬挂"止步，高压危险！"标示牌，在工作地段设置"在此工作！"标示牌，在遮栏（围栏）出入口处设置"从此进出！"标示牌；不应通行的过道应设置硬质遮栏（围栏），并朝向工作地点方向悬挂"止步，高压危险！"标示牌。

【事故案例】　未悬挂标示牌造成线路检修人员触电身亡事故

××供电局高压试验班在110kV ××变电站，对10kV ××出线电缆做耐压试验。试验人员在加压端做好了安全措施，但变电站围墙外电杆上电缆没有悬挂标示牌，也无人看守和通知线路工作负责人，造成线路检修人员李××上杆工作时触电坠亡。

6.5.7　配电站户外高压设备部分停电检修或新设备安装，应在工作地点四周装设围栏，其出入口要围至邻近道路旁边，并设有"从此进出！"标示牌。工作地点四周围栏上悬挂适当数量的"止步,高压危险!"标示牌,标示牌应朝向围栏里面。

【释义】 户外高压设备部分停电检修或新设备安装时,应在工作地点四周装设围栏,指定适当的出入口并设置"从此进出!"标示牌。为防止人员靠近带电设备,应在工作地点设置的围栏上向内悬挂"止步,高压危险!"标示牌。

【事故案例】 未设安全遮栏导致作业人员被电弧灼伤事故

工作负责人王×指挥人员进行号1101断路器小修。王×站在相邻的×断路器机构箱支持台上向号1101断路器上传递东西,后王×又上至××断路器操作箱顶部(安全措施不完备,应设的遮栏未设,未悬挂"止步,高压危险!"标示牌),在下操作箱时不慎将手搭在××断路器"三角机构箱"处,断路器放电,电弧烧伤王×胸部、腿部,随后王×摔至地面。

6.5.8 若配电站户外高压设备大部分停电,只有个别地点保留有带电设备而其他设备无触及带电导体的可能时,可以在带电设备四周装设全封闭围栏,围栏上悬挂适当数量的"止步,高压危险!"标示牌,标示牌应朝向围栏外面。

【释义】 配电设备大部分停电工作,其他设备无触及带电设备的可能时,可在带电设备周围设置全封闭围栏,并在围栏上向外悬挂"止步,高压危险!"标示牌,防止人员靠近带电设备。

【事故案例】 未辨明间隔即登上相邻的带电开关导致作业人员触电灼伤截肢事故

××供电公司××110kV变电站检修工作,13:40,检修人员由110kV设备区转移到35kV设备区工作,对停电检修的35kV开关间隔已设置围栏,但未挂标示牌。变电站检修工马××未辨明间隔即登上相邻的带电开关,触电坠落,左手电弧灼伤截肢。该事故中,对检修区域未悬挂标示牌进行警示,是导致工作人员误入带电间隔的重要原因。

6.5.9 部分停电的工作,小于表2规定距离以内的未停电配电设备,应装设临时遮栏,临时遮栏与带电部分的距离不应小于表2括号中的数值。临时遮栏可用坚韧绝缘材料制成,装设应牢固,并悬挂"止步,高压危险!"标示牌。

【释义】 当小于规定的安全距离时,若不停电进行,应设置硬质临时遮栏,装设须牢固可靠,防止倾倒,同时,遮栏上悬挂"止步,高压危险!"标示牌。

【事故案例】 不慎触碰带电联络隔离开关导致作业人员触电身亡事故

××煤矿安排供电车间对中央变电站的Ⅱ、Ⅲ段6kV高压母线进行检修。供电车间技术员王××在300号开关柜门前悬挂了"止步,高压危险!"警示牌,又在开关柜后柜门上用粉笔写下了同样的警示语。工作班李××没有重视警示牌作用,走错间隔对300号联络柜进行清扫时,左手不慎触碰到联络隔离开关,发生触电,经抢救无效死亡。

6.5.10 低压开关(熔丝)拉开(取下)后,应在适当位置悬挂"禁止合闸,有人工作!"或"禁止合闸,线路有人工作!"标示牌。

【释义】 为防止误合开关、误装熔丝导致向工作地段送电,拉开低压断路器或取下熔丝后,应在操作处悬挂"禁止合闸,有人工作!"或"禁止合闸,线路有人工作!"标示牌。

6.5.11 配电设备检修,若无法保证安全距离或因工作特殊需要,可用与带电部分直接接触的绝缘隔板代替临时遮栏。

【释义】 配电设备检修,因安全距离太小无法设置临时遮栏或因特殊原因不能停电,可装设与带电部分直接接触的绝缘隔板,保证作业人员安全。工作人员应使用绝缘工具装、拆绝缘隔板,不得直接接触绝缘隔板。绝缘隔板应有可靠的绝缘性能和足够的机械强度，使用前做好检查。

6.5.12 **城区、人口密集区或交通道口和通行道路上施工时，工作场所周围应装设遮栏（围栏），并在相应部位装设警告标示牌。必要时，派人看管。**

【释义】 为防止非作业人员进入工作区域造成人身伤害，应在工作场所周围装设遮栏（围栏），并在相应部位装设警告标示牌。若设置遮栏（围栏）后尚不能有效阻止行人及车辆进入，还应派专人看管。在通行道路上施工时，应提前联系交通部门封路，或采取设置警示标志、安排专人看守等方式确保施工安全。

【事故案例】 **玩忽职守未做好现场看护工作导致男孩被脚手架砸伤事故**

××供电公司配电运检班进行 10kV ××线路绝缘导线更换工作，该线路属于城区线路，距离居民区较近，工作人员在施工范围内设置了警示牌和围栏后开始施工。中午休息期间，工作负责人王××带领班组成员去吃饭，留李××看守，由于中午温度较高，李××便躲在阴凉处休息，打起瞌睡。12：35 左右，李××听到孩子的哭喊声，应声望去，发现一个十二三岁男孩被脚手架砸伤，随即拨打 120 将其送往医院抢救，男孩左腿严重骨折。该事故中，李××玩忽职守，未做好现场看护工作，导致男孩进入围栏范围，引发安全事故。

6.5.13 **作业人员不应越过遮栏(围栏)。**

【释义】 设置遮栏（围栏）是为防止无关人员进入工作区域，是保证作业安全的一项基本措施。禁止任何无关人员越过遮栏（围栏）。

【事故案例】 **擅自移开遮栏导致人身触电身亡事故**

××月××日，××公司×部门接受工作任务：在 10kV 金×开关站原开关柜内新安装真空开关一台。接受任务后，开展了现场查勘并编制三措计划书报批。闵×为该项工作的施工负责人。12 月 6 日，施工负责人闵×带领工作班人员前往金×开关站进行工作，办理了第一种工作票。供电公司监控班按工作票要求做好安全措施，并向施工队伍交代现场后，于当日 10：45 许可工作。该工作的计划工作时间为 12 月 6 日 9：00～12 月 30 日 16：00。12 月 16 日，施工负责人闵×带领工作人员共 5 人前往金×开关站继续工作。闵×向工作班人员交代工作范围、内容和安全措施后，分组进行工作。11：36 左右，闵×在做开关至隔离开关的连线时，为了量尺寸，擅自移开遮栏，解开 10kV 九江Ⅱ线 695 开关柜的防误装置进入间隔（此间隔作为金×开关站的备用电源，断路器和隔离开关均在断开位置，6953 隔离开关出线侧带电），导致人身触电事故。

6.5.14 **作业人员不应擅自移动或拆除遮栏（围栏）、标示牌。因工作原因需短时移动或拆除遮栏（围栏）、标示牌时，应经工作许可人同意后实施，且有人监护。完毕后应立即恢复。**

【释义】 工作现场装设的遮栏（围栏）是按照相应电压等级安全距离、坠落半径等条件设置的。作业中不得擅自移动或拆除遮栏（围栏）、标示牌，否则将无法起到隔离保护作用。

因工作原因需短时移动或拆除遮栏（围栏）、标示牌时，应经工作许可人同意且有人监护。短时移动或拆除遮栏（围栏）、标示牌后，应停止作业，相关事项完毕后立即恢复。遮栏（围栏）、标示牌恢复正常后，方可继续开展作业。

【事故案例】 **擅自移开围栏导致作业人员触电身亡事故**

××供电公司××部门安排工作负责人焦××、工作班成员叶××、刘×于 14：00 到达××站处理缺陷。在运行人员做好现场补充安全措施，设置好围栏标示牌后，办理事故应急抢修单开工手续，工作负责人焦××向工作班成员叶××、刘×交代完安全措施，强调禁止开启后柜门等安全注意事项后开始工作。更换完跳闸线圈后，经过反复调试，10kV××线456断路器仍然机构卡涩，合不上。20：10，焦××、叶××两人在开关柜前研究解决机构卡涩问题的方案时，刘×擅自从开关柜前柜门取下后柜门解锁钥匙，移开围栏，打开后柜门欲向机构连杆处加注机油，当场触电倒地，经抢救无效死亡。

6.5.15　标示牌的悬挂要求和式样见附录I。

【释义】　安规明确了"禁止合闸，有人工作！""禁止合闸，线路有人工作！""禁止分闸！""在此工作！""止步，高压危险！""从此上下！""从此进出！""禁止攀登，高压危险！"共8种标示牌的悬挂位置和尺寸、颜色、字样要求，见表6-1。

表 6-1　　　　　　　　　　　　　　　标示牌式样

名称	悬挂处	式样			图样
		尺寸（mm×mm）	颜色	字样	
禁止合闸，有人工作！	一经合闸即可送电到施工设备的断路器（开关）和隔离开关（刀闸）操作把手上	200×160和80×65	白底，红色圆形斜杠，黑色禁止标志符号	红底白字	
禁止合闸，线路有人工作！	线路断路器（开关）和隔离开关（刀闸）把手上	200×160和80×65	白底，红色圆形斜杠，黑色禁止标志符号	红底白字	
禁止分闸！	接地开关与检修设备之间的断路器（开关）操作把手上	200×160和80×65	白底，红色圆形斜杠，黑色禁止标志符号	红底白字	
在此工作！	工作地点或检修设备上	250×250和80×80	衬底为绿色，中有直径200mm和65mm白圆圈	黑字，写于白圆圈中	
止步，高压危险！	施工地点邻近带电设备的遮栏上；室外工作地点的围栏上；禁止通行的过道上；高压试验地点；室外构架上；工作地点邻近带电设备的横梁上	300×240和200×160	白底，黑色正三角形及标志符号，衬底为黄色	黑字	

名称	悬挂处	式样			图样
		尺寸（mm×mm）	颜色	字样	
从此上下！	工作人员可以上下的铁架、爬梯上	250×250	衬底为绿色，中有直径 200mm 白圆圈	黑字，写于白圆圈中	
从此进出！	室外工作地点围栏的出入口处	250×250	衬底为绿色，中有直径 200mm 白圆圈	黑体黑字，写于白圆圈中	
禁止攀登，高压危险！	高压配电装置构架的爬梯上，变压器、电抗器等设备的爬梯上	500×400 和 200×160	白底，红色圆形斜杠，黑色禁止标志符号	红底白字	

注 1. 在计算机显示屏上一经合闸即可送电到工作地点的断路器（开关）和隔离开关（刀闸）的操作把手处所设置的"禁止合闸，有人工作！""禁止合闸，线路有人工作！"和"禁止分闸"的标记可参照表中有关标示牌的式样。

2. 标示牌的颜色和字样应符合 GB 2894 的要求。

对照事故学 安规

（配电部分）

7 运行和维护

7.1 巡视

7.1.1 巡视工作应由有配电工作经验的人员担任，日常巡视应穿绝缘鞋。

【释义】 巡视工作的开展有助于运行人员及时发现隐患、故障，了解设备的运行状态，巡视人员应了解线路的基本情况，熟练掌握设备操作方法，具有丰富的紧急事故处理经验，能快速作出正确的判断解决当前问题，因此需要有工作经验的人员担任。在日常巡视过程中，为了防止跨步电压触电伤人，巡视人员应穿绝缘鞋，以防意外发生。

【事故案例】 变电站隔离开关清扫人身重伤事故

××供电分公司 110kV 无人值班变电站 35kV Ⅱ 段母线上有出线 3 回。2001 年，该公司 35kV 网络结构进行调整，332 断路器变电线路设备、334 断路器变电线路设备报停，334 断路器线路带电，336 断路器线路设备在运行状态。2002 年 3 月 5 日，该变电站 35kV Ⅱ 段母线停电工作，工作票上的工作任务是：35kV Ⅱ 段母线、旁路母线设备预试小修，保护校验，母线避雷器更换，336 断路器预试小修，保护校验、336-2、336-3、336-5 隔离开关清扫，332、334 断路器母线侧、旁母侧及线路侧隔离开关清扫。7：40，该变电站操作队人员根据调度指令，将该站 35kV 旁路母线、旁路 330 断路器、35kV Ⅱ 段母线及电压互感器、35kV 分段 300 断路器、2 号主变压器中压侧 302 断路器停电转检修状态，336 断路器线路转检修状态，332、334 断路器为冷备用状态。由于当天工作票签发人、工作许可人误认为 334 断路器线路已停用，而未对该出线采取任何安全措施，没有要求在 332、334 断路器的隔离开关线路侧挂接地线，而实际情况是：35kV 334 断路器线路有电，334-3 隔离开关静触头带电。9：10，操作队工作许可人带领检修工作负责人到工作现场办理工作许可开工手续后，通知另一值班员将 35kV Ⅱ 段母线出线间隔网门全部打开。工作负责人带领两名员工前往工作现场进行设备清洁维护工作。9：56，一名员工未征得监护人同意，单独进入了 334 断路器间隔对 334-3 隔离开关进行清扫工作，当其右手持棉纱接近 334-3 隔离开关 A 相静触头时，334-3 隔离开关带电触头对该员工右手和左脚放电。经抢救，伤者右手和左脚掌做了截肢手术，鉴定为三级肢残，属人身重伤事故。

7.1.2 单人巡视，不应攀登杆塔和配电变压器台架。

【释义】 巡视人员开展单人巡视时，工区应充分考虑巡视线路的环境、天气等因素，合理选择巡视人员，并批准公布。单人巡视时，开展攀登杆塔和配电变压器台架，因无人监护和协助，在攀登、位移或处缺时，可能因触碰带电线路或重心不稳而发生触电、高坠，并且无法及时开展必要的救助工作，从而造成人员伤亡，因此单人巡视禁止攀登杆塔和配电变压器台架等电力设施。

【事故案例】 线路抢修人身触电事故

2006 年 4 月 17 日 22：36，××供电公司接到客户的报修电话。薛××与配电班成员贾××

（3 个月前由汽车驾驶员岗位转岗至配电线路岗位）和陈×前去抢修，23：12 到达西滩变电站 614 七里沙河线主线 5 号杆柱上油断路器下。薛××、贾××同时检查柱上油断路器在分闸位置，试送开关未成功。试送时薛××发现 6 号杆两侧导线摆动较大，薛××、贾××和陈×来到 6 号杆处，薛××安排贾××登杆检查 6 号杆绝缘子有无击穿破裂情况，自己去检查 7 号杆，检查完 7 号杆回到 6 号杆时，贾××已登杆到距地面约 8m 处正在系安全带。贾××系好安全带后，借助手电光，对绝缘子进行检查，在检查 C 相针式绝缘子时右手触及 C 相导线，发生触电，并被安全带悬挂在电杆上。登杆急救人员靠近贾××时发现自己随身携带的感应报警手表报警。经用绝缘棒顶端绑扎铁丝在 6 号杆验电，发现 A、C 相分别对地短接时有放电现象。经联系调度，断开主线 5~41 号杆之间所有配电变压器高压断路器后，验明确无电压。约在 18 日 0：20 才将伤者救下，经抢救无效死亡。经查，614 七里沙河线线路因故障断线，断脱的导线掉落到同杆架设的 220V 路灯线上，造成故障线路带电。

7.1.3 电缆隧道、偏僻山区、夜间、事故或恶劣天气等巡视工作，应至少两人一组进行。

【释义】 运行人员在电缆隧道、偏僻山区、夜间、事故或恶劣天气等工作环境开展巡视工作时，人身安全风险较大，若发生安全事故，无法及时开展救护工作，因此应至少两人一组进行巡线，监护对方安全。巡视前应对路线周围的情况进行分析，以确定需要巡视的人员数量，保证巡视工作安全开展。例如进入电缆隧道巡视前应测试有毒气体，夜间施工应带上充足的照明装置等。

7.1.4 雨雪、大风天气或事故巡线，巡视人员应穿绝缘靴或绝缘鞋；汛期、暑天、雪天等恶劣天气和山区巡线应配备必要的防护用具、自救器具和药品；夜间巡线应携带足够的照明用具。

【释义】 雨雪、大风天气或事故巡线，线路可能因天气原因发生断线故障，巡线人员因进入断线接地处而发生跨步电压伤人，穿绝缘靴或绝缘鞋可防止跨步电压伤害。运行人员在汛期、暑天、雪天等恶劣天气和山区开展巡线，应制订专项巡线方案，分析恶劣天气和山区环境可能存在的风险和应对措施，如中暑、积雪、溺水和山体滑坡等，并配备防护用具、自救器具和药品。夜间巡线时，巡线人员应穿着带有反光标识的工作服，因夜间视野受到限制，无法有效判断远处及高处存在的线路缺陷，应携带足够的照明用具便于观察。

7.1.5 大风天气巡线，应沿线路上风侧前进，以免触及断落的导线。事故巡视应始终认为线路带电，保持安全距离。夜间巡线，应沿线路外侧进行。

【释义】 大风天气时，运行的线路可能因风力过大而导致线路断开，断开的线路向下风侧倾斜，运行人员在未接到调控值班人员通知的情况下，不得直接触碰发生事故的线路，以防触电伤人，并远离断线故障点，以避免因跨步电压造成人员触电伤害。因夜间能见度较低，当巡视人员在导线下行走时，可能进入到接地点的危险区内或触及带电体，也有可能遇到中性点直接接地系统中的断线。因此，夜间巡视应沿线路外侧进行。

7.1.6 雷电时，禁止巡线。 巡线时不应泅渡。

【释义】 雷电天气时，运行的线路因遭受雷击而导致配电线路设备破坏，此时运行人员可能因进入线路下方及杆塔周围地面产生跨步电压，造成人员触电身亡。巡线人员采用泅渡方式过河，可能因河水水流湍急，人员在水中体力不支而导致溺水身亡，所以巡线时禁止泅渡。

7.1.7 地震、台风、洪水、泥石流等灾害发生时，不应巡视灾害现场。

【释义】 电力运行线路在发生地震、台风、洪水、泥石流等灾害时发生严重损坏，巡视环境存在安全隐患。运行人员应在灾害结束后，有序开展线路巡视工作，及时掌握线路受损情况，保证巡视工作开展时人员的生命安全。

7.1.8 灾害发生后，若需对配电线路、设备进行巡视，应得到设备运维管理单位批准。巡视人员与派出部门之间应保持通信联络。

【释义】 灾害发生后，巡视现场的情况比较复杂，贸然开展巡视工作可能发生人身事故。应与设备运维管理单位沟通灾害后，了解目前灾害情况，分析巡视工作中存在的危险因素，如配电线路、设备可能仍然处于运行状态，部分电杆可能存在根基起土、上拔、倾斜以及断线接地等情况，并制订相应的安全措施，携带必要的防护用具、自救器具和药品，经设备运维管理单位批准后方可开始巡视。巡视时，应两人一组，为保证人员遇险时能得到有效救助，应配备信号较强的通信工具，时刻与派出部门之间保持通信联络。

7.1.9 巡视中发现高压配电线路、设备接地或高压导线、电缆断落地面、悬挂空中时，室内人员应距离故障点 4m 以外，室外人员应距离故障点 8m 以外；并迅速报告调度控制中心和上级，等候处理。处理前应防止人员接近接地或断线地点，以免跨步电压伤人。进入上述范围人员应穿绝缘靴，接触设备的金属外壳时，应戴绝缘手套。

【释义】 当室外（室内）的高压配电线路、设备接地或高压导线、电缆断落地面、悬挂空中时，电气设备碰壳或电力系统一相发生接地短路，电流从接地极四散流出，在地面上形成不同的电位分布，若此时巡视人员进入距离故障点 8m（4m）以内时，将受到跨步电压伤害。现场巡视人员应迅速报告调度控制中心和上级，不得擅自采取措施进行故障处理，开展故障处理工作时，作业人员应穿绝缘靴进行保护，处理上述范围内的电力设备时，应采取相应的绝缘措施，如戴绝缘手套或用绝缘棒进行操作。

【事故案例】 110kV 变电站设备巡视人员坠落受伤事故

2000 年 5 月 16 日，××供电分公司 110kV 变电站站长与一名副值班员去高压设备区巡视设备。两人走到 2 号主变压器旁边时，站长看见地面上长出小草，就让副值班员顺便把小草清理掉，自己继续巡视设备。当走到 110kV 122 断路器旁时，发现该断路器 A 相支持绝缘子处有渗油痕迹，为了查明 122 断路器具体渗油的原因，便通过 122 断路器机构箱登上 122 断路器基础座，在检查过程中忽视了与带电设备的安全距离，造成该断路器 A 相表面放电，致使站长从断路器基础座掉到地面，同时 110kV 母差保护动作，母联断路器及连接在 110kV II 段母线上的断路器全部掉闸。

7.1.10 无论高压配电线路、设备是否带电，巡视人员不应单独移开或越过遮栏；若有必要移开遮栏时，应经相关人员同意，有人监护，并保持表 2 规定的安全距离。

【释义】 当高压配电线路、设备设置遮栏时，说明该线路或设备处于带电运行状态，或虽然已停电但仍存在残留电荷伤人的危险以及随时送电的可能性，通过设置遮栏防止人员触电受伤。若因为某些原因必须移开遮栏，应派专人对作业人员的操作进行监护，保证作业人员与高压配电线路、设备保持安全距离，以防触电伤人。

7.1.11 进入 SF₆ 配电装置室，应先通风。

【释义】 六氟化硫气体具有优良的绝缘与灭弧性能，但电气设备内的六氟化硫气体在高温电弧发生作用时而产生的某些有毒气体对人体具有较大的危害，工作人员进入配电装置室前，应持续通风15min，并观察在入口处安装的气体含量显示装置。若工作人员误吸入少量SF₆气体，应迅速脱离现场，并前往空气新鲜处，以保持呼吸道通畅。若发生呼吸困难，应尽快进行输氧，若发生呼吸停止，应立即进行人工呼吸救助，并送往医院就医。

【事故案例】　电厂变压器绝缘开关内六氟化硫气体泄漏事故

1997年5月15日上午8：00，××电厂变压器绝缘开关内六氟化硫气体泄漏现场，工作人员5人均为男性，年龄25~27岁，因操作失误，均不同程度吸入大量高浓度六氟化硫及其分解产物，吸入时间3~5min。现场监测：操作现场通风不良，事故发生前断路器内压力为0.64MPa，事故发生后断路器内压力为0.1MPa，泄漏点离地面160cm，六氟化硫空气中浓度因采取通风措施无法测得。

7.1.12　配电站、开关站、箱式变电站等的钥匙至少应有三把，一把专供紧急时使用，一把专供运维人员使用。其他可以借给经批准的高压设备巡视人员和经批准的检修、施工队伍的工作负责人使用，但应登记签名，巡视或工作结束后立即交还。

【释义】　配电站、开关站、箱式变电站等门锁的钥匙至少应有三把，其中一把主要用于配电设备、线路等发生故障，急需开展抢修工作时，作为专用钥匙使用，一般不得用于其他工作；一把用于运维人员开展日常的设备巡视工作、倒闸操作、停送电等工作，需要进入配电站、开关站、箱式变电站等。另一把或几把钥匙可用于其他运维人员或检修、施工工作负责人使用，使用前应登记备案相关信息，并告知相关安全注意事项，待使用完成后，应立即将钥匙归还给钥匙登记人员。配电站、开关站、箱式变电站等的钥匙使用时应做好登记和签名，记录内容中应明确钥匙的使用需求、人员姓名、部门等基本信息，以防钥匙丢失或作业人员擅自开展其他作业内容。

7.1.13　低压配电网巡视时，不应触碰裸露带电部位。

【释义】　低压配电设备或线路受运行环境、年限等因素的影响，其绝缘保护很容易受到损坏而裸露在外部，虽然其电场与10kV等高压线路相比较弱，但仍然对人身安全造成较大危害，所以在对低压配电网巡视时，要始终将线路视为运行中的带电线路，禁止触碰裸露带电部位。

【事故案例】　作业人员罐区302号罐内触电死亡事故

2016年7月26日蔚××任命柳××为班长，负责302、303、304、403四个罐的防腐保温工程的质量和安全，302号罐施工人员有刘×、张××、孙××、孙××、孙××、修××、王××七人。7月27日上午在工地会议室十建公司对302号罐施工人员进行培训，下午4：00左右孙××、刘×等6人到302号罐熟悉作业环境，刘×自行通过302号罐外部配电箱将电源线接到罐内配电盘上，将从隔壁借来的两台打磨机（打磨机没有插头）的两股线接到罐内配电盘上进行测试，当时机器正常通电。7月28日6：30班长柳××通知工人刘×、张××、孙××、孙××、孙××、修××、王××七人到302号罐进行罐内防腐除锈工作，班长柳××安排工人检查各自机器，安排刘×检查工人施工质量情况及其他管理工作，柳××去××公司办理302号罐作业票。上午7：00左右，孙××和孙××两人在灌顶南侧、修××和王××两人在孙××左侧10多米处、张××和孙××在罐口北侧做准备工作、刘×将三个插座的电源线接到罐内配电盘上为以上三组工人的磨光机供电。7：30左右，孙××刚开始使用打磨机就断电了，然后刘×便开始检查线路查找原因。7：50左右，孙××听到南侧刘×说，找到原因了，插座接触不好。刘×在未佩戴绝缘手套情况下手持长约20cm的螺丝刀开始维修插座，刘×的螺丝刀刚接触到插座，就叫了一声，头朝西、脚朝东躺在地上不动了，孙××赶紧去拉闸断电，孙××上前晃动刘×，并拨打了120。柳××在办理作业票的途中接到孙××电话说302号罐内出事了，随即柳××赶往现场并电话通知了蔚××。蔚××和××公司安全员牛××到达事故现场后，指挥进行急救，8：30左右120赶到现场，现场工人用担架将刘×抬出，经医生抢救无效死亡。

7.1.14　涉及无人机各类作业参照 Q/GDW 11399 要求执行。

7.2　倒闸操作

7.2.1　倒闸操作的方式
7.2.1.1　倒闸操作有就地操作和遥控操作两种方式。
7.2.1.2　具备条件的设备可进行程序操作，即应用可编程计算机进行的自动化操作。

【释义】　运维人员开展倒闸操作一般采取两种方式：①传统的就地操作方式，操作人员同监护人在设备现场以手动的方式进行设备的倒闸操作，此时设备的操作方式处于"就地"位置。另一种采取远程遥控的方式进行倒闸，调控人员从主站通过光纤传输、无线通信等方式向配电设备的 RTU（远程测控终端）、DTU（数据传输单元）、FTU（配电开关终端监控）等智能终端发送遥控信号进行倒闸操作，此时设备的操作方式处于"远方"位置。

7.2.2　倒闸操作的分类
7.2.2.1　监护操作，是指有人监护的操作。
a）监护操作时，其中对设备较为熟悉者做监护；

【释义】　倒闸操作时的监护人应由对运行设备的操作方法、设备的运行方式较为熟悉的人员担任，当操作人员存在错误操作时，可及时制止违章行为。

b）经设备运维管理单位考试合格、批准的检修人员，可进行配电线路、设备的监护操作，监护人应是同一单位的检修人员或设备运维人员。检修人员操作的设备和接、发令程序及安全要求应由设备运维管理单位批准，并报相关部门和调度控制中心备案。

【释义】　开展监护工作前，检修人员应考试合格，掌握线路运行规范、线路网架结构、设备运行方式等相关信息，并由设备运维管理单位批准后，方可开展监护工作。为保证倒闸操作的准确性，在开展倒闸操作前，应由设备运维管理单位对本次倒闸操作的设备和接、发令程序及安全要求进行审核批准后，方可执行。

【事故案例】　变电站误操作接地短路事故
2002年4月30日，××供电分公司变电站在进行2号主变压器由检修状态转为运行状态的操作中，当现场操作到"拉开5011-17"接地开关时，发现5011-17接地开关B相未拉开，站长去现场检查，结果走错间隔，在无人监护的情况下，误将5011-1隔离开关B相的合闸操动机构箱打开，调整5011-1隔离开关B相合闸电磁阀，由于隔离开关机械闭锁未起作用，致使5011-1隔离开关B相隔离开关合上，造成带接地开关合隔离开关，使500kVⅠ段母线B相接地短路，500kVⅠ段母线差动保护动作，使连接在500kVⅠ段母线上的5021、5031、5041断路器均跳闸。

7.2.2.2 单人操作，是指一人进行的操作。

a）若有可靠的确认和自动记录手段，可实行远方单人操作；

b）实行单人操作的设备、项目及操作人员需经设备运维管理单位或调度控制中心批准。

【释义】 进行远方单人操作时，因现场无监护人与操作人员核对指令的正确性，应采取有效的手段能够让操作人员核对指令逻辑和操作步骤是否正确，例如采取自动记录手段，可以让操作人员在开展下一步指令前核对指令信息。需要单人操作的设备、项目及操作人员需经设备运维管理单位或调度控制中心批准，明确设备运行状态、审核项目操作的复杂程度能否用远方单人操作，操作人员是否具备完成远方单人操作的能力。

7.2.3 倒闸操作的基本条件

7.2.3.1 具有与现场高压配电线路、设备和实际相符的系统模拟图或接线图（包括各种电子接线图）。

【释义】 因部分高压配电线路、设备可能存在无线路名称、设备名称标识的情况，为防止操作人员倒闸操作错误造成误停线路，应携带与现场高压配电线路、设备和实际相符的系统模拟图或接线图（包括各种电子接线图），操作过程中，发现现场情况与图纸不符的，应与调控部门取得联系，确认实际运行情况。

7.2.3.2 操作的设备应具有明显的标志，包括名称、编号、分合指示、旋转方向、切换位置的指示及设备相色等。

【释义】 操作的设备应具有明显的标志，标识、符号应醒目，字体应清晰，无破损情况，安装部位应合适。操作人员通过设备上标注的名称、编号明确工作位置，通过分合指示判断机械操作是否到位，通过旋转方向确定倒闸操作的使用方式，通过切换位置判断设备是处于"远方"还是"就地"操作状态等。

7.2.3.3 配电设备的防误操作闭锁装置不应随意退出运行，停用防误操作闭锁装置应经工区批准；短时间退出防误操作闭锁装置，由配电运维班班长批准，并应按程序尽快投入。

【释义】 防误操作闭锁装置可有效防止因操作人员操作失误而造成的电气安全事故，保障操作人员和运行线路的安全，主要包括微机防误装置、电气闭锁装置、电磁闭锁装置、机械闭锁装置、带电显示装置等。因特殊情况需要短时间退出防误操作闭锁装置的，应与配电运维班班长沟通，并告知计划恢复时间和具体工作内容，得到对方批准后，方可退出防误操作闭锁装置，并应按程序尽快投入。

7.2.3.4 机械锁应一把钥匙开一把锁，钥匙应编号并妥善保管。下列三种情况应加挂机械锁：

a）配电站、开关站未装防误操作闭锁装置或闭锁装置失灵的隔离开关（刀闸）手柄和网门；

b）当电气设备处于冷备用、网门闭锁失去作用时的有电间隔网门；

c）设备检修时，回路中所有来电侧隔离开关（刀闸）的操作手柄。

【释义】 为防止操作人员或其他施工人员误拉合操作开关，导致设备或线路停、送电，应在配电站、开关站未装防误操作闭锁装置或闭锁装置失灵的隔离开关（刀闸）手柄和网门上加挂机械锁。为防止其他人员误入有电间隔网门造成触电伤害，应在电气设备处于冷备用、网门闭锁失去作用时的有电间隔网门加挂机械锁。为防止停电检修时误拉、合电气设备的操作开关造成设备送电，导致检修人员触电伤害或设备损坏停止运行，检修设备相关的所有来电侧隔离开关操作手柄和电动操作隔离开关机构箱的箱门上应加挂机械锁。机械锁应按设备的管理制度进行保管，机械锁的钥匙应有唯一的编号相对应，并实行定制管理，使用机械锁钥匙前应由运维负责人批准，并在有人监护下进行现场核实，确认无误后方可开启。

7.2.4　操作发令

7.2.4.1　倒闸操作应根据值班调控人员或运维人员的指令，受令人复诵或核对无误后执行。发布指令应准确、清晰，使用规范的调度术语和线路名称、设备双重名称。

【释义】　为防止受令人听错或漏听部分操作指令，受令人在执行操作前应进行指令复诵，监护人应核对受令人获得的指令是否正确，方可执行倒闸操作。未接到值班调控人员或运维人员的指令，操作人员不得进行倒闸操作，以防影响电网运行安全。

【事故案例】　线路停电抢修作业电气误操作事故

2006 年 11 月 29 日 16：04，××供电公司输电部报 35kV××线 5 号杆 C 相线夹异常发热需要停电抢修处理；16：12，调度令 35kV 南×站值班长全×× "断开 35kV 青×线 312 断路器，合上 35kV 杨×线 311 断路器"。由于杨×线 311 断路器的 KK 断路器有卡死现象，值班长全××和值班员卜××在开关机构箱处手动操作合闸接触器合上 35kV 杨×线 311 断路器。16：33，全××返回主控室报调度操作完毕，调度即令值班长全×× "将青×线 312 断路器由热备用转为检修"，并重复 "将 312 由热备用转为线路检修"。全××接令后将这次的操作任务告诉值班员卜××，当时卜××正在处理杨×线 311 断路器 KK 断路器故障，叫全××等一下。值班长全××想抓紧时间完成操作任务，未要求值班员卜××停止处理杨×线 311 断路器 KK 断路器缺陷，在没有填写操作票的情况下独自到高压场地进行操作。16：49，由于全××走错至杨×线出线间隔，并用解锁钥匙进行解锁操作，带负荷误拉 35kV 杨×线 3114 隔离开关，造成 35kV 杨×线 311 断路器过电流跳闸、南×站全站失压的恶性电气误操作事故，损失负荷约3500kW，经处理于 18：42 恢复送电。无人员受伤，现场检查 3114 隔离开关轻微烧伤。

7.2.4.2　发令人和受令人应先互报单位和姓名，发布指令的全过程（包括对方复诵指令）和听取指令的报告时，高压指令应录音并做好记录，低压指令应做好记录。

【释义】　执行倒闸操作前，发令人和受令人应核对双方基本信息，包括单位和姓名，以防指令下达错误造成电网运行风险。为便于事后核查，应对整个发布指令的过程做好备案，并对高压指令的操作进行全过程录音，低压指令做好记录。

7.2.4.3　操作人员（包括监护人）应了解操作目的和操作顺序。对指令有疑问时应向发令人询问清楚无误后执行。

【释义】　倒闸操作前，操作人员与监护人应对本次操作的目的和操作顺序有所了解，仔细阅读设备的操作说明。倒闸操作过程中，操作人员对指令产生疑问时，应及时与发令人进行沟通，将个人疑问表述清楚，双方沟通无问题，明确指令正确后方可操作。当发令人发出的操作指令可能影响电网运行、操作人员人身安全时，受令人应拒绝执行操作，向上级领导汇报具体情况。

【事故案例】　操作人员带负荷拉隔离开关接地短路事故

10 月 11 日 8：20，电运申××和张××执行站用变压器隔离开关操作，在未停生活区的生水泵和没有断开站用变压器高压侧 322 断路器以前，就拉开了 533-1 隔离开关。由于带负荷拉隔离开关，造成弧光短路，站用变压器过电流保护、重瓦斯保护动作，跳开 322 断路器。322 断路器掉闸时弧光重燃，引起弧光接地，35kV 系统过电压，322 断路器套管、322-6、322-8、337-8 隔离开关支瓶过电压被击穿炸坏，造成母线接地短路。母联断路器 310 阻抗保护动作掉闸，4、5 号主变压器方向过电流保护动作，跳开 314、315 主变压器断路器，35kV 母线及 10kV 母线停电。当 35kV 母线故障时，厂用电系统电压降低，部分低压动力设备跳闸，其中 6、7 号炉磨煤机润滑油泵也掉闸，造成 7 号炉灭火。处理中司炉殷××误判断，没有按灭火程序处理，即起动磨煤机，致使锅炉发生煤粉爆炸，崩坏部分炉墙，7 号炉于 10：22 被迫停止运行。

7.2.4.4　发令人、受令人、操作人员（包括监护人）均应具备相应资质。

【释义】　发令人、受令人、操作人员（包括监护人）应选择有相关经验的人员担任，并经本部门批准，调度值班人员、停送电联系人由调度批准，操作人员（包括监护人）应由设备运维管理单位批准，相关人员资格应正式发文公布。

7.2.5　操作票

7.2.5.1　高压电气设备倒闸操作一般应由操作人员填用配电倒闸操作票（见附录 J，以下简称操作票）。每份操作票只能用于一个操作任务。

【释义】　开展高压电气设备倒闸操作任务前，应按要求填用配电倒闸操作票，操作票的操作目的应明确，操作顺序应符合设备安全运行要求。因操作的设备统一编号且操作票的内容不得随意改动，每份操作票只能用于一个操作任务。一个操作任务是指根据同一操作目的而进行的一系列相互关联、依次连续进行的电气操作过程。

【事故案例】　倒闸操作错误，带环流拉隔离开关事故

2005 年 4 月 22 日，××供电公司运行人员在倒闸操作过程中，由于操作人员错误填写了操作票（开关两侧隔离开关操作顺序错误），并违规擅自使用万能钥匙解锁操作，造成带环流拉隔离开关，弧光引起三相短路的恶性误操作事故。事故原因是运行人员严重违反安全工作规程，填写、审核、使用错误的操作票进行操作，在微机"五防"闭锁装置模拟操作，系统提示"操作步骤错误"的情况下，违规擅自使用"万能钥匙"解锁操作，造成带环流拉隔离开关。

7.2.5.2　下列工作可以不用操作票：

a）事故紧急处理；

b）拉合断路器（开关）的单一操作；

c）程序操作；

d）低压操作；

e）工作班组的现场操作。

7.2.5.3　本文件第 7.2.5.2 条中 a）~d）项工作，在完成操作后应做好记录，事故紧急处理应保存原始记录。工作班组的现场操作执行本文件第 5.3.8.4 条的要求。由工作班组现场操作的设备、项目及操作人员需经设备运维管理单位或调度控制中心批准。

【释义】　处理紧急事故时，因时间紧迫，为保证及时处理故障，开展工作可不用操作票，但应保存原始记录。对于操作单一的拉合断路器（开关）、逻辑性较强的程序操作和低压操作等工作也可以不用操作票开展，在完成操作后应做好记录。工作班组现场操作的

工作内容、操作人员的资质、需要操作设备的双重名称、操作内容等经设备运维管理单位或调度控制中心批准，方可开展倒闸操作。

7.2.5.4 **操作人和监护人应根据模拟图或接线图核对所填写的操作项目，分别手工或电子签名。**

【释义】 通过把操作票内容同模拟图或接线图进行核对，有利于操作人和监护人发现操作票中存在的书写错误问题或操作顺序错误问题，有效预防因误操作造成的电网运行安全问题。对于存在问题的操作票，应重新正确填写，操作人和监护人再次审核无误后，应分别手工或电子签名，电子签名应确保其唯一性，不得委托他人代签或补签。

7.2.5.5 **操作票应逐项填写。采用手工方式填写操作票应使用黑色或蓝色的钢（水）笔或圆珠笔。操作票票面上的时间、地点、线路名称、杆号（位置）、设备双重名称、动词等关键字不应涂改。若有个别错、漏字需要修改、补充时，应使用规范的符号，字迹应清楚。用计算机生成或打印的操作票应使用统一的票面格式。**

【释义】 填写操作票应标准规范，不得用字迹容易被擦拭的笔填写操作票，也不得为了做记号而使用彩色的笔填写，应使用黑色或蓝色的钢（水）笔或圆珠笔逐项填写，字迹工整，填写内容应翔实，应仔细核对票面上的关键信息，如时间、地点、线路名称、杆号（位置）、设备双重名称、动词等关键字，并不得涂改，以防票面信息发生歧义而造成误操作。

【事故案例】 操作票内容错误导致变电站失压事故

××变电站 110kV 接线方式为单母线带旁路接线，共有 110kV 出线 2 回：××线 107 断路器、××线 108 断路器。事故前，××线 107 断路器、××线 108 断路器处在检修状态，有更换断路器工作，110kV 旁路 110 断路器旁代 107 断路器运行，1、2 号主变压器并列运行。107 断路器线路通过 110kV 旁路 110 断路器向该变电站供电，是全站唯一的电源输入点。启动方案定于 11 月 9 日 107 断路器及 108 断路器更换后投产启动。调度员根据启动方案于 11 月 8 日 10：45 向该站值班员下达"110kV ××线 107 断路器由检修状态转换为运行状态，110kV 旁路 110 断路器由运行状态转换为冷备用状态"的操作预令。该变电站值班员开始拟写操作票，其中"××线 107 断路器由检修状态转换为运行状态，110kV 旁路 110 断路器由运行状态转换为冷备用状态"操作票存在原则性错误，即先拉旁路 110 断路器，后合 107 断路器。副值班员填好操作票后交主值班员审核，主值班员检查完后也未看出问题。11 月 9 日 23：55，所有准备工作结束。11 月 10 日 0：00，调度值班员向该站值班员下达指令："110kV ××线 107 断路器由检修状态转换为运行状态，110kV 旁路 110 断路器由运行状态转换为冷备用状态。"0：02，开始执行此令，当"拉开 110kV 旁路 110 断路器"时，发生了全站失压事故。此时值班员才意识到操作错误，发现操作票操作步骤顺序写反了，马上将情况汇报调度，经调度同意立即重合上 110kV 旁路 110 断路器，恢复全站供电。事故造成切除负荷 16.3MW，全站停电 3min。

7.2.5.6 **操作票应事先连续编号，计算机生成的操作票应在正式出票前连续编号，操作票按编号顺序使用。作废的操作票应注明"作废"字样，未执行的操作票应注明"未执行"字样，已操作的操作票应注明"已执行"字样。操作票至少应保存 1 年。**

【释义】 操作票在使用和管理时应严格规范，采用连续编号的方式进行区分，以防出现重号的操作票造成操作错误的风险，影响线路和设备运行安全，同时也不利于后期的统计和追溯。操作票应按执行情况分别做好标注和区分，以防止操作人员误将已执行或作废的操作票再次使用，导致出现操作事故。为了规范操作票的使用，应定期开展操作票的检查和分析，并要求操作票至少保存 1 年。

7.2.5.7 下列项目应填入操作票内：

a）拉合设备［断路器（开关）、隔离开关（刀闸）、跌落式熔断器、接地开关等］，验电，装拆接地线，合上（安装）或断开（拆除）控制回路或电压互感器回路的空气开关、熔断器，切换保护回路和自动化装置，切换断路器（开关）、隔离开关（刀闸）控制方式，检验是否确无电压等；

b）拉合设备［断路器（开关）、隔离开关（刀闸）、接地开关等］后检查设备的位置；

c）停、送电操作，在拉合隔离开关（刀闸）或拉出、推入手车开关前，检查断路器（开关）确在分闸位置；

d）在倒负荷或解、并列操作前后，检查相关电源运行及负荷分配情况；

e）设备检修后合闸送电前，检查确认送电范围内接地开关已拉开、接地线已拆除；

f）根据设备指示情况确定的间接验电和间接方法判断设备位置的检查项。

【释义】 开展倒闸操作时，依据本次工作需求，将上述操作内容依次填入操作票，并检查是否存在缺失或顺序错误的情况，开展操作时应逐项进行，每完成一处操作应核实设备是否操作到位，检查确认设备在分闸或合闸位置后，在操作票内标记"√"。在进行停、送电施工作业时，作业人员在操作设备前应核实接地开关的实际位置，保证作业区域在停电措施范围内。

【事故案例】 断路器远动保护传动调试误操作事故

6 月 8 日，××供电分公司继电保护班进行 10kV 1 号电容组 561 断路器、2 号电容器组 562 断路器远动保护传动调试工作，10：55，运行人员按调度命令将 10kV 1 号电容组 561 断路器、2 号电容器组 562 断路器由热备用状态转换为冷备用状态后，办理了许可开工手续。14：45，10kV 1 号电容组 561 断路器、2 号电容器组 562 断路器远动保护传动调试工作完成。14：50，运行人员在未向调度汇报保护传动调试工作结束、未得到调度命令的情况下，即开始执行"将 1 号电容器组 561 断路器由冷备用状态转换为热备用状态"的操作任务。当操作至"给上 10kV 1 号电容器 561 断路器保护及控制电源"时，主值班员看到开关柜"储能"指示灯亮（而断路器"合闸""分闸"指示灯均不亮），误认为保护及控制电源已投上，而没有操作该项。操作至"检查 10kV 1 号电容器 561 断路器在分闸位置"时，开关柜内的照明灯已烧坏，柜内黑暗，在没有采取其他手段（如手电筒、更换灯泡）观察清楚断路器位置的情况下，误认为"储能"指示灯就是断路器的"分闸"指示灯，而判断断路器在分闸位置。15：01，操作人将 561 断路器的闭锁操作切换手柄由"工作"位置切至"分闸闭锁"位置后，合上 1 号电容器组母线侧 561-1 隔离开关，随后 1 号主变压器低压侧复压过电流保护动作，501 断路器跳闸，造成 10kV Ⅰ 段母线失压。后经现场检查，1 号电容器组 561-1 隔离开关有明显电弧放电痕迹，隔离开关支持绝缘子炸裂，1 号电容器组 561 断路器在合闸位置。21：00，抢修工作完毕。21：40，除 1 号电容器组在检修状态外，其他设备都恢复了正常运行，事故损失负荷 11MW。经检查变电站后台机 SOE 记录、保护动作记录及调度端主站机事件记录，1 号电容器组 561 断路器在调试过程中的变位信息有：调试人员在站端试合闸和分闸各一次，就地合闸两次、分闸一次；遥控合闸和分闸各一次；最后一次变位是在 13：56：14，由调试人员就地合闸，说明断路器最终是处于合闸位置的。

7.2.6　倒闸操作的基本要求

7.2.6.1　倒闸操作前，应核对线路名称、设备双重名称和状态。

【释义】　倒闸操作前，操作人员应核对操作票的信息和现场设备的信息是否一致，如线路名称、设备双重名称等，检查设备状态是否满足操作要求，以防操作人员误拉、误合其他线路的设备，导致电网运行故障发生。

7.2.6.2　现场倒闸操作应执行唱票、复诵制度，宜全过程录音。操作人应按操作票填写的顺序逐项操作，每操作完一项，应检查确认后做一个"√"记号，全部操作完毕后进行复查。复查确认后，受令人应立即汇报发令人。

【释义】　现场倒闸操作时，应由监护人对操作人下达命令，操作人员操作前应向监护人复诵操作内容，核实无误后，方可操作设备，以防误操作导致线路运行故障，进行全过程录音有助于后期问题追溯，录音内容应清晰、准确。为防止操作时漏项或操作顺序错误，操作人员应在操作票上对已执行的操作逐项做好标记。

7.2.6.3　监护操作时，操作人在操作过程中不应有任何未经监护人同意的操作行为。

【释义】　倒闸操作时，操作人在进行操作过程中应严格按照顺序执行倒闸操作票的内容，不得擅自进行操作票内容之外的作业，监护人应严格履行监护职责，发现后应立即制止操作人的违规操作，保证设备的运行安全。

7.2.6.4　倒闸操作中产生疑问、故障或异常时，不应更改操作票，应立即停止操作，并向发令人报告。继续操作前应经发令人再行许可。任何人不应随意解除闭锁装置。

【释义】　当进行倒闸操作时，操作人员对于所操作的指令产生疑问，为避免发生因指令错误而误停其他运行线路或供电用户，应停止操作，对本次操作指令的步骤和逻辑性进行分析，查明具体原因后，应向当值调控人员或运维值班负责人报告，并由发令人再行许可后，方可继续操作。

7.2.6.5　在发生人身触电事故时，可以不经许可，立即断开有关设备的电源，但事后应立即报告值班调控人员或运维人员。

【释义】　当操作人员发现人身触电事故时，应在采取必要安全措施的情况下，立即断开有关设备电源，保证触电人员的生命安全，并立即向值班调控人员（或运维人员）详细告知现场具体情况，包括故障地点、线路名称、设备双重名称以及已操作设备的状态。

7.2.6.6　停电拉闸操作应按照断路器（开关）—负荷侧隔离开关（刀闸）—电源侧隔离开关（刀闸）的顺序依次进行，送电合闸操作应按与上述相反的顺序进行。　不应带负荷拉合隔离开关（刀闸）。

【释义】　隔离开关（刀闸）不具有灭弧的能力，所以在拉合隔离开关（刀闸）前，应保证负荷侧没有电流。当负荷侧电流较大时，将产生电弧而导致电力事故的发生，因此禁止带负荷拉隔离开关（刀闸）。在停电拉闸过程中，为防止断路器（开关）机械操作未动作而造成线路运行故障，应先把负荷侧隔离开关（刀闸）拉开，通过断路器的过电流保护可将事故范围控制在负荷侧，保证电源侧的线路正常运行。

【事故案例】　带负荷拉合隔离开关事故

××变电站当值正班长（监护人）接受地调操作命令，"将10kV×六613由运行转停用"，并在6133隔离开关把手上挂"禁止合闸，线路有人工作！"标示牌的停电操作任务。受令后，正班长同副班长（操作人）一起持操作票，在图纸上进行模拟演习后，一同到10kV开关室进行实际操作，并拉开了×六613断路器，取下程序锁，与持钥匙的副班长（应正班长持钥匙）一起去室外操作×六6133隔离开关。这时恰遇该站扩建现场施工人员正在改接站外施工电源，由于该处与运行中的×岔线路距离较近，监护人便走过去打招呼："×岔线带电，应注意与周围电气设备的安全距离，旁边设备带电。"说着就走过了应操作设备的位置。此时，正、副班长把操作票放在旁边石台上，既未核对设备名称、隔离开关位置，又未进行唱票及复诵，就将6133隔离开关钥匙插入运行中的×毛6333隔离开关位上，但打不开。操作人说："锁打不开，可能是锁坏了，可用螺丝刀开锁（操作人曾看见过检修人员修锁时开过）。"当值正班长未置可否，操作人找来螺丝刀、开了锁，便拉开了运行中的6333隔离开关，随即一声炸响、弧光短路、6333路过电流保护动作、开关跳闸，重合不成功，该事故造成6333隔离开关损坏。

7.2.6.7　配电设备操作后的位置检查应以设备实际位置为准；无法看到实际位置时，应通过间接方法如设备机械位置指示、电气指示、带电显示装置、仪表及各种遥测、遥信等信号的变化来判断设备位置。确认该设备已操作到位至少应有两个非同样原理或非同源的指示发生对应变化，且所有这些确定的指示均已同时发生对应变化。检查中若发现其他任何信号有异常，均应停止操作，查明原因。若进行遥控操作，可采用上述的间接方法或其他可靠的方法判断设备位置。对部分无法采用上述方法进行位置检查的配电设备，各单位可根据自身设备情况制定检查细则。

【释义】　作业人员在开展设备操作后，应通过直接或间接方法确认设备确已在断开或合入状态，保证设备操作到位。部分设备因运行年限较长或设备运行环境恶劣，可能存在机构卡顿的情况。作业人员可通过观察设备机械位置指示、电气指示、带电显示装置、仪表及各种遥测、遥信等信号的变化来判断设备位置。通常情况下，一种指示或几种同源指示无法确定设备位置，容易因设备未操作到位而发生电力事故。

【事故案例】　作业人员误操作事故

9月29日10：30，运行人员按调度指令执行"220kV双母线并列运行倒Ⅱ段母线单母线运行，Ⅰ段母线由运行状态转换为检修状态"的操作任务。10：53，运行人员执行到操作票的"检查235-2隔离开关在合闸位置"时，发现235-2隔离开关C相没有合闸到位，经汇报请示领导同意后，操作人员按规定进行解锁操作，电动遥分该隔离开关后，又将235-2隔离开关遥合了一次，但仍合不到位；再经请示领导同意后，改为就地手动操作，将235-2隔离开关就地拉开，但由于操作分闸时隔离开关闸口出现放电现象，操作人员为保证人身及设备安全，又临时改为遥合该隔离开关。由于操作人员过分紧张，误按了235-1隔离开关按钮，造成带负荷拉235-1隔离开关，引起电弧，导致220kV母差保护动作。由于在进行倒母线操作时，母差保护处于非选择方式运行，因此跳开220kVⅠ、Ⅱ段母线所有线路及主变压器断路器。该站全站失压，同时使相关的4座110kV变电站全站失压，235-1隔离开关触头烧损，损失负荷17.49万kW、电量13.5kWh。

7.2.6.8　解锁工具（钥匙）应封存保管，所有操作人员和检修人员不应擅自使用解

锁工具（钥匙）。若遇特殊情况需解锁操作，使用解锁工具（钥匙）解锁前，应经设备运维管理部门防误操作闭锁装置专责人或设备运维管理部门指定并经公布的人员到现场核实无误并签字，并由运维人员告知值班调控人员。单人操作、检修人员在倒闸操作过程中不应解锁；若需解锁，应待增派运维人员到现场，履行上述手续后处理。解锁工具（钥匙）使用后应及时封存并做好记录。

【释义】 为了防止非操作人员误动电力设备，保障电力设备运行安全，运维单位在运行设备上安装防误操作闭锁装置，并制订解锁工具（钥匙）相关的管理要求。在未经设备运维管理部门防误操作闭锁装置专责人或设备运维管理部门指定并经公布的人员到现场许可的情况下，任何人不允许私自用解锁工具（钥匙）或其他方式进行解锁。单人操作、检修人员在倒闸操作过程中，因现场未设置监护人，为保证操作的准确性，禁止解锁进行倒闸操作。

7.2.6.9 断路器（开关）与隔离开关（刀闸）无防误操作闭锁装置时，在拉开隔离开关（刀闸）前应确认断路器（开关）已完全断开。

【释义】 机械或电气闭锁可有效防止操作人员误操作，但是当操作不具备机械或电气闭锁装置的断路器（开关）与隔离开关（刀闸）时，若此时断路器（开关）未完全断开就将隔离开关（刀闸）拉开，将会产生强烈的电弧，将人严重灼伤。因此，应检查确认断路器（开关）已完全断开后，再拉开隔离开关（刀闸）。

7.2.6.10 操作机械传动的断路器（开关）或隔离开关（刀闸）时，应戴绝缘手套。操作没有机械传动的断路器（开关）、隔离开关（刀闸）或跌落式熔断器，应使用绝缘棒。雨天室外高压操作，应使用有防雨罩的绝缘棒，并穿绝缘靴、戴绝缘手套。

【释义】 机械传动的断路器（开关）或隔离开关（刀闸）操作时，需要作业人员直接通过操作传动机构进行合闸或分闸操作，若此时设备外壳接地不良或设备误操作，可能导致作业人员操作时触电伤亡。因此，作业人员操作时应戴绝缘手套。对于不具备机械传动的断路器（开关）或隔离开关（刀闸），为保证作业人员与设备的安全距离，作业人员应使用相应电压等级、试验合格的绝缘棒进行拉、合闸操作。雨天室外高压操作时，因为绝缘棒加装了防雨罩，从而有效阻断绝缘棒上顺流下来的雨水，保持绝缘棒的耐压能力，而不形成对地闪络，进一步提升绝缘棒的湿闪电压。

7.2.6.11 装卸高压熔断器，应戴护目镜和绝缘手套，必要时使用绝缘操作杆或绝缘夹钳。

【释义】 装卸高压熔断器时，为防止线路突然来电，操作时弧光灼伤眼睛，作业人员应戴好护目镜。为防止设备故障原因导致绝缘性能下降，从而造成金属外壳或操作部位带电，作业人员操作时应戴好绝缘手套，站在绝缘垫或绝缘台上。当需要操作的设备附近存在运行线路或设备且无法保持相对的安全距离时，作业人员应使用绝缘操作杆或绝缘夹钳。阴雨天气情况下，不得使用无绝缘伞罩的绝缘夹钳在户外进行装卸高压熔断器的工作。

【事故案例】 配电变压器抢修作业放电致人死亡事故

2月6日8：40左右，用电管理所配电班巡查发现10kV××中11线路××街配电变压器A相低压引下线烧断，进行临修处理，在拉开高压熔断器时发现A相10kV跌开式熔断器上桩头断落需带电更换。10：00左右，带电班班长陈×带领工作班人员赶到现场，工作负责人江×向工作班成员（鲍×、陈×、张×）交代了安全注意事项及工作安排（陈×在绝缘斗臂车内带电更换A相跌开式熔断器，鲍×负责地面工作，江×站在变压器操作台架上面对面监护）。陈×戴好安全帽、绝缘手套，穿好绝缘靴后登上绝缘斗臂车，解 10kV A 相跌开式熔断器上桩头引线并固定牢靠，用绝缘垫将 A 相跌开式熔断器上桩头针式绝缘子包起来，并套好中相跌开式熔断器护套，使 A 相跌开式熔断器不带电后，陈×违章脱下绝缘手套，右手拿套筒扳手松动该相固定保险抱箍螺母，左手在角铁下托住螺栓，螺栓松动后，右手取出套筒扳手时，因用力较大，扳手未控制好，打落绝缘垫，使扳手碰触同杆引下线针式绝缘子上扎丝，当时出现放电火花并伴有放电声，陈×触电后当即斜靠在斗边慢慢滑下，工作负责人江×发现后立即叫张×将斗臂抽回降下，即对陈×口对口人工呼吸抢救（此时约 10：50），后发现情况严重立即送往市第一人民医院，经医院抢救无效于 12：38 死亡。

7.2.6.12　雷电时，不应就地倒闸操作和更换熔丝。

【释义】　雷电天气时，因线路上的电杆等设备容易被雷电击中，若此时操作人员在线路上开展就地倒闸操作和更换熔丝，可能遭受电击伤害。

7.2.6.13　单人操作时，不应登高或登杆操作。

【释义】　单人开展登高作业时，因杆塔下无人监护，可能在杆塔上移位时失去重心而坠落，或作业时因违章作业，未与带电线路保持安全距离，造成人员触电伤害。需要紧急救援时，无人能够给予帮助和救援。因此，单人操作时，禁止登高或登杆操作。

7.2.6.14　配电线路和设备停电后，在未拉开有关隔离开关（刀闸）和做好安全措施前，不应触及线路和设备或进入遮栏（围栏），以防突然来电。

【释义】　配电线路和设备停电后，工作负责人应安排作业人员将有关隔离开关（刀闸）拉开，确保停电线路有明显断开点，并装设所有接地线，保证工作区域在接地保护范围内，以防线路反送电造成作业人员触电伤害。

7.2.7　遥控操作及程序操作

7.2.7.1　实行远方遥控操作、程序操作的设备、项目，需经本单位批准。

【释义】　开展远方遥控、程序操作设备、项目时，遥控操作的顺序和内容、程序的逻辑性应先提报至设备运行管理单位进行检查审核，应满足电网运行操作要求，经运行单位批准后，方可执行操作，以防操作后导致电网故障而影响电网运行安全。

7.2.7.2　远方遥控操作断路器（开关）前，宜对现场发出提示信号，提醒现场人员远离操作设备。

【释义】　当操作人员进行远方遥控操作时，为防止作业人员误操作或现场运行设备误动作对现场作业人员造成伤害，应在操作前提醒现场作业人员与运行设备保持安全距离。

7.2.7.3　远方遥控操作继电保护软压板，确认该压板已操作到位至少应有两个指示发生对应变化，且所有这些确定的指示均已同时发生对应变化。

【释义】　为判断继电保护软压板远方遥控操作是否到位，至少应有两个指示同时发生对应变化，防止因装置、遥信、通道异常等造成压板操作不到位，影响电网安全运行。如远方操作开关备自投压板，判断备自投投入（退出）和备自投充电两个信号同时发生变化，才能确认该软压板操作到位。

7.2.8　线路操作

7.2.8.1　装设柱上开关（包括柱上断路器、柱上负荷开关）的配电线路停电，应先断开柱上开关，后拉开隔离开关（刀闸）。送电操作顺序与此相反。

【释义】　配电线路装设的隔离开关并不具备拉、合较大电流的能力，所以在拉、合隔离开关（刀闸）前，应保证负荷侧无大电流通过，故先拉开柱上开关（包括柱上断路器、柱上负荷开关）等配电设备，再拉开隔离开关（刀闸），送电操作顺序与此相反。

7.2.8.2 配电变压器停电，应先拉开低压侧开关（刀闸），后拉开高压侧熔断器。送电操作顺序与此相反。

【释义】 配电变压器停电时，若先拉开高压侧熔断器，因低压侧开关（刀闸）尚未拉开，仍有电流通过熔管，造成跌落式熔断器弧光短路，伤及作业人员。

7.2.8.3 拉跌落式熔断器、隔离开关（刀闸），应先拉开中相，后拉开两边相。合跌落式熔断器、隔离开关（刀闸）的顺序与此相反。

【释义】 拉跌落式熔断器、隔离开关（刀闸）时，先拉开中相，主要是考虑中相切断时的电流要小于两个边相，产生的电弧相对较小，对两边相不会产生危险。此时，操作人员拉开第二相跌落式熔断器时，电流较大，而中相已拉开，两边相距离相对较远，可以防止因电弧拉长而造成相间短路。

7.2.8.4 操作柱上充油断路器（开关）或与柱上充油设备同杆（塔）架设的断路器（开关）时，应防止充油设备爆炸伤人。

【释义】 随着运行年限和操作次数的增加，充油断路器会出现油箱内油面过低、排气孔堵塞、油质不洁或老化受潮、操作机构调整不当或失灵、断路器开断容量不足等情况，操作设备易发生起火爆炸等危险，操作人员在操作充油断路器前应检查设备的运行状态，并做好防爆措施。

7.2.8.5 更换配电变压器跌落式熔断器熔丝，应拉开低压侧开关（刀闸）和高压侧隔离开关（刀闸）或跌落式熔断器。摘挂跌落式熔断器的熔管，应使用绝缘棒，并派人监护。

【释义】 更换配电变压器跌落式熔断器熔丝前，应保证熔断器的电源侧和负荷侧无电流通过，以防拉开跌落式熔断器发生弧光短路，造成作业人员受到伤害，故应拉开低压侧开关（刀闸）和高压侧隔离开关（刀闸）或跌落式熔断器。摘挂熔管时，应派专人进行全程监护，杜绝违章作业，并使用绝缘棒，保证作业人员与周围带电部位的安全距离。

【事故案例】 **10kV 线路停电检修作业误送电人身触电死亡事故**

2004 年 3 月 27 日上午，××电业公司××供电所售电员李××接到 10kV××线（庆华线有 3 条支线）停电的报告。李××电话向所长马××进行了汇报（马××不在所内）。马××电话安排兼职安全员王×拉××线跌落式熔断器。在王×拉开××线跌落式熔断器后，李××电话通知××线运行管理农电工王××、姜××、蒋×分别巡视 3 条支线。农电工王××巡线中发现××分支 25 号杆上 B 相跌落式熔断器断裂，10：00 左右农电工王××用电话向马××报告故障情况，马××电话安排农电王××更换该组熔断器。在领料时安全员王×交代农电工王××要采取安全措施，装设接地线。农电工王××说："我做完后电话告诉你送电。"随后农电工王××找到雷××协助工作，农电工王××未做任何安全措施即开始工作。11：00，农电工姜××巡线结束后通知所售电员李××可以送电，李××未询问其姓名，误以为是农电工王××，就通知安全员王×送电。王×问李××："活干得这么快吗？是王××来的电话吗？"李××说："是王××。"安全员王×也没有按与农电工王××的事先约定亲自核对，就按李××的传达去操作送电，造成正在杆上更换跌落式熔断器的农电工王××触电死亡。

7.2.8.6 就地使用遥控器操作断路器（开关），遥控器的编码应与断路器（开关）

编号唯一对应。操作前，应核对现场设备双重名称。遥控器应有闭锁功能，遥控操作前应先解锁。为防止误碰解锁按钮，应对遥控器采取必要的防护措施。

【释义】 当操作具有遥控功能的断路器（开关）时，应首先核对现场设备的双重名称，以防止误操作造成附近线路停电。使用遥控器操作前，应再次核对遥控器的编码是否与现场运行的设备编码一一对应，不能随意操作而造成附近其他线路运行的断路器（开关）接收到操作信号发生动作。为防止误碰按钮造成误合（分）线路、设备，遥控器应处于闭锁状态，并放置于安全的储存装置中。

7.2.9 低压电气操作

7.2.9.1 有总断路器（开关）和分路断路器（开关）的回路停电，应先断开分路断路器（开关），后断开总断路器（开关）。送电操作顺序与此相反。

【释义】 开展回路停电操作时，应逐个断开每个分路的断路器（开关），并检查确认操作已执行，方可断开总断路器（开关）。直接先操作总断路器（开关），可能因操作机构损坏或负荷电流过大而导致操作人员触电伤害。

7.2.9.2 有刀开关和熔断器的回路停电，应先拉开刀开关，后取下熔断器。 送电操作顺序与此相反。

【释义】 为防止电弧伤人，操作人员应在低压线路确已停电的情况下开展摘取熔断器作业，故应先拉开刀开关，保证低压线路停电时有明显断开点。

7.2.9.3 有断路器（开关）和插拔式熔断器的回路停电，取下熔断器前，应先断开断路器（开关），并在负荷侧逐相验明确无电压。

【释义】 操作人员将断路器（开关）操作完成后，可通过检查确认操作机构的分合指示器判断操作是否完成，但当操作机构动作发生故障时，因线路无明显断开点，不能对负荷侧的作业人员进行停电保护，所以在断开开关操作后还要逐相进行验电，确认无电压后，再进行取下熔断器的操作。

7.3 砍剪树木

7.3.1 砍剪树木应有人监护。待砍剪的树木下面、倒树范围内不应有人通过或逗留。在城区、交通道路、人口密集区等区域修剪树木时倒树范围外应设置围栏，必要时派人看守。

【释义】 为了减少树线矛盾引起的线路运行故障，运维人员定期对线路附近的树木进行修剪，保证树木和运行线路的安全距离，运维人员在砍剪树木过程中，可能因安全距离不足而导致触电受伤，或砍剪后的树枝掉落到附近的运行线路、建筑物、交通道路上等，造成线路运行故障、设备损坏、人身伤害等，因此应设置专人监护，做好砍剪树木的监护工作。

7.3.2 砍剪靠近带电线路的树木，工作负责人应在工作开始前，向全体作业人员说明电力线路有电；人员、树木、绳索及树木倒下过程应与导线保持表 3 规定的安全距离。

表 3		邻近或交叉其他高压电力线工作的安全距离	
电压等级 kV	安全距离 m	电压等级 kV	安全距离 m
交流			
10 及以下	1.0	330	5.0

续表

电压等级 kV	安全距离 m	电压等级 kV	安全距离 m
20、35	2.5	500	6.0
66、110	3.0	750	9.0
220	4.0	1000	10.5
直流			
±50	3.0	±660	10.0
±400	8.2①	±800	11.1
±500	7.8	±1100	18.0

① ±400kV 数据按海拔 3000m 至 5300m 数据校正后，为全线统一使用的数值。750kV 数据按海拔 2000m 校正；其他电压等级数据按海拔 1000m 校正。

【释义】　砍剪靠近带电线路的树木，工作负责人应首先组织作业人员现场勘察，明确附近线路是否带电，若线路带电，应使用绝缘绳索控制树木倾倒的方向，设置好绳索的绑扎位置，绝缘绳索能将树木拉向与线路相反的方向，避免在砍剪树木的过程中树枝倾倒向运行线路侧，保证人员、树木、绳索与导线保持表3规定的安全距离。

【事故案例】　修剪树木作业人员触电事故

2023 年 6 月 12 日 8：00 左右，在××街道立交桥西南侧绿地高压线旁边，发生一起触电事故。××园林公司工人李×方在修剪树枝过程中，锯开的枝干在重力作用下向南倾倒，树枝顶端触碰到南侧水平距离约 5.2m 的 220kV 高压架空线，导致在树干上作业的李×方触电。现场人员拨打 120 急救电话并报警，120 急救人员现场确认李×方已死亡。经调查认定，该事故是一起因作业人员培训教育不到位、现场隐患排查缺失而造成的一般生产安全责任事故。事故地点位于晋元桥西南角绿地，作业人员正在修剪的树木为一棵法国桐树，该树其中一个枝干被手锯锯开后在重力作用下向南倾倒，树杈顶端垂向地面，从锯开的地方到树枝顶端长约 7.2m。该法国桐树南侧水平距离约 5.2m，距离地面高约 9m 处有一排220kV 的高压架空线路，树杈向南侧倒下后，树杈顶端与高压线路接触导致李×方触电。事故现场留有死者所使用的安全带、绝缘手套和手锯等物品，其中右手的绝缘手套大拇指手外侧无绝缘层处有一个电击灼烧的孔洞。

7.3.3　为防止树木（树枝）倒落在线路上，应使用绝缘绳索将其拉向与线路相反的方向，绳索应有足够的长度和强度，以免拉绳的人员被倒落的树木砸伤。使用斗臂车修剪树木时，应采取措施防止树木倒向作业人员和车辆。

【释义】　砍剪靠近带电线路的树木时，禁止使用普通绳索调整树木倒落的方向，应使用绝缘绳索进行调整，调整的方向应与线路的方向相反，应根据树木的高度和截面选择足够长度和强度的绝缘绳索，以防因长度不够造成作业人员被倒落的树木砸伤，或因强度不够而发生绳索断裂，弹出后触碰到附近的带电线路，造成线路运行故障。

7.3.4　砍剪山坡树木应做好防止树木向下弹跳接近线路的措施。

【释义】　砍剪位于山坡上的树木时，为了防止树木向下弹跳接近线路，可使用绝缘绳索进行控制，必要时可对周围带电线路采用绝缘包裹的方式进行保护。

7.3.5 砍剪树木时，应防止马蜂等昆虫或动物伤人。

【释义】 树木上时常会有马蜂等昆虫筑巢或松鼠、蛇等动物出没，工作负责人应仔细勘察树木本身的情况，采取必要的安全措施，如配置防蜂、蛇等动物伤害的防护工具，同时携带紧急救护药品。

7.3.6 上树时，应使用安全带，安全带不应系在待砍剪树枝的断口附近或以上。不应攀抓脆弱和枯死的树枝；不应攀登已经锯过或砍过的未断树木。

【释义】 作业人员攀登树木，属于登高作业范围，应采取必要的防坠措施，攀登时应使用安全带，严禁低挂高用，安全带应固定在可靠牢固的位置，不得系在待砍剪树枝的断口附近或以上，以防树枝无法承受作业人员的重量而发生断裂，造成人员高坠摔伤。

7.3.7 风力超过5级时，不应砍剪高出或接近带电线路的树木。

【释义】 当风力超过5级时，作业人员无法稳定的控制树木与带电线路之间的距离，引起导线对树木放电，造成作业人员触电受伤。

7.3.8 使用油锯和电锯的作业，应由熟悉机械性能和操作方法的人员操作。使用时，应先检查所能锯到的范围内有无铁钉等金属物件，以防金属物体飞出伤人。

【释义】 使用油锯和电锯作业时，锯片处于高速转动状态，需要操作人员能够稳定自如地控制油锯和电锯的方向和速度，操作人员应熟悉其机械性能和操作方法，以防因操作不当造成人员被锯片划伤。操作前检查电锯各种性能是否良好，安全装置是否齐全并符合操作安全要求。应先检查所能锯到的范围内有无铁钉等金属物件，以防高速转动的锯片与金属物体接触后发生迸溅伤人。

8 架空配电线路工作

8.1 坑洞开挖

8.1.1 挖坑前，应与有关地下管道、电缆等设施的主管单位取得联系，明确地下设施的确切位置，做好防护措施。

【释义】 挖坑前，建设单位应组织设计单位、施工单位与有关地下管道、电缆等设施的主管单位取得联系，前往施工作业现场后，结合测绘图与管线单位的留存资料，保证施工作业的安全性，避免破坏运行中的线路和设施。

【事故案例】 施工作业未与燃气公司交底，发生燃气爆燃伤人事故

6月21日16：45许，××区北×东路与吴×路交口附近发生燃气爆燃事故。事故导致23人受伤，其中3人重度烧伤，20人受到轻微伤。施工单位在施工作业前未与相关管道主管单位进行方案交底，导致事故发生。

8.1.2 挖坑时，应及时清除坑口附近浮土、石块，路面铺设材料和泥土应分别堆置，在堆置物堆起的斜坡上不应放置工具、材料等器物。

【释义】 基坑开挖后，坑口附近的浮土、石块、工具、材料等因堆积坡面过陡而回落坑中，造成作业人员受伤。路面铺设的材料要单独放置，不能与泥土混放，防止材料受到污染和损坏。

【事故案例】 土坑一侧的坑壁发生塌方，造成土块伤人事故

2012年1月5日，位于山东×城经济开发区南×新城1标工程建设工地出现安全事故，工人们正在3m深坑底干活，施工过程中，土坑一侧的坑壁发生塌方，一名作业人员被冲下来的土块砸中受伤，险些被埋，受伤的工人被及时送往附近的脑科医院，并被送入重症监护病房接受治疗。

8.1.3 在超过1.5m深的基坑内作业时，向坑外抛掷土石应防止土石回落坑内，并做好防止土层塌方的临边防护措施。

【释义】 坑深超过1.5m时，应及时清除坑口附近浮土、石块，基坑开挖时应根据土层地质条件确定放坡坡度，并设置临边防护措施以防止土石回落坑内造成人员伤害。

8.1.4 在土质松软处挖坑，应有防止塌方措施，如加挡板、撑木等。不应站在挡板、撑木上传递土石或放置传土工具。不应由下部掏挖土层。

【释义】 在土质松软处施工时，容易因塌方而造成人员摔伤。通过加装挡板、撑木等设施可以有效起到支撑作用，保护施工人员作业安全，要根据施工现场的需求挑选足够强度挡板、撑木。因挡板、撑木等支撑重量有限，若搬运过重的设备和工具，可能造成支撑设施坍塌，人员坠落摔伤。由下部掏挖土层，将在土层间形成空洞，存在施工区域地面下沉的可能。

【事故案例】 深基坑坍塌导致人身伤亡事故

2020年7月12日11：45左右，××电力安装工程有限责任公司承接的健康疗养片区

35kV 334 那×线电力线路迁改工程发生深基坑坍塌事故，事故起因为基坑加固措施不完善，造成 3 人死亡，1 人受伤，直接经济损失 356.89 万元。

8.1.5 在下水道、煤气管线、潮湿地、垃圾堆或有腐质物等附近挖坑时，应检测有毒气体及可燃气体的含量是否超标并设监护人。在挖深超过 2m 的坑内工作时，应采取安全措施，如戴防毒面具、向坑中送风和持续检测等。监护人应密切注意挖坑人员，防止煤气、硫化氢等有毒气体中毒及沼气等可燃气体爆炸。

【释义】 下水道、煤气管线、潮湿地、垃圾堆或有腐质物等场所会因物质腐烂变质发酵等产生易燃、易爆和有毒有害气体，施工作业前应严格执行"先通风，后检测，再施工"的安全要求，因易燃、易爆和有毒有害气体密度较大，当进入坑深超过 2m 的坑内作业时，氧气含量低，务必戴防毒面具、向坑中送风、持续监测坑中气体成分，监护人密切注意作业人员的精神状态，以防作业人员发生中毒、缺氧等情况。

8.1.6 在居民区及交通道路附近开挖的基坑，应设坑盖或可靠遮栏，加挂警告标示牌，夜间挂红灯。

【释义】 在居民区及交通道路附近开挖的基坑，可能会造成路过的行人摔伤和车辆坠落而损毁。停止施工或完工后，应及时用坑盖封堵基坑，较大基坑应用遮栏可靠围住，并挂好警示牌。尤其是夜间施工时，考虑道路视线较差，应悬挂警示红灯时刻提示过往的行人和车辆。

【事故案例】 轿车跌入未设警告标示牌的深坑，导致人员受伤、车辆损伤事故

2020 年 12 月 11 日晚上 7：00 许，位于上海市济×路上一工地内，发生一起交通事故，一辆轿车冲入正在施工工地内的一个深坑，车辆损毁严重，司机受伤被送入医院。经现场核实，施工现场存在安全隐患，事发时工地的大门敞开，并无人值守，大门上未设置警示牌，导致车辆误入作业现场。

8.1.7 塔脚检查，在不影响铁塔稳定的情况下，可以在对角线的两个塔脚同时挖坑。

【释义】 施工时，若在杆塔的同一侧开展基坑作业，容易造成杆塔倾倒。当需要对杆塔对角线的两个塔脚同时开挖时，应检查杆塔两侧和基础的受力均衡程度后再开展。

8.1.8 杆塔基础附近开挖时，应随时检查杆塔稳定性。若开挖影响杆塔的稳定性时，应在开挖的反方向加装临时拉线，开挖基坑未回填时不应拆除临时拉线。

【释义】 在杆塔基础附近开挖时，当达到一定深度时，会造成杆根附近土质松软，杆根因受力不均而发生倾斜或倒杆，所以在开挖时应随时检查杆塔的稳定性，当发现开挖影响杆塔的稳定性时，应及时在反方向加装临时拉线，保证电杆两侧受力均匀，以防止倒杆伤人。基坑未回填前，杆塔基础受力仍然不均匀，存在倒杆的可能性，临时拉线禁止拆除。

8.1.9 变压器台架的木杆打帮桩时，相邻两杆不应同时挖坑。承力杆打帮桩挖坑时，应采取防止倒杆的措施。使用铁钎时，应注意上方导线。

【释义】 支撑变压器台架的木杆随运行年限的增加而发生腐朽，极易发生断裂现象，若同时对相邻电杆进行挖坑施工，电杆将因受力不均而发生倒杆、断杆的情况。承力杆受力较为集中而极易发生倒杆，故在对承力杆打桩挖坑时，应采取打拉线、顶杆等措施防止发生倒杆。因铁钎不属于绝缘工具，所以在使用时若上方或附近存在导线，有可能导致

触电伤害。

8.2 杆塔上作业基本安全要求

8.2.1 登杆塔前应做好以下工作：

a）核对线路名称和杆号；

b）检查杆根、基础和拉线是否牢固；

c）检查杆塔上是否有影响攀登的附属物；

d）遇有冲刷、起土、上拔或导地线、拉线松动的杆塔，应先培土加固、打好临时拉线或支好架杆；

e）检查登高工具、设施（如脚扣、升降板、安全带、梯子和脚钉、爬梯、防坠装置等）是否完整牢靠；

f）攀登有覆冰、积雪、积霜、雨水的杆塔时，应采取防滑措施；

g）攀登过程中应检查横向裂纹和金具锈蚀情况。

【释义】 （1）每基杆塔都应有线路名称和杆号，登杆前应仔细核对方可攀登，遇到没有杆号或杆号模糊的杆塔，应及时与运行人员和调度人员核对检查。

（2）登杆前，为防止倒杆伤害作业人员，应仔细检查杆塔的埋深是否满足运行要求，基础和拉线是否牢固或存在严重锈蚀等，拉线是否存在损坏的情况。

（3）杆塔上存在广告牌、运行电缆、光缆和设备支架等影响攀登的附属物，可能造成作业人员在攀登杆塔时受阻，无法将脚扣与杆塔契合，攀登时存在高坠风险，遇到附属物应提前调整好攀登的位置或临时将附属物进行调整，保证杆塔攀登的路径满足作业人员需求。

（4）雨后冲刷过的杆塔，土质比较松软，杆根处可能因受力不均而发生倾斜，登杆作业时杆塔存在倒杆的风险，对杆基进行培土加固，可提高杆塔的稳固性。

（5）登杆前务必检查登杆工具是否合格，以防作业人员在登杆过程中发生高坠而受伤。主要检查登高工具、设施的试验合格证，是否存在超期或不合格的情况，登杆前应对脚扣进行人体载荷冲击试验，检查安全带各部分的磨损情况；梯子的安全止滑脚、限位器是否完好、踏棍和踏板的状态是否完好。杆塔上安装的登高装置，如脚钉、爬梯和固定防坠装置等，在攀登之前和攀登过程中均应检查是否完好齐全。

（6）杆塔积雪、覆冰或有其他情况导致攀登中打滑时，应改变攀登方式以增加登高工具与杆塔的摩擦力，如作业人员穿着具有防滑功能的软底鞋、使用双重保护措施、使用登高板攀登水泥杆等，攀登过程中不应进行除冰、清雪工作。

（7）登杆前若在检查时发现杆身存在横向裂纹，贸然攀登杆塔作业，可能造成电杆断裂发生高处坠落，因此在发现横向裂纹时应停止攀登或采取补强措施后攀登。

【事故案例】 电杆倒塌导致杆上作业人员身亡事故

2021 年 1 月 21 日 16：00，送×金带领工人进行放线施工，后送×金有事离开施工现场，工人继续施工。工人黄×平爬上利民砖厂附近的一根电杆（事故电杆）进行拉线作业。当黄×平上杆后把线穿过电杆金具上的滑轮让另一名工人往前拉，准备下杆时，该电杆由于拉线往同一方向受力突然倾斜，并迅速倒塌，黄×平来不及解开安全带，随电杆一起坠落砸向地面，电杆倒塌后断成两截，黄×平头部撞在金具上受伤，后送乡卫生院进行抢救，经抢救无效死亡。

8.2.2　杆塔作业应禁止以下行为：

a）攀登杆基未完全牢固或未做好临时拉线的新立杆塔；

b）手持工器具、材料等上下杆或在杆塔上移位；

c）利用绳索、拉线上下杆塔或顺杆下滑。

【释义】　攀登杆塔前，务必检查杆基是否牢固，对于杆基不稳定的电杆应做好临时拉线，临时拉线的一端应安装在固定的物体上，保证电杆受力均衡，以免造成倒杆伤人。利用绳索、拉线上下杆塔或顺杆下滑时，作业人员在与绳索、拉线、电杆表面接触时，可能发生摩擦力不足或过热，以及被绳索、拉线的倒刺损伤，导致人员受伤或失手摔伤。

8.2.3　杆塔上作业应注意以下安全事项：

a）作业人员攀登杆塔、杆塔上移位及杆塔上作业时，手扶的构件应牢固，不应失去安全保护，并有防止安全带从杆顶脱出或被锋利物损坏的措施；

【释义】　在作业人员登杆、转移过程中，杆塔上的构件是保证作业人员安全的受力点和支撑点，承担着工作人员和工器具的重量，故作业人员应确定构件牢固后，方可握紧作为支撑。在杆塔上施工的作业人员要始终在安全带或后备保护绳的安全保护下，在作业过程若发现安全带可能从杆顶脱出或靠近锋利部位时，应立即进行调整，以防安全带脱出或损坏。

b）在杆塔上作业时，应使用安全带。使用有后备保护绳或速差自锁器的安全带时，安全带和保护绳应分挂在杆塔不同部位的牢固构件上；

【释义】　杆塔上移位或上下绝缘子串工作时，应同时使用围杆带和后备保护绳等方式，防止失去安全带保护而高处坠落。保护绳长度超过 3m 时选用带有缓冲器的坠落悬挂安全带，以防止作业人员意外坠落时，自身的冲击力对人体造成伤害。若在无缓冲器时对接使用后备保护绳，当坠落高差超过 3m 时造成作业人员因受较大的冲击力而受伤害。而在有缓冲器时对接使用后备保护绳，发生坠落时，两个及以上的缓冲器同时释放增加了坠落距离同样造成人身伤害。因此后备保护绳不准对接使用。后备保护绳与安全带分别挂在杆塔不同部位的牢固构件上，这样是为了防止作业过程中固定安全带的悬挂构件出现异常，安全带和保护绳同时失去保护作用。

【事故案例】　作业人员在移动过程中发生高处坠落身亡事故

2021 年 5 月 4 日，在进行 1413 号塔耐张线夹×光无损探伤检测作业过程中，发生一起人员高处坠落事故，造成探伤检测业务外包单位 1 名劳务人员死亡。祁×线运维、检修业务承担单位为甘肃××公司，探伤检测业务承揽单位为陕西×源电力科技服务有限公司，探伤检测业务劳务分包单位为四川省××县××建安总公司。发生事故的 1413 号塔为耐张塔，横担挂点高约 54m。1 名劳务人员在高空配合开展极Ⅱ小号侧耐张线夹×光无损探伤检测，在完成检测任务后，自耐张线夹位置沿耐张绝缘子串向横担方向移动，在移动过程中，采取以保护绳兜住耐张绝缘子串的方式设置安全保护，当移动至耐张绝缘子串和横担之间的金具上时，在未将安全带固定在横担上的情况下，将兜住耐张绝缘子串的保护绳解开，继续向横担移动，在移动过程中发生高处坠落，导致该名劳务人员死亡。

c）上横担前，应检查横担腐蚀情况、联结是否牢固，检查时安全带（绳）应系在主杆或牢固的构件上；

【释义】　运行线路长期暴露在外部环境下，由于大风、暴雨、暴晒等天气原因，导致线路上的运行设备容易发生氧化、腐蚀、松动，施工人员在未经检查，未将安全带（绳）系在主杆或牢固的构件上的情况下，便在横担上开展施工作业，可能因横担松动或腐蚀严重发生断裂等问题，而造成人员高坠摔伤。

d）在人员密集或有人员通过的地段进行杆塔上作业时，作业点下方应按坠落半径设围栏或其他保护措施；

【释义】　作业人员在杆塔上作业时，有时会发生工器具或材料坠落的情况，造成作业点下方人员伤亡。为避免发生类似事故，在人员密集或有人员通过的地段进行杆塔上作业时，应按照 GB/T 3608—2008《高处作业分级》中的相关规定测算物体坠落半径，并依据坠落半径设围栏或其他保护措施。

【事故案例】　作业人员进入未封闭的现场，被高空坠落的脚手架钢管砸中身亡事故

2020 年 7 月 24 日，××能源股份有限公司新建项目脱硫综合楼施工工地，1 名劳务分包人员在地面清理时，被上方掉落的脚手架钢管砸中，经抢修无效死亡。经初步核实，该名作业人员系劳务分包队伍违规雇佣，没有经过现场安全生产培训，没有执行现场准入制度，事故发生现场亦没有进行封闭管理。

e）杆塔上下无法避免垂直交叉作业时，应做好防落物伤人的措施，作业时要相互照应，密切配合；

【释义】　运行线路的部分杆塔存在电缆上杆、高低压线路并架或电杆上架设了光缆等其他线路的情况，造成作业人员上下垂直交叉作业，容易发生工具或材料坠落伤人。因此，作业人员应在施工时做好相互照应，彼此交代工作内容和风险点，密切配合工作。

f）杆塔上作业时不应从事与工作无关的活动。

【释义】　杆塔上施工属于高空作业，存在高坠风险，作业人员不应在施工时聊天、嬉戏打闹，以免因分心而发生高坠事故。

8.2.4　在杆塔上使用梯子或临时工作平台，应将两端与固定物可靠连接，一般应由一人在其上作业。

【释义】　在杆塔上使用梯子或临时工作平台，若梯子的两端与可移动的物体不固定或固定时不够牢靠，作业人员在使用梯子工作时可能因梯子下坠而摔伤。梯子在设计时的承重能力有限，一般情况下，梯子的支柱能承受一名作业人员及所携带的工具、材料攀登时的总重量，超过一人时可能发生支柱损坏、断裂。

8.2.5　检修杆塔不应随意拆除受力构件，如需要拆除时，应事先做好补强措施。

【释义】　杆塔的受力部件是杆塔的主要结构件和承力件，拆除未采取补强措施的受力构件，杆塔会因受力不均或主结构松动而受损。

8.2.6　调整杆塔倾斜、弯曲、拉线受力不均时，应根据需要设置临时拉线及其调节范围，并应有专人统一指挥。杆塔上有人工作时，不应调整或拆除拉线。

【释义】　发现杆塔倾斜、弯曲、拉线受力不均时，可以设置临时拉线，通过调整拉线的松紧对杆塔进行角度和力度的调节，使杆塔保持稳定。临时拉线的参数应根据杆塔现状需求进行选择，以防因临时拉线调节范围过大或不足造成电杆调节不到位。电杆调节时，需要及时调整拉线的力度和角度，故需要设置专人指挥作业人员配合施工。

施工人员在杆塔上作业时，杆塔受力发生变化，此时开展调整或拆除拉线工作，将会破坏杆塔的受力平衡，造成电杆倾斜或倒杆，危及作业人员生命安全。

8.2.7 雷电时，不应在线路杆塔上作业。

【释义】 雷电天气时，由于杆塔的高度相比周围建筑物较为突出，杆塔上的导线、接地线、金具、塔材等金属部件容易受到雷击，可能对杆塔上的作业人员造成人身伤害。

8.3 立杆和撤杆

8.3.1 立、撤杆应设专人统一指挥。开工前，应交代施工方法、指挥信号和安全措施。

【释义】 当无专人指挥时，可能因指挥信号不一致而导致在立、撤杆过程中电杆受力不均而倒向受力较大的一方，造成倒杆伤人。所以立、撤杆时作业人员应明确分工、密切配合、服从指挥。在居民区和交通道路附近立、撤杆时，应具备相应的交通组织方案，并设警戒范围或警告标志，必要时派专人看守。

【事故案例】 **违规作业造成抱杆倾倒，导致三人死亡事故**

2020 年 5 月 11 日，湖南省××工程有限公司施工的特高压交流工程线路工程第 7 标段发生一起 3 名劳务分包人员死亡事故。5 月 11 日 15：00 左右，施工作业班组（S3123）在 5L059K 桩位抱杆组立过程中，违规作业造成抱杆倾倒，3 名在抱杆上作业的劳务分包人员坠落，其中 2 人当场死亡，另 1 人送医院抢救无效死亡。

8.3.2 居民区和交通道路附近立、撤杆，应设警戒范围或警告标志，并派人看守。

【释义】 在居民区和交通道路附近撤杆，为防止行人和来往车辆误入施工区域，应在施工区域附近设置警戒范围或警告标志，安排专人疏导交通，警示过往行人，禁止行人在施工区域周围逗留。

8.3.3 立、撤杆塔时，基坑内不应有人。除指挥人及指定人员外，其他人员应在杆塔高度的 1.2 倍距离以外。

【释义】 在开展杆塔的立、撤施工作业时，杆身可能因为受力不均而发生倾倒，若此时基坑内有人工作或休息，可能因为倒杆而发生人身伤害。为防止倒杆后，杆塔高度范围内存在其他作业人员，危害作业人员人身安全，因此规定作业人员应处于 1.2 倍杆塔高度的距离以外。

8.3.4 顶杆及叉杆只能用于竖立 8m 以下的拔梢杆，不应用铁锹、木桩等代用。立杆前，应开好"马道"，作业人员应均匀分布在电杆两侧。

【释义】 铁锹、桩柱等工具的承重能力有限，在立杆时超负荷使用，可能在支撑时断裂，无法满足立杆要求，不能代替顶杆和叉杆。立杆时作业人员均匀地分配在电杆两侧，并在立杆作业时保证电杆两侧受力均衡，防止因电杆受力不均发生倒杆伤人。

8.3.5 立杆及修整杆坑，应采用拉绳、叉杆等控制杆身倾斜、滚动。

【释义】 在开展立杆施工作业或修整杆坑时，为保证电杆受力均衡，应采用拉绳进行电杆受力的调整，或用叉杆控制电杆的滚动范围，避免因电杆倾倒伤人。

【事故案例】 **新立电杆未采取有效措施，倒杆导致两名作业人员身亡事故**

2017 年 10 月 28 日，安徽寿县××镇××村号 2 台区施工发生一起承包单位人身事故，承包单位天津东方××建设集团有限公司施工项目部，组织两名作业人员登杆开展 400V 线路新立电杆横担金具安装过程中发生倒杆，两名作业人员随杆坠落，送医院抢救无效死亡。经初步调查分析，造成倒杆的直接原因是新立电杆卡盘和底盘未安装，电杆回填土未夯实，未安装临时拉线。事故暴露出业主、监理单位现场安全管控不力、承包单位施工作业严重违章等问题。

8.3.6 使用临时拉线时应注意以下事项：

a) 不应利用树木或外露岩石作受力桩；

b) 一个锚桩上的临时拉线不应超过两根；

c) 临时拉线不应固定在有可能移动或其他不可靠的物体上；

d) 临时拉线绑扎工作应由有经验的人员担任；

e) 临时拉线拆除前，永久拉线应全部安装完毕并承力；

f) 杆塔施工过程需要采用临时拉线过夜时，应对临时拉线采取加固和防盗措施。

【释义】 施工时，使用临时拉线作为固定措施时，应保证临时拉线固定在稳固的、无法移动的物体上，保证临时拉线受力时，拉线不会发生移动或滑跑的情况，以防造成电杆因受力不均而倾倒伤人。固定临时拉线所用的锚桩和其他物体都有各自的受力强度，因此在锚桩上固定拉线时，一般不超过两根。临时拉线在固定时，其绑扎应结实牢固，应选择有经验的人员担任。临时拉线作为固定电杆的过渡工具，应保证电杆基础稳固，受力均衡且永久拉线全部安装完毕后，方可拆除。需要采用临时拉线过夜时，为避免临时拉线被物体、车辆撞坏，或被人盗取，应采取加固和防盗措施。

【事故案例】 拆除铁塔未设置临时拉线致使铁塔倾倒时失控，造成人身伤亡事故

2020 年 4 月 14 日，分包单位安徽××电力发展有限公司计划开展原 130 号铁塔拆除工作。当日 6：10 左右，班组人员到达现场准备工作。按照施工方案，原 130 号杆塔拆除采用向北侧整体拉倒的方式进行，用于拉倒铁塔的机动绞磨设置在铁塔北侧，采用一根 $\phi17.5$ 钢丝绳作为拉倒铁塔的牵引绳，采取"八"字形连接于北侧塔身，并使用 $\phi15.5$ 钢丝绳在北侧塔身设置临时拉线。拉倒铁塔前，使用氧焊割枪将北侧 A、B 塔腿主材角钢平行于拉倒方向的一面割断，保留垂直于拉倒方向的一面，再将南侧 C、D 塔腿主材角钢全部割断。事故发生前，拆塔作业人员未按施工方案将机动绞磨和牵引绳设置在原 130 号杆塔北侧，而是设在西侧且未设置临时拉线。4 月 14 日 8：50，拆塔作业人员将原 130 号杆塔四根塔腿主材全部割断，然后利用设置在铁塔西侧的机动绞磨收紧牵引绳，向西侧整体拆除杆塔，铁塔在倾倒过程中方向失控，倒向距离该塔 12m 的新建 129~130 号档导线，压断该档左中、左下相导线，导致在导线上安装附件的其他班组作业人员坠落，被速差自控器悬吊于空中，其中 1 人因导线抽击当场死亡，另 1 人因速差自控器绳索断裂坠落地面受重伤，另外 3 人轻伤。

8.3.7 利用已有杆塔立、撤杆，应检查杆塔根部及拉线和杆塔的强度，必要时应增设临时拉线或采取其他补强措施。

【释义】 杆塔在运行中，可能产生根部的紧固螺栓缺失、松动，杆身弯曲、杆件缺失和拉绳松动等异常情况。利用已有的杆塔立撤杆时，改变了旧杆塔的受力状况，因此，杆塔受力前应检查杆塔根部、拉线和杆塔强度，保证杆塔强度能满足立撤杆塔承载力要求。当检查出旧杆塔不满足立撤杆塔承载力要求时，应采取校紧杆塔、补强杆根基础、增设临时拉线等措施。

【事故案例】 铁塔整体倒塌导致塔上 4 名作业人员坠落身亡事故

2017 年 5 月 14 日，××供电公司所属集体企业青岛××送变电工程有限公司承建的胶州

××110kV输电工程发生一起铁塔倒塌、劳务分包单位人员坠落死亡的较大人身事故。事故发生前，分包单位正在从事胶州××110kV输电工程8~15号区段放线紧线，4名人员在9号塔（转角塔）上对光缆钢绞线进行紧线作业，此前9号塔未设置反向临时拉线。11：55，9号塔部分地脚螺母脱落，铁塔整体倒塌，塔上4名作业人员坠落，当场死亡。

8.3.8 使用吊车立、撤杆塔，钢丝绳套应挂在电杆的适当位置以防止电杆突然倾倒，吊钩应封闭。撤杆时，应先检查有无卡盘或障碍物并试拔。

【释义】 撤杆时，应先检查有无卡盘或障碍物并试拔。使用吊车立杆时，吊点应放在电杆的重心以上适当高度，防止电杆吊起后电杆突然倾倒。吊车应放置平稳，距水沟和地下管道边缘应大于基坑深度的1.2倍。吊钩口封好的作用是防止钢丝绳滑出而造成被吊物脱钩。吊物起、落时，应注意防止吊臂碰触周围的建筑物、电力线等设施，造成伤害。撤杆时，先检查有无卡盘或障碍物，防止卡盘或障碍物导致起重机异常受力造成起重机损坏，甚至造成起重机倾覆。

8.3.9 使用倒落式抱杆立、撤杆，主牵引绳、尾绳、杆塔中心及抱杆顶应在一条直线上，抱杆下端部应固定牢固，抱杆顶部应设临时拉线，并由有经验的人员均匀调节控制。抱杆应受力均匀，各侧拉线应拉好，不应左右倾斜。

【释义】 倒落式抱杆立杆时，主牵引绳、尾绳、杆塔中心及抱杆顶处在一条直线上，防止立杆过程中杆塔侧向受力而倒杆。临时拉线在立撤杆过程中用于控制杆塔稳定，若固定在可能移动物体（如汽车）和其他不牢固物体（如根系不发达、细小、脆弱小树）上，临时拉线受力后，固定物移动或损坏而使临时拉线失去固定作用，将会导致杆塔受力不平衡而发生倒杆。

8.3.10 使用固定式抱杆立、撤杆，抱杆基础应平整坚实，拉线应分布合理、受力均匀。

【释义】 前、后缆风绳与杆坑重心的距离应为电杆高度的1.2倍，使用固定式抱杆立、撤杆时，为避免电杆升起或下降过程中偏离设计位置，应合理调整缆风绳的角度和受力程度。

8.3.11 整体立、撤杆塔，起吊前应全面检查各受力、联结部位情况，确认全部满足要求。

【释义】 整体立、撤杆塔时，起吊点和杆塔连接部位承受杆塔的全部重量，起重前应检查起吊点和各连接部位合格，防止起吊过程中杆塔变形损坏和损伤钢丝绳。利用起重机开展整体立、撤杆塔作业时，起吊点和各联结部位作为主要的受力点，起吊前应进行全面检查，查看各部位是否存在锈蚀、断裂、松动等情况。立、撤杆塔过程中应检查钢丝绳或千斤不发生明显变形、断裂，开门滑车可靠封闭，防止钢丝绳、千斤损坏或钢丝绳滑出开门滑车而倒杆。钢丝绳各转角点受力后，转角处受力方向在内角侧，如果转角点固定不牢固，钢丝绳将会弹向转角点的内角侧，因此吊件受力钢丝绳内角侧禁止有人。此外，为防止倒杆塔及吊件坠落，吊件垂直下方禁止有人。

【事故案例】 **铁塔倒塌导致四人死亡一人受伤事故**

2017年5月7日，江西省××建设公司承建的工程发生一起铁塔倒塌，分包单位人员坠落的较大人身伤亡事故。事故发生前，分包人员登上新建的Ⅱ回线路181号塔（转角塔），对中相导线开展紧线作业。此时，181号塔地脚螺栓未安装紧固到位，左右边相导线分别设置了反向临时拉线，拉线与地面角度约55°。7∶26，181号塔整体倒塌，塔上5名作业人员坠落，造成2人当场死亡，2人送医院后经抢救无效死亡，1人受伤。

8.3.12　在带电线路、设备附近立、撤杆塔，杆塔、拉线、临时拉线应与带电线路、设备保持表3所规定的安全距离，且应有防止立、撤杆过程中拉线跳动和杆塔倾斜接近带电导线的措施。

【释义】　立撤杆过程中，使用的起重机械、牵引绳、临时拉线（缆风绳）在受力过程中，高度和角度随着杆塔起立高度发生变化。临时接线可能会因控制不稳或张力突然释放而跳动接近带电导线，因此在带电设备附近进行立撤杆，应采取匀速慢起慢放，及时固定临时拉线，在带电导线附近使用临时拉线时应在临时拉线上加装下压限位滑车等措施，确保杆塔、临时拉线等与带电导线的距离符合安全距离要求。

8.3.13　已经立起的杆塔，回填夯实后方可撤去拉绳及叉杆。

【释义】　已经立起的杆塔，基础未夯实前，附近的土质比较疏松，杆塔主要靠拉绳及叉杆保持平衡。此时，拆除拉绳及叉杆可能造成倒杆伤人。

8.4　放线、紧线与撤线

8.4.1　放线、紧线与撤线工作均应有专人指挥、统一信号，并做到通信畅通、加强监护。

【释义】　放线、紧线与撤线工作需要一组或几组工作人员同时开展，施工时，作业人员应步调一致，用力统一，需要设置专人统一指挥，放线距离较长时，可通过使用无线对讲机等通信设备进行指挥，放线前指挥人员应明确施工人员的通信频道，检查通信设备信号、信息反馈良好。施工作业范围附近存在其他管线、交通道路和人员密集区时，应设置监护人做好监护工作。

8.4.2　在交叉跨越各种线路、铁路、公路、河流等地方放线、撤线，应先取得有关主管部门同意，做好跨越架搭设、封航、封路、在路口设专人持信号旗看守等安全措施。

【释义】　放线、撤线时，作业范围内存在其他线路、铁路、公路、河流等，应及时与主管部门进行沟通，明确其他线路、铁路、公路、河流等运行规程上要求的安全距离，按照主管部门要求，针对线路实际情况，布置好安全措施，如搭好可靠的跨越架、封航、封路、在路口设专人持信号旗看守等，以防放、撤线时，由于导线紧绷或松弛触碰其他线路、船舶、车辆和行人。

8.4.3　工作前应检查确认放线、紧线与撤线工具及设备符合要求。

【释义】　放线、紧线与撤线时，应首先选择与导线型号相符合的工具或设备，以防因工具或设备的尺寸、型号等造成施工作业时导线松动或制动。施工前，应检查确认牵引绳、连接部位等无破损、松动等情况。

8.4.4　放线、紧线前，应检查确认导线无障碍物挂住，导线与牵引绳的连接应可靠，线盘架应稳固可靠、转动灵活、制动可靠。

【释义】　放线、紧线过程中若存在导线被障碍物挂住的情况，作业人员在未知情的状态下会增加牵引力，将造成过牵引导致导线抖动而触碰附近的线路，或导线受力过大而产生损伤。放线、紧线前作业人员应仔细检查导线与牵引绳连接是否牢固。若存在松动的情况，应及时采取加固措施，以防在放线、紧线过程中导线与牵引绳受力时脱落伤人。线盘架应放置在平稳的地面上，放线、紧线前，作业人员应检查线盘转动轴是否有卡顿、锈蚀的情况，并对制动装置进行试用，查看制动效果，以保证导线顺畅展放。

8.4.5　紧线、撤线前，应检查拉线、桩锚及杆塔。必要时，应加固桩锚或增设临时拉线。拆除杆上导线前，应检查杆根，做好防止倒杆措施。

【释义】　紧线、撤线工作前，应对杆塔的拉线、桩锚、杆塔及拉线基础和杆塔螺栓稳固性检查，防止杆塔受力后变形或垮塌。当杆塔不平衡受力和杆塔稳固不符合要求时，在挂线、紧线前应加固锚桩或加装临时拉线进行补强。拆除杆上导线时，原杆上导线对杆塔的作用力消失，由于失去了平衡力而发生杆塔倾斜或倒杆，因此务必先检查杆根并做好相应的加固措施。杆根需要开挖时，为防止开挖过程中倒杆，在开挖前要打好临时拉线。

8.4.6　放线、紧线时，遇接线头过滑轮、横担、树枝、房屋等处有卡、挂现象，应松线后处理。处理时操作人员应站在卡线处外侧，采用工具、大绳等撬、拉导线。不应用手直接拉、推导线。

【释义】　放线、紧线过程中导线出现卡住时，禁止采用突然剪断导、地线的做法松线，以防断线后抽伤作业人员，应通过采取松线的方式缓慢释放导线张力。处理卡挂时操作人员应在卡线点导线合力方向的外侧使用工具、大绳等撬、拉导线，以防止导线弹起后伤人。

8.4.7　放线、紧线与撤线时，作业人员不应站在或跨在已受力的牵引绳、导线的内角侧，展放的导线圈内以及牵引绳或架空线的垂直下方。

【释义】　放线、紧线与撤线时，导线同牵引绳应可靠连接、转向滑车同转角点应可靠连接，转向滑车和放线滑车普遍使用开门滑车，当某处连接部位发生损坏时，如发生意外而脱离、断裂，或开门滑车无法正常使用，都可能造成导线因失去牵引力而意外跑线抽伤作业人员。

8.4.8　放、撤导线应有人监护，注意与高压导线的安全距离，并采取措施防止与低压带电线路接触。

【释义】　放、撤导线施工过程中，当周围存在高压导线时，不同电压等级时安全距离的要求不同，应按配电安规中规定的安全距离开展施工作业，为避免放、撤导线时，导线因发生弹跳而触碰低压带电线路，应采取使用绝缘绳固定，搭设跨越架等方式防止导线与低压带电线路接触。

8.4.9　不应采用突然剪断导线的做法撤线。

【释义】　突然剪断导、地线时，导致杆塔受力平衡遭到破坏，在导线断开时杆塔受到的冲击力导致杆塔损坏、垮塌甚至作业人员伤害。剪断的导、地线也会因为应力突变而弹跳、缠绕，伤及作业人员。

8.4.10　采用以旧线带新线的方式施工，应检查确认旧导线完好牢固；若放线通道中有带电线路和带电设备，应与之保持安全距离，无法保证安全距离时应采取搭设跨越架等措施或停电。牵引过程中应安排专人跟踪新旧导线连接点，发现问题立即通知停止牵引。

【释义】　采用以旧线带新线的方式施工时，旧导线作为牵引力发起点，导线整体运行状况应良好牢固，使用前应检查旧导线有无破损和断裂的位置，以防放线时旧导线发生断裂而抽伤作业人员。若放线时需跨越其他高、低压线路，应与带电线路保持规定的安全距离，无法按规定保持安全距离的，应搭设跨越架以防止线路跳动时触碰放线通道中的带电线路。在牵引过程中，放线时应缓慢进行，并设专人跟踪连接点，防止出现新旧导线的连接点突然断开或放线发生卡线时，其他作业人员在不知情的情况下受到伤害。

8.4.11 在交通道口采取无跨越架施工时，应采取措施防止车辆挂碰施工线路。

【释义】 在交通道路附近施工时，需要提前与交管部门报备，按照交通部门要求做好安全提示工作和施工区域的安全防护工作，需要进行交通管制时，应派专人疏导交通，在施工区域前设置安全提示标示牌。

8.5 高压架空绝缘导线工作

8.5.1 架空绝缘导线不应视为绝缘设备，作业人员或非绝缘工器具、材料不应直接接触或接近。架空绝缘导线与裸导线线路的作业安全要求相同。

【释义】 架空绝缘导线长期暴露在外部环境下，容易暴晒、雨雪、大风等恶劣天气而造成绝缘层损坏，作业人员在未停电或未采取绝缘措施的情况下直接接触或接近架空绝缘导线，可能被电伤。

8.5.2 在停电检修作业中，开断或接入绝缘导线前，应做好防感应电的安全措施。

【释义】 停电检修作业中，当绝缘导线与其他高压电力线路平行、邻近和交叉跨越时，绝缘导线因在外电场的作用下而产生感应电，造成作业人员被电伤。感应电随着空气湿度、污染的增加，其强度变得越大。

8.6 带电杆塔上的工作

8.6.1 在带电杆塔上进行测量、防腐、巡视检查、紧杆塔螺栓、清除杆塔上异物等工作，作业人员活动范围及其所携带的工具、材料等与带电导线最小距离不应小于表2的规定。如不能保持表2要求的距离，应按照带电作业或停电进行。

【释义】 在线路运行情况下，当安全距离满足规定的安全距离，允许在带电杆塔上进行测量、防腐、巡视检查（如查看金具、绝缘子）、紧固杆塔螺栓、清除杆塔上异物等工作，并填写配电第二种工作票，由工作负责人组织作业人员开展上述施工作业，保证作业人员活动范围及其所携带的工具、材料等与带电导线最小距离满足安全要求。当施工时的最小距离小于规定要求时，作业人员可以通过带电作业的方式开展施工。带电作业项目应勘察作业线路是否符合带电作业条件、同杆（塔）架设线路及其方位和电气间距、作业现场条件和环境及其他影响作业的危险点，并根据勘察结果确定带电作业方法、所需工具以及应采取的措施。不满足带电作业线路的应采取停电作业方式开展施工。

8.6.2 工作中，应使用绝缘无极绳索，风力不应超过5级，并设人监护。

【释义】 绝缘无极绳索是一种具有绝缘作用的闭合式绳索，在开展邻近线路带电作业时，有效控制绳索、工具和材料等接近或触碰附近的带电线路，保证作业人员安全。当风力达到5级以上时，已经对杆上的作业人员构成坠落风险，或造成带电线路与作业人员的安全距离不足发生触电，因此应设置专人定时进行风力监测，当风力危及作业人员时应及时告知，并下杆停止作业。

8.7 邻近或交叉带电导线的工作

8.7.1 若停电检修的线路与另一回带电线路交叉或邻近，并导致工作时人员和工器具可能和另一回线路接触或接近至表3规定的安全距离以内，则另一回线路也应停电并接地。若交叉或邻近的线路无法停电时，应遵守本文件8.7.2～8.7.5的规定。工作中应采取防止损伤另一回线路的措施。

【释义】 当停电检修的线路交叉或接近另一回带电线路，作业人员在开展施工作业时，其身体及其携带的工器具、材料等可能因动作幅度过大或需要在杆上转移而触碰附近的带电线路，或与带电线路的距离不满足安全距离要求，导致人员触电，因此应将另一回线路陪停，并在交叉点附近装设接地线一组。当另一回带电线路无法配合停电时，要有防止导、地线脱落、滑跑的后备保护措施，保证该线路安全可靠运行。

8.7.2 邻近带电线路工作时，人体、导线、施工机具等与带电线路的距离应满足表3的规定，作业的导线应在工作地点接地，绞车等牵引工具应接地。

【释义】 邻近带电线路工作时，应保证工作地点处于接地保护状态，以防止线路反送电或感应电伤人，绞车等牵引工具金属外壳的外接地螺栓应齐全完整，接地线不得有散股、断股和接头。

8.7.3 在带电线路下方进行交叉跨越档内松紧、降低或架设导线的检修及施工，应采取防止导线跳动或过牵引与带电线路接近至表3规定的安全距离的措施。

【释义】 开展交叉跨越档内松紧、降低或架设导线的检修及施工时，导线可能出现被障碍物挂住或卡住的情况，造成松紧、降低或架设导线的过程中发生导线跳动或过牵引，缩短与带电线路的距离，接近或小于安全距离。应在交叉点下方及附近的导线上设置控制绳索等措施，并派有经验的作业人员时刻监护作业过程，发现问题时即刻通知其他作业人员停止作业。

【事故案例】 导线弧垂处向上弹起并大幅摆动引起10kV线路对220V线路放电，造成人员触电身亡事故

2017年9月24日11：40左右，九×供电所王×等8人到达作业现场，进行马×庆1号公用变压器袁×六支线的拆除作业。14：04，易×拉开跌落式熔断器后，谢×、高×剪断220V袁×六支线电源侧T接引流线。14：41，易×、谢×操作合上跌落式熔断器10kV马×庆1号公用变压器恢复运行。15：00左右，邵×、谢×去拆除220V袁×六支线下穿10kV非×线马×庆支线的导线。15：10，邵×听到后面的谢×大叫一声和放电声响，转过身来发现谢×已躺倒在地上。附近的作业人员纷纷赶到现场，立即将谢×抬到旁边的平地上，用心肺复苏法对谢×开展触电急救。15：12，高×拨打了110报警电话、120急救电话。16：00左右，医护人员赶到事发现场，对谢×实施急救。16：10，医护人员现场确认谢×死亡。事后调查分析，死者谢×在拆除220V袁×六支线过程中冒险违章作业，跳起来抓住#D2-8到#D2-9杆之间导线，#D2-7到#D2-8杆之间导线弧垂处向上弹起并大幅摆动，与交叉跨越的10kV非×线马×庆支线5～6号杆导线触碰，引起10kV线路对220V线路放电，造成人员触电死亡。

8.7.4 停电检修的线路若在另一回线路的上面，而又必须在该线路不停电情况下进

行放松或架设导线、更换绝缘子等工作时，应采取作业人员充分讨论后经批准执行的安全措施。措施应能保证：

    a）检修线路的导、地线牵引绳索等与带电线路的导线应保持表 3 规定的安全距离；

    b）要有防止导、地线脱落、滑跑的后备保护措施。

【释义】　停电检修的线路在运行线路的上方时，应将下方线路停电，在做好接地安全措施后，开展放松导线或架设新线、更换绝缘子等作业。如下方无法停电，作业人员应与运行人员根据现场的运行条件，如根据停电检修线路的电压等级，与带电线路间的距离等明确需要采用的安全措施，如在线路间搭设跨越架，将运行线路与检修线路进行隔离。

8.7.5　与带电线路平行、邻近或交叉跨越的线路停电检修，应采取以下措施防止误登杆塔：

    a）每基杆塔上都应有线路名称、杆号；

    b）工作负责人宣布开始工作前，应核对停电检修线路的名称、杆号无误，验明线路确已停电并装设接地线；

    c）在该段线路上工作，作业人员登杆前应核对停电检修线路的名称、杆号无误，并设专人监护，方可攀登。

【释义】　作业人员应在登杆前核对所登杆塔的线路名称、杆号，以防误登附近其他平行、邻近或交叉跨越的线路杆塔。开始工作前，应在工作范围的两端挂好接地线，并使用验电器对线路进行验电，确保工作范围内各分支处无反送电。做好安全措施后，工作负责人方可宣布开始工作，工作时应派专人监护，时刻监督作业人员是否出现违规操作，并及时提示或制止违章行为。

【事故案例】　未核实线路双重编号，作业人员误登带电线杆触电身亡事故

2022 年 4 月 16 日，富×供电所组织作业人员开展 10kV 观×线绝缘化改造及消缺作业，发生事故的工作小组共 3 名作业人员，分别为肖××（小组负责人）、李××（小组成员，死者）、杨××（小组成员）。按照工作票工作计划，该小组负责 10kV 观×线 1、30、50、56、63 号杆和观×支线 7 号杆、下×支线 11 号杆七处更换设备线夹作业。10：50，该小组完成观×支线 7 号杆作业后，乘坐由肖××驾驶的车辆前往观×线 30 号杆，途中至 10kV 观×线 17 号杆（运行线路），安排李××更换线夹（非本次作业内容，为今年 3 月开展的另一项由肖××担任小组负责人的改造消缺项目遗留工作）。李××登杆未验电，触电死亡。

8.8　同杆（塔）架设多回线路中部分线路停电的工作

8.8.1　工作票中应填写多回线路中每回线路的双重称号（即线路名称和位置称号）。

【释义】　电力线路双重称号指线路名称和位置称号。双重称号的作用主要能有效落实安全措施，防止作业人员因无法区分线路而误操作或误登杆塔。电力安全规程规定在开具线路工作票、操作票时一定要用双重称号。

8.8.2　工作负责人在接受许可开始工作的命令前，应与工作许可人核对停电线路双重称号无误。

【释义】　为了防止误操作、误登杆，工作负责人必须在工作前与工作许可人核实停电

线路的名称和位置称号，核实无误后方可开始工作。

8.8.3 不应在有同杆（塔）架设的 10（20）kV 及以下线路带电情况下，进行另一回高压线路的放线、紧线、撤线作业。

【释义】 同杆（塔）架设的带电线路主要采用水平和垂直的方式进行排列，同杆塔架设的 10（20）kV 及以下线路与带电线路间隔无法满足作业人员施工时的安全距离要求，作业人员在转移和施工时可能因触碰其他带电线路而受伤，所以当存在同杆塔架设的带电线路时，应采取线路陪停的方式开展施工作业。

8.8.4 在同杆（塔）架设的 10（20）kV 及以下线路带电情况下，进行下层 0.4kV 线路或非电力线路（如通信线路）的放线、紧线、撤线作业，应满足表 3 规定的安全距离，且采取可靠的防止人身伤亡的安全措施。

【释义】 当进行下层 0.4kV 线路或非电力线路（如通信线路）的放线、紧线、撤线作业时，如果上方存在同杆（塔）架设的 10（20）kV 及以下带电线路，施工前应用验电器检测是否存在感应电，作业人员必须保证安全距离满足要求，而且必须采取接地、悬挂个人保安线、验电等可靠的防人身伤亡安全措施才可以作业。

8.8.5 在同杆（塔）架设的 10（20）kV 及以下线路带电情况下，进行下层线路的登杆停电检修工作前，应确认满足表 2 规定的安全距离，且采取可靠的防止人身伤亡的安全措施。

【释义】 当检修作业上方存在同杆（塔）架设的 10（20）kV 及以下带电线路时，施工前应用验电器检测是否存在感应电，上下导线的间隔距离满足规定的安全距离，并派专人在杆塔下监护施工，保证作业中人员与上方带电线路保持足够的安全距离，方可进行下层线路的登杆停电检修工作。

8.8.6 为防止误登有电线路应采取如下措施：

a）每基杆塔应设识别标记（色标、判别标志等）和线路名称、杆号；

b）工作前，应发给作业人员相对应线路的识别标记；

c）工作负责人宣布开始工作前，应核对停电检修线路的识别标记和线路名称、杆号无误，验明线路确已停电并装设接地线；

d）作业人员攀登杆塔前，应核对停电检修线路的识别标记和线路名称、杆号无误；

e）攀登杆塔和在杆塔上工作时，每基杆塔都应设专人监护。

【释义】 开展登杆作业前，作业人员应详细核对杆塔的线路名称、杆号，缺少杆号、色标的应与运行人员进行核对确认，确认无误后，方可开始攀登杆塔。工作负责人在得到工作许可人许可后，应核对工作许可人的命令、工作票及现场停电检修线路的双重名称及杆号一致，验电并挂好接地线后方可开工。为防止作业人员误登杆塔，工作负责人对工作的每基杆塔都应设专人监护，监护人未到现场或未经监护人许可，禁止作业人员擅自攀登杆塔以及在杆塔上作业。监护人应自始至终监护作业人员的全部作业行为，严禁作业人员在无人监护时上、下杆塔和在杆塔上作业。

【事故案例】 作业人员误登带电线路杆塔触电坠落身亡事故

2019 年 9 月 23 日上午，国华××风电有限公司乌兰风电场对停电的 363 集×线路消缺时，外委单位××电力有限公司劳务分包人员在施工过程中未核对停电检修线路的识别标记和线路名称、杆号，误登带电的集×线路杆塔，发生触电坠落，经抢救无效后死亡。

8.8.7　**在带电导线附近使用绑线时，应在下面绕成小盘再带上杆塔。　不应在杆塔上卷绕或放开绑线。**

【释义】　作业人员在带电导线附近登杆施工作业时，应尽量使用便于携带、重量较轻的工具或材料，使用绑线体积过大或过重，可能造成作业人员转移或施工时无法保持平衡而坠落或摔伤。在杆塔上卷绕或放开绑线，容易触碰运行中的带电线路，影响作业人员人身安全。

9 配电设备工作

9.1 柱上变压器台架工作

9.1.1 柱上变压器台架工作前，应检查确认台架与杆塔联结牢固、接地体完好。

【释义】 柱上变压器是安装在电杆上的户外式配电变压器。柱上配电变压器台架以及台架与杆塔之间的联结件可能存在铁构件腐蚀、联结紧固件松动或失效等隐患，作业人员登上存在这些隐患的变压器台架，可能会因连接件松脱、台架下降甚至落下等造成人身伤害、设备损坏事故。

柱上配电变压器的接地，一般采用防雷接地（高压避雷器）、保护接地（设备外壳）、工作接地（低压侧中性点）接在一个接地网上，主要是防止雷电过电压对变压器的损害。但若接地不良，则可能会使中性点偏移，造成人身触电伤害和设备损坏事故。

在柱上配电变压器台架上工作前，要检查确认台架与杆塔间联结完好、台架主构件无明显锈蚀及紧固件无缺失或松动等隐患。

【事故案例1】 台架构件连接螺栓被盗，作业人员擅自攀登造成骨折伤害

2006年7月12日，××供电公司供电所班长李××带领工作人员丁××、孙××进行10kV星湖425线路01变台拆除工作，因前晚杆塔构件连接螺栓被盗，李××告知两名工作人员先不要攀登，去车上找螺栓，丁××认为反正也要拆除了，登上去的时候小心点就可以了，仍然自行攀登，攀登过程中造成台架松脱，丁××未系安全带摔下造成骨折。

【事故案例2】 横担包箍松动下滑，造成坠落死亡事故

2007年12月9日，陕西××供电局送电工区按照停电计划安排，为消除110kV段蔡×线因乡村道路升高引起导线对地距离不够（距离5.7m）缺陷，进行86、87号杆（19.5m拔梢单杆）加装铁头工作。工作负责人乔××带领工作班成员史××、杜××等六人，10∶00左右到达现场，工作负责人宣读完工作票，进行交底并签名，布置完现场安全措施后开始工作。16∶40左右，杆上作业结束，工作班成员杜××从下横担下杆时，因下横担拉杆包箍突然下滑引起下横担下倾，致使杜××从约13m处坠落至地面，经抢救无效死亡。经查引起拉杆包箍下滑的原因是包箍及螺栓尺寸选择不合适，实际使用的包箍直径略大，在实际工作中，既没有更换螺栓，也没有加足垫片，致使包箍松动。

9.1.2 柱上变压器台架工作前，应先断开低压侧的空气开关、刀开关，再断开变压器台架的高压线路的隔离开关（刀闸）或跌落式熔断器，并对高低压侧验电、接地。 若变压器的低压侧无法装设接地线，应采用绝缘遮蔽措施。

【释义】 柱上变压器是向用户供电的设备，运行时带有一定的负荷。拉开低压开关，是为了防止带负荷拉隔离开关的误操作事故，操作时，切除低压侧各回路负荷，以减轻高压弧光短路的危害，即先操作负荷侧（低压侧），再操作电源侧（高压侧）。

为防止突然来电和反送电，应在已停电的高、低压引线上验电、接地。配电变压器低

压侧的每一路出线均应装设接地线，不应多路出线只装设一组地线。因设备原因，低压侧无法装设接地线时，应确保低压侧刀开关拉开（有明显断开点），并将刀开关出线端的接线端子拆除（接线端子缠绕绝缘胶布），以确保低压侧作业人员不受低压来电触电伤害，同时消除低压向配电变压器高压反送电的风险。

严格执行反送电风险管控措施，落实机械或电气连锁等防反送电的强制性技术要求，确保与工作地段连接的所有可能来电侧有明显断开点，工作范围存在反送电风险的各分支线都挂设接地线及警示标示牌，方可工作。

【事故案例1】　作业人员未验电、未装设接地线触电死亡事故

2012年6月15日，作业人员张××为响应××电业局关于设备隐患排查治理的有关要求，向抄表班班长张××提出对10kV上瓦房线426线16号变台低压配电箱进行移位的口头工作请示，并得到同意。6月17日7：00左右，抄表班班长张××又以电话方式通知作业人员张××，强调施工作业前要请示运检班班长和供电所所长批准，批准后要办理工作票手续并做好相关安全措施。10：30左右，作业人员张××在没有请示运检班班长和供电所所长，也未办理工作票手续的情况下，带领××供电所农电工作人员李××和秦××二人到达10kV上瓦房线426线16号变台进行低压配电箱的移位工作。作业人员张××用10kV绝缘杆拉开16号变台三相跌落式熔断器，李××将16号变台低压配电箱内隔离开关拉至分位后，工作人员张××、秦××二人在未进行验电、未装设接地线的情况下，便进行登台作业。10：45，作业人员张××因右手触碰变压器高压套管，触电后高处坠落（未系安全带），经抢救无效死亡。经查10kV上瓦房线426线16号变台B相硅橡胶跌落式熔断器绝缘端部密封破坏，潮气进入芯棒空心通道，致使电流通过熔断器受潮绝缘体使变压器高压套管带电。

【事故案例2】　作业人员误登邻近未停电10kV变台触电烧伤事故

8月11日，××供电分局根据停电计划安排检修班对10kV飞开26天水路线路变压器、线路清扫工作，工作范围是飞开26天水路线14号分1A～23A段。11：20工作负责人关××带领工作人员朱×、魏××等11人到达工作现场。许可后工作负责人关××安排朱×、魏××两人一组，由朱×担任监护人，负责完成14分12A杆新具××公司100kVA变压器的清扫检查工作，并现场交代工作结束后在14分16A杆集中。12：20左右，朱×、魏××在12A杆工作结束后，两人顺线路大号方向行进，当走到并行线路10kV红变126定西路线（带电运行）57号杆四冶200kVA变压器下时（26天水路线、红变126定西路线同位于定西路北侧，26天水路线在人行道上，红变126定西路线在快车道与自行车道之间的绿化带内，两线相距约4m），两人商量决定检查变压器桩头是否松动并进行清扫（此项工作不在计划内）。魏××从变压器高压侧登杆，上变压器台架后用右手抓住高压桩头C相引线造成触电，朱×见状立即在地面拉拽魏××身上的安全带（安全带尚未固定在变压器台架上），使其脱离电源，魏××经朱×身体缓冲后头部着地，右手及腹部电击烧伤。

【事故案例3】　作业人员擅自超越工作范围触电死亡事故

2005年8月15日，××供电公司供电所副所长韩××应西湛×村村长请求，带领电工赵××、刘××帮助处理该村机井石板隔离开关接线松动缺陷。到达现场后，工作班人员拉开用户自维的机井配电变压器低压侧开关和高压侧跌落式熔断器后，在低压1号杆装设接地线一组，然后到机井房处理石板隔离开关接线松动缺陷。处理缺陷完毕后，三人返回机井配电变压器处，在韩××、赵××打开电能表箱检查时，刘××擅自登上变台检查配电变压器高、低压套管接线是否松动，当触及配电变压器高压引线时触电落地，经抢救无效死亡。经检查，该变压器 B 相跌落式熔断器架背后搭有铝丝，致使拉开三相跌落式熔断器后变压器仍带电。

9.1.3 柱上变压器台架工作，人体与高压线路和跌落式熔断器上部带电部分应保持安全距离。不宜在跌落式熔断器下部新装、调换引线，若必须进行，应采用绝缘罩将跌落式熔断器上部隔离，并设专人监护。

【释义】 在配电变压器台架上工作，工作人员应与带电部位保持足够的安全距离。

不宜在跌落式熔断器下部新装、调换引线的原因是与跌落式熔断器的上部（高压电源侧桩头）带电部分的安全距离难以保证且此时接地线无处挂设。若必须进行此项作业，可按带电作业进行工作（或将跌落式熔断器上一级电源停电进行）。

【事故案例1】 配电事故抢修班成员用手装设熔断器违章操作触电击伤事故

7 月 1 日 9：20，××局配电事故抢修班接到××学校的报修电话：该校生活用 10kV 配电变压器跌落式熔断器三相均脱落。9：30 左右，抢修班人员张×、崔×到达现场，经初步检查发现变压器高压桩头有放电痕迹，地面上有被电弧烧死的老鼠一只，判断为老鼠引起的高压三相短路。卸下熔断器、更换熔丝后，重新装设熔断器欲恢复供电，张×先将 C 相熔断器用令克棒挂上后，在挂 A 相熔断器时，因设备锈蚀等原因，熔断器 A 相未能用令克棒挂上，张×随即爬上变压器支架，欲直接用手装设熔断器，此时因 C 相熔断器未取下，张×在攀爬过程中，左手抓握变压器 A 相高压桩头时，触电从变压器支架上跌落地面，左手、腹部、双膝关节处被电击伤。

【事故案例2】 作业人员扩大工作范围，造成人身触电坠落重伤

2005 年 6 月 18 日，××供电分公司配电修理值班室接用户报修，配电修理班工作负责人郑××带领王××和申××于 13：55，持故障紧急抢修单到达现场。经检查发现，10kV 西×线安达干 49 号变台南 100m 处 46 号杆低压零线断线。在确定工作范围，填写抢修单后，14：00 开始工作，14：32 检修结束，14：35 送电良好，工作任务结束。此后，王××看见 49 号变台北侧紧挨着一个已经拆除的闲置变台上有低压横担和 3 只低压开关（3 只低压开关距离 49 号变台带电处 1.7m 左右），就想上去拆掉 3 只低压开关，说以后修理时能用上（使用）。郑××说："别拆了，没有用"。王××没有听，从北侧闲置变台南柱爬了上去，拆下 3 只闲置低压可摘挂式熔断器后，又拆低压开关底座。由于底座固定螺丝锈蚀，王××便跨到运行变台要拆固定底座的低压横担上，郑××说："小心，上面带电！"郑××说完就去收拾工器具。约 3min 后，王××从 49 号变台北侧杆高低压间下杆时发现钳子丢落在变压器大盖上面，又从高压侧登上去取钳子，刚上变台，因雨后脚滑失稳，于是本能地用右手抓住配电变台横担支撑拉板，左手碰到了 10kV 母线 C 相引下线，造成触电坠落，导致重伤。

9.2 箱式变电站工作

9.2.1 箱式变电站的高压设备停电工作前，应断开所有可能送电到箱式变电站的线路的断路器（开关）、负荷开关、隔离开关（刀闸）和熔断器，验电、接地。

【释义】 箱式变电站是一种将高压开关设备、配电变压器、低压配电装置，按一定的接线方案排成一体的工厂预制户内、户外紧凑型的配电设备。在箱式变电站实施高压检修作业，由于箱式变电站空间较小，应将箱式变电站所有各侧全部停电、各进出线全部接

地，防止突然来电和用户设备向线路反送电、误碰有电设备、误入有电间隔。

【事故案例】 用户设备验收，未采取安全措施造成人员触电死亡事故

2013 年 3 月 7 日，福建××电业局业扩项目经理陈××组织计量班黄××、用电检查班钱××、采集运维班朱××对用户自建 10kV 配电室业扩项目竣工验收，高压进线柜前后柜门均处于打开状态，中置式手车开关在试验位置，下柜 TV 手车未推入开关柜。采集运维班朱××在未确认无电且未采取安全措施的情况下，进入打开状态的 10kV 进线开关柜核查二次接线，与带电设备安全距离不足，线路 TV 高压侧对其头部及双手放电，造成触电死亡。

9.2.2 进入变压器室工作前，应将变压器高压侧短路接地，低压侧短路接地或采取绝缘遮蔽措施。

【释义】 箱式变电站变压器室内工作，应将高低压侧停电、短路接地，确保无任何电源进入到工作点。

【事故案例】 10kV 箱站故障，巡视人员未停电、验电、接地被烧伤事故

××日上午 9：15，××供电公司配电三班班长李××接到配电部门主任王××的电话通知：10kV 朝一路停电，可能是朝阳小区的箱式变电站出现故障，要求迅速前往朝阳小区检查设备并排除故障。李××在带领工作人员张××立即赶往朝阳小区箱式变电站，9：35 到达现场后，李××未确认设备是否确已停电、未完成箱式变电站停电、验电和接地安全措施的情况下，盲目指挥张××打开箱式变电站的变压器门开始检查，9：45 听到张××"啊"的一声倒在了箱式变电站的变压器前，李××立即将张××送至医院进行抢救，医生诊断为 20% Ⅲ度烧伤。

9.3 配电站、开关站工作

9.3.1 环网柜应在不带负荷的状态下更换熔断器。

【释义】 环网柜中主要采用熔断器—负荷开关的组合对中小容量配电变压器进行保护。当环网柜出线下级发生短路故障时，熔断器熔断后撞击器弹出，通过撞击连杆、连板等传动件来使负荷开关动作。更换熔断器时应在不带负荷的状态下进行，工作人员应戴绝缘手套、穿绝缘靴，将负荷开关、隔离开关（刀闸）、熔断器拉开后方可工作。开关站内的 KYN 型配电柜，在设计时应将熔断器设计在手车内，更换熔断器时，将手车拉开，脱离电源方可更换熔断器。

【事故案例】 作业人员带负荷更换熔断器被电弧灼伤事故

××供电所在雷电天气过后巡视 10kV 线路设备，发现某某线路 05 环网柜表计异常，判断熔断器熔断，在未停电并采取安全措施的情况下更换熔断器，因 B 相熔断器传动件配合不精密，自由行程过大，传递不到位，熔断器保护动作后撞击器未能使负荷开关正常分闸，操作时引起电弧，操作人员也因电弧烧伤而住院。

9.3.2 打开环网柜柜门前，应先停电、验电、合上接地开关。

【释义】 打开环网柜柜门前，应先停电、验电、合上接地开关，这是配电柜"五防"闭锁的强制要求，目的是防止误碰有电部分（或突然来电）触电。

【事故案例】 10kV 业扩装表未采取安全措施触电死亡事故

2006 年 6 月 22 日，××供电公司计量班班长李××安排王××、张××和刘××前往××路商业街配电房高压计量柜内安装计量表计。到达现场后由于配电房门已上锁，王××通过电话找到××房地产开发有限公司中山路商业街工地相关负责人邓××，邓××随即指派工作人员黄××（非电工）到达配电房为工作人员开门。王××等进入高压配电室，来到计量柜前，并询问黄××设备是否有电时，黄××答："表都没装，怎么会有电！"（实际进线高压电缆已带电）。然后王××吩咐刘××从车上将工器具及表计等搬下车、张××松开计量表计的接线端子螺丝，王××自己一人走到高压计量柜前，打开计量柜门（门上无闭锁装置），将头伸进柜内察看柜内设备安装情况，高压计量柜带电部位当即对王××头部放电，王××触电后发出"啊"一声倒在地上，经医院抢救无效死亡。

9.3.3　环网柜部分停电工作，若进线柜线路侧有电，进线柜应设遮栏，悬挂"止步，高压危险！"标示牌；在进线柜负荷开关的操作把手插入口加锁，并悬挂"禁止合闸，有人工作！"标示牌；在进线柜接地开关的操作把手插入口加锁。

【释义】　环网柜部分停电工作，在带电间隔设遮拦，悬挂"止步，高压危险！"标示牌和"运行设备"红布幔，在一经合闸即可送电到工作地点的断路器（开关）、负荷开关、隔离开关（刀闸）操作把手上挂"禁止合闸，有人工作！"标示牌并加锁，在合上的接地开关操作把手上加锁。

【事故案例1】　工作人员未经许可擅自打开开关柜柜门，误碰带电设备触电死亡事故

2015年3月23日，河北××供电公司110kV ××路站1号主变压器10kV侧501断路器和TA例行试验，工作人员孙××在柜后做准备工作时，误将501断路器后柜上柜门母线桥小室盖板打开（小室内部有未停电的10kV3号母线），触及带电设备造成1人死亡。

【事故案例2】　作业人员擅自移开遮拦，误入带电间隔触电死亡事故

2009年5月15日，××电业局进行110kV××变电站10kVⅦ段母线设备年检，上午8：30××变电站运行人员罗××许可工作开工，检修工作负责人谭××对刚×等9名工作人员进行班前交底后作业开始。9：06刚×失去监护擅自移开3×24TV开关柜后门所设遮拦，卸下3×24TV开关柜后柜门螺丝，并打开后柜门进行清扫工作，触及3×24TV开关柜内带电母排，发生触电，送医院抢救无效死亡。

9.3.4　配电站的变压器室内工作，人体与高压设备带电部分应保持表2规定的安全距离。

【释义】　配电站的变压器室内工作，人体与高压设备带电部分应保持表2规定的安全距离，并用硬质遮栏将带电区域、部位隔离，悬挂"止步，高压危险！"标示牌。工作过程中不应使用较大的工具、材料，防止误碰带电设备，必要时将变压器室全部停电。

【事故案例1】　作业人员进行故障巡视处缺，未能与变压器高压带电部分保持安全距离造成触电事故

2014年6月22日，××供电所10kV致145线路因雷雨发生跳闸停电，重合成功。因该条线路故障频发，供电所所长安排姚×、李×开展巡视。两人巡视到该线路×村2号公用变压器时，发现该变压器高压引下线有风筝缠绕。李×认为风筝线绝缘，登上变台徒手扯下风筝，未能与高压带电部分保持安全距离造成触电。

【事故案例2】　作业人员现场勘察，未能与带电设备保持安全距离触电死亡事故

2010年8月16日，××供电局电能计量中心张××与马×进行×桥区城镇建设开发公司沪×新城项目部工地基建增容用电工程现场勘察。到达现场后，沪×新城工地电工阎××带领张××来到新增容的1000kVA高压计量柜前，由阎××打开高压计量柜门，张××未主动了解客户现场设

备带电情况，未采取任何安全措施，站在柜门前俯身察看柜内设备（实际进线电缆及母线已带电）。因设备处于空旷地带，风力较大，将柜门向柜体方向吹动，碰触张××，致其身体倒向柜内设备，造成高压计量柜最外侧 A 相母线对其头部放电，致其死亡。

【事故案例 3】 作业人员计量检查，未能与带电设备保持安全距离触电死亡事故

2017 年 6 月 7 日，××县供电公司湖×营业所农电工钟××（工作负责人）、刘××两人到湖×乡 10kV 湖×线湖×村 R0003 台区开展 0.4kV 低压综合配电箱计量检查。刘××攀登竹梯至 0.4kV 低压综合配电箱进线柜检查变压器互感器变比，钟××负责监护（综合配电箱距离地面高度约为 2.3m，刘××站在竹梯第 7 层距离地面高度约为 1.9m）。刘××在检查过程中，不慎碰触到 220V（C 相）低压铝排裸露的连接部位（漏保上端），触电从竹梯坠落，紧急送至镇医院后，经抢救无效死亡。

9.3.5 配电变压器柜的柜门应有防误入带电间隔的措施，新设备应安装防误入带电间隔闭锁装置。

【释义】 配电变压器柜应封闭或设置隔离网门并加锁，网门应具有开门断电或报警功能，防止巡视和检修人员误入带电间隔。

【事故案例】 带电间隔闭锁装置失去作用，造成人员触电死亡事故

2010 年 9 月 26 日，××供电公司客服中心专责吕××带领计量中心吴×、李×、生技部熊××对用户新装箱式变电站进行验收。到达现场后，吕××电话联系客户负责人到现场协助验收事宜。计量中心李×独自一人到箱式变电站高压计量柜处，没有查验箱式变电站是否带电，强行打开具有带电闭锁功能的高压计量柜门进行高压计量装置检查，触及带电的计量装置 10kVC 相桩头，抢救无效死亡。经调查，施工单位应用户要求未经验收、未经营销管理部门批准擅自对箱式变电站进行搭火。生产厂家装配的闭锁装置质量较差，锁具强度不够，未能在设备带电时有效闭锁。

9.3.6 在带电设备周围使用工器具及搬动梯子、管子等长物，应满足安全距离要求。在带电设备周围不应使用钢卷尺、皮卷尺和线尺（夹有金属丝者）进行测量。

【释义】 工器具以及梯子、管子等长物，大部分不是完全绝缘的，在带电设备周围使用工器具、搬运长物，极易误碰有电部位或接近有电部位（其距离小于安全距离），造成人员触电、设备损坏。在使用工器具及搬运长物时，应时刻注意与带电部位保持足够的安全距离。

在带电设备周围不应使用钢卷尺、皮卷尺和线尺（夹有金属丝者）进行测量，以避免测量过程中因工具的金属导电部分与带电设备距离过小或直接触及带电部分，引起放电造成人身伤害和设备损坏。

【事故案例】 作业人员违规使用钢卷尺测量，造成人身触电伤亡事故

2021 年 6 月 16 日 21：00~6 月 17 日 18：00，××公司进行省×变电站 110kV Ⅱ风×线串带省×2 号主变压器过渡方式恢复正常方式改接线工作，工作地点在Ⅱ风×线穿墙套管外侧（即线路侧，位于高压室外）。6 月 17 日 17：50，该工作结束并办理了工作终结。此时，110kV Ⅱ风×2 断路器在解备状态，Ⅱ风×2 东隔离开关母线侧带电。6 月 17 日 19：13，变电中心变电二班工作负责人孙×和变电运维十班变电运维正值沈××在未办理任何手续的情况下，前往 110kV 高压室Ⅱ风×2 间隔，违规使用钢卷尺进行测量工作（非工作票所列作业内容），在钢卷尺靠近带电的母线引下线过程中发生放电，导致孙×触电死亡，沈××烧伤。

9.3.7 在配电站或高压室内搬动梯子、管子等长物，应放倒，由两人搬运，并与带电部分保持足够的安全距离。在配电站的带电区域内或邻近带电线路处，不应使用金属梯子。

【释义】 在配电站或高压室内搬动梯子、管子等长物，应放倒，由两人搬运，并与带电部分保持足够的安全距离，是由于梯子、管子等长物在搬运过程中稳定性、控制性较差，极易误碰带电设备或不能和带电部分保持足够的安全距离，造成人身伤害和设备损坏。

在配电站的带电区域内或邻近带电线路处，不应使用金属梯子，防止金属梯子在使用过程中，因与带电部分的安全距离不够而产生感应电、放电或直接触及带电部分，造成人身伤害和设备损坏。

【事故案例1】 作业人员在带电设备周围使用金属梯子和钢卷尺，造成触电伤害事故

2014年11月25日，××供电公司安排××供电所进行隐患排查，对老旧变压器安装高度进行测量。小组负责人何×和工作班人员王×到达××村1号公用变压器，何×从附近村民借了一把铝合金梯子，将梯子搭在台架上，安排王×登梯测量。王×登高后直接用钢卷尺测量台架高度，使用过程中钢卷尺扭曲反弹，未能与变压器带电部分保持安全距离，造成触电伤害。

【事故案例2】 作业人员低压装表接电使用金属梯子，造成触电死亡事故

2004年7月21日，××县供电公司××供电所负责人李××安排电工王××（当天他到单位请结婚假，身着短袖上衣和七分裤，脚穿拖鞋）、袁××为一用户改线并装电能表。两人未办理工作票即赶到现场，经协商分工，王××负责拆旧和送电，袁××负责安装电能表。袁××说，你在作业前一定要先将电源线断开后再作业，王××答应一声走开了。在没有明确工作负责人和监护人的情况下，两人分头开始工作。王××站在铁管焊制的梯子约1.8m处拆旧和接线，并用验电笔找出导线的中性线（零线）与相线（火线），先将中性线（零线）接好，在用带绝缘手柄的钳子剥开相线（火线）的线皮时，左手不慎碰到带电的导线上，触电后扑在梯子上，经抢救无效死亡。

9.4 计量、负控装置工作

9.4.1 工作时，应有防止电流互感器二次侧开路、电压互感器二次侧短路和防止相间短路、相对地短路、电弧灼伤的措施。

【释义】 电流互感器在正常运行时，二次负载电阻很小，二次电流产生的磁通势对一次电流产生的磁通势起去磁作用，互感器铁芯中的励磁电流很小，二次绕组的感应电动势不超过几十伏。如果二次回路开路，一次电流产生的磁通势将全部转换为励磁电流，引起铁芯内磁通密度增加，甚至饱和，这样就会在二次绕组两端产生很高（可达几千伏）的电压，可能损坏二次绕组的绝缘，并威胁工作人员的人身安全。二次开路还会引起铁芯损耗增大，造成发热，严重时甚至损坏一次绝缘。光电流互感器的工作原理和电磁型互感器不同，本条要求不适用。

电压互感器是一个内阻极小的电压源，正常运行时负载阻抗极大，相当于在开路状态，二次侧电流很小。当二次侧短路或接地时，会产生很大的短路电流，烧坏电压互感器。

防止相间短路、相对地短路、电弧灼伤措施为：

（1）不应将电流互感器二次开路，严格防止电压互感器二次侧短路。

（2）工作中不应将回路的永久接地点断开。

（3）工作中应有专人监护，使用绝缘工具，并站在干燥的绝缘物上。

（4）短接电流互感器二次绕组，应使用短路片或短路线，确保连接可靠，不应用导线缠绕。

（5）工作中使用的工具应有绝缘柄，其外裸露的导电部位应采用绝缘包裹措施。

【事故案例】 作业人员进行电流互感器二次负荷检测掰扯端子导线，造成 TA 开路

2000 年 1 月 20 日，××供电分公司计量所李××、王××在 10kV 131 配电柜用钳形电流表测试 131 计量点的 TA 二次负荷，李××交代王××慢点接线，由于导线排列过密，王××用力掰扯 A 相端子导线，使端子脱落造成 TA 开路。

9.4.2 电源侧不停电更换电能表时，直接接入的电能表应将出线负荷断开；经电流互感器接入的电能表应将电流互感器二次侧短路后进行。

【释义】 相间短路、相对地短路、电弧灼伤会对作业人员和设备造成极大损害，因此电源侧不停电更换直接接入的电能表，应先将出线负荷断开，并采取防止相间短路、相对地短路、电弧灼伤的措施。经电流互感器接入的电能表更换前，应先将电流互感器二次侧短路（应用短路片或短路线），防止人身触电伤害。

【事故案例】 工作人员带电更换电能表时电流互感器二次回路未短接造成触电事故

2014 年 9 月，××供电公司计量班工作人员对××高供高计用户带电更换电能表，更换过程中工作人员赵××在接线盒处将计量电压二次回路断开、电流二次回路短接后实施作业。但电流互感器二次回路 B 相未短接，造成 TA 开路产生高电压，赵××不慎碰触造成触电受伤。

9.4.3 现场校验电流互感器、电压互感器应停电进行，试验时应有防止反送电、防止人员触电的措施。

【释义】 互感器的安装、更换、拆除、现场校验工作作业风险较高，因此一般应停电进行。停电时电流互感器、电压互感器的一、二次侧均应断开。一次侧要有明显断开点，可有效防止反送电、人员触电等情况。二次回路断开的目的是防止由二次侧向一次侧反送电，使高压侧其他设备、线路带电造成触电事件。

防止反送电措施：①所有相线和零线接地并短路；②绝缘遮蔽；③在断开点加锁，悬挂"禁止合闸，有人工作！"或"禁止合闸，线路有人工作！"的标示牌。

防止人员触电措施：①停电；②将带电部位可靠隔离；③试验过程中，带电设备有专人看守，防止其他人员误入带电区域。

【事故案例】 工作人员进行电压互感器检验未采取防止反送电措施导致触电受伤事故

2011 年 8 月，××供电公司营销部计量班工作人员赵××、孙××对高压用户电压互感器进行现场检验，在用户电气设备运行人员林××拉开跌落开关和低压总开关（未拉开出线柜负荷隔离开关），工作班组办理了工作票开工手续。随后孙××开展电压互感器检验试验，对互感器进行加压，因未采取防止反送电、防止人员触电的有效安全措施，导致加压过程中用户变压器带电，厂家运维人员李××正在对变压器进行清扫维护，造成李××触电受伤。

9.4.4 负控装置安装、维护和检修工作一般应停电进行，若需不停电进行，工作时

应有防止误碰运行设备、误分闸的措施。

【释义】 防止误碰运行设备措施：用绝缘隔板将带电部位可靠隔离。

防止误分闸措施：负控装置维护和检修工作，应将负控系统由就地切换到远方，并将低压智能开关的合闸熔丝取下（防止就地误碰），在开关的操作把手上挂"禁止分闸！"标示牌，对其他带电设备工作时用绝缘隔板将带电部位可靠隔离。

【事故案例】 工作人员随意操作造成客户停电

××供电公司用电检查班在10kV××线路进行负控装置不停电检修。本次的工作负责人为李××，工作人员为张××、王××（新员工）。在工作过程中，未将负控装置采取误碰、误分闸措施，王××在不了解现场设备情况下，私自随意操作设备按钮，造成客户部分区域设备停电。

对照事故学安规

（配电部分）

10　低压电气工作

10.1　一般要求

10.1.1　低压电气带电工作应戴手套、护目镜（或防电弧面屏），并保持对地绝缘。

【释义】　低压电气工作的重点是防触电、电弧灼伤，保护人身安全。戴手套、护目镜防止电弧灼伤眼睛和手；保持对地绝缘（穿绝缘鞋、站在绝缘胶垫或绝缘的梯凳上），主要防止人与大地形成回路造成触电。建议戴低压绝缘手套，如果为普通手套也至少应为喷胶手套或全棉型手套。

【事故案例】　工作人员误碰低压导线漏电处，导致触电死亡事故

××供电公司下属供电所进行220V某线路干线改建和小区内用户下户线及电能表整治工作。当日上午工作负责人方××带领符××、刘××等11名工作人员到×镇一处公用变压器低压侧带电线路（绝缘导线）附近，进行220V支线放线作业和小区内下户线及电能表整治工作。符××、刘××登上×公用变压器低压出线8号电杆，开始220V线路放线作业。符××在杆上对已穿过蝴蝶绝缘子的新架220V线路导线进行调整（收紧）时，右手抓着横担，左手拉导线时手掌外沿误碰到上方220V用户跳线与带电绝缘导线（C相）连接点的裸露部分触电。同杆作业的刘××用手拉开C相绝缘导线，使符××脱离电源，后经现场急救并送医院，符××抢救无效死亡。该事故中未按低压带电工作要求落实防触电措施，符××未戴低压绝缘手套，是造成事故的重要原因。

10.1.2　低压配电网中的开断设备应易于操作，并有明显的开断指示。

【释义】　对低压设备的本质化要求为易于操作，并有明显的开断指示，如开断后的机械分合位置、带电显示标识等。

10.1.3　低压电气工作前，应用低压验电器或测电笔检验检修设备、金属外壳和相邻设备是否有电。

【释义】　为防止因停错设备或设备金属外壳漏电等导致需要检修的设备仍然带电，而造成低压触电，低压停电工作前需验电（专用低压验电器或测电笔使用前应测试完好）。因低压设备间距较小，作业中可能触及相邻设备，为防止触电也应对相邻设备进行验电。

【事故案例】　错误装设接地线导致作业人员死亡事故

2014年4月8日9：00左右，××县供电公司所属集体企业××工程公司根据施工计划安排，工作负责人刘××（死者）和工作班成员王××在倪岗分支线41号杆装设高压接地线两组（其中一组装在同杆架设的废弃线路上，事后核实该废弃线路实际带电，系酒厂分支线）。当王××在杆上装设好××分支线的接地线后，因两人均误认为废弃多年的线路不带电，未验电就直接装设第二组接地线。接地线上升拖动过程中接地端连接桩头不牢固而脱落，地面监护人刘××未告知杆上人员即上前恢复脱落的接地桩头，此时王××正在杆上悬挂接地线，由于该线路实际带有10kV电压，王××感觉手部发麻，随即扔掉接地线棒，刘××

因垂下的接地线此时并未接地且靠近自己背部，同时手部又接触了打入大地的接地极，随即触电倒地。伤者经医院抢救无效死亡。

10.1.4　低压电气工作，应采取措施防止误入相邻间隔、误碰相邻带电部分。

【释义】　采取的防护措施重点是防止作业人员误入相邻间隔、误碰带电部位，避免人身触电。如核对作业设备是否正确，设置遮栏或围栏，挂"运行中"红布幔标识（针对相邻为独立间隔的）或绝缘隔离有电部位，作业人员戴绝缘手套。

【事故案例】　作业人员未戴绝缘手套触电轻伤事故

××供电公司进行低压无功补偿装置调试工作。当日上午，工作负责人冯××带领工作人员王××、刘××和厂家技术人员张××到达现场，在张××指导下，王××、刘××对低压无功补偿装置调试完毕并通电后，工作负责人冯××爬上工作梯，登高至约1.3m处查看低压无功补偿装置情况，发现装置低压熔断器专用手柄上的固定扎带未解除。冯××未采取任何安全措施，左手抓住变压器构架横担，在右手握电工刀去割扎带时，右手不慎碰到手柄旁边带电的低压熔断器，冯××触电并从梯子上摔落至地面，造成轻伤。该事故中，工作负责人冯××未采取停电或戴绝缘手套等防触电安全措施，用右手持电工刀割除低压无功补偿装置低压熔断器处固定手柄的扎带时，右手误碰相邻低压熔断器带电部位，是造成事故的重要原因。

10.1.5　低压电气工作时，拆开的引线、断开的线头应采取绝缘包裹等遮蔽措施。

【释义】　为防止线头搭接短路和人体误碰触电，对拆开的引线、断开的线头应采用绝缘遮蔽措施（如绝缘胶套、绝缘包裹等）。

【事故案例】　违规更换配电台架电能表导致作业人员死亡事故

2006年8月4日上午，××供电公司营业所倪××（死者）、涂××（工作负责人）持低压工作票进行台区低压计量总表更换工作。9：35到达工作地点后，倪××登上台架检修平台，坐在平台上开始电能表更换工作，涂××未对工作人员进行全过程监护。约10min后，涂××听见台架上发出碰击声，随后发现拆开的电压线裸露线头搭在倪××左手虎口处，发生触电。涂××用绝缘棒将电线挑开，将人救下，并采用了心肺复苏法进行抢救，送到医院后倪××经抢救无效死亡。

10.1.6　低压电气带电工作，应采取绝缘隔离措施防止相间短路和单相接地。

【释义】　低压线路、设备各相间距离较小，设备内部的电气距离也较小，低压电气带电工作时容易发生相间短路或单相接地，因此，在低压电气带电工作中，应采取可靠的绝缘隔离措施（如使用绝缘隔板、绝缘胶垫、绝缘套管、对作业工具进行绝缘包裹等）。

【事故案例】　防护措施不到位导致作业人员误碰带电设备死亡事故

2010年10月14日，××供电公司作业人员带电处理某10kV线路10号杆中相绝缘子破损和导线偏移危急缺陷，现场拟定了施工方案和作业步骤，填写电力线路应急抢修单。作业过程中樊××擅自摘下双手绝缘手套作业，举起右手时误碰遮蔽不严的放电线夹，在带电体（放电线夹带电部分）与接地体（中相立铁）间形成放电回路，导致1人触电死亡。

10.1.7　低压电气带电工作时，作业范围内电气回路的剩余电流动作保护装置应投入运行。

【释义】　低压电气带电工作时，为确保人身意外触电时能够得到有效保护，在作业范围内电气回路的剩余电流动作保护装置（漏电保护器）应投入运行，不得退出。

10.1.8　低压电气带电工作使用的工具应有绝缘柄，其外裸露的导电部位应采取绝缘包裹措施；不应使用锉刀、金属尺和带有金属物的毛刷、毛掸等工具。

【释义】　为防止低压电气作业时发生相间或相对地短路，规定作业人员应使用有绝缘柄的工具，外裸的导电部分要采取绑扎、缠绕绝缘材料等措施。不应使用金属类的工具，防止发生相间、相对地短路。

【事故案例】　接线作业人员误碰作业工具金属部分死亡事故

2022年6月4日19：40，深圳市×在建工程接线作业，工人作业前未断电，作业过程中使用十字螺丝刀，触摸到作业工具的金属部分，金属工具触碰到带电导线，电流流经身体导入大地，形成触电回路，导致工人死亡。

10.1.9　所有未接地或未采取绝缘遮蔽、断开点加锁挂牌等可靠措施隔绝电源的低压线路和设备都应视为带电。未经验明确无电压，不应触碰导体的裸露部分。

【释义】　低压线路接线复杂，大量设备无明显断开点，带电情况难以把握，因此对未接地或未采取绝缘遮蔽、断开点未加锁挂牌的低压线路和设备都应视为带电，不应触碰，防止发生人身触电事故。

10.1.10　不填用工作票的低压电气工作可单人进行。

【释义】　简单易干、不需要填用工作票的低压电气工作，风险低、任务轻，一个人即可独立完成。

10.2　低压配电网工作

10.2.1　带电断、接低压导线应有人监护。断、接导线前应核对相线（火线）、零线。断开导线时，应先断开相线（火线），后断开零线。搭接导线时，顺序应相反。

【释义】　低压带电作业具有一定的触电风险，因此要在工作负责人或专责监护人监护下进行，要按照流程开展作业，断开负荷（确认空载），核对相线、零线后，按照"先断相线（火线）再断零线"原则进行，因为在低压配电网中采取的是接零保护和接地保护，所以零线相对安全。

【事故案例】　作业人员在无人监护情况下接低压相线触电坠落死亡事故

××供电公司装表接电班进行低压电能表箱更换工作，工作任务是×低压线路5、6号杆各安装一只0.4kV电能表箱及停电接线。当日上午，工作负责人赵××带领崔××、高××两名工作班成员到达现场进行作业。受闷热潮湿天气影响，上午仅完成5号杆处电能表箱安装工作。下午作业开始，根据工作安排，由高××进行6号杆低压表箱安装和5、6号杆停电后上杆接线工作。由于高××报告身体不适，赵××怀疑其中暑，让他到旁边树荫处休息，由崔××接替高××继续上梯作业，赵××扶梯并监护。高××在未向赵××汇报的情况下离开休息地点，独自前往5号杆进行接相线作业（此时线路实际并未停电），在杆上搭接相线时，右手触碰带电导线触电且因未使用安全带，触电后从5号杆上坠落。17：00左右，6号杆电能表箱安装完成，赵××和崔××找高××准备进行停电接线工作，发现高××不知去向。由于5~6号杆档距约50m且中间有蔬菜大棚和树木阻隔，两杆之间无法直视，两人开始分头寻找，后发现高××在5号杆下已处于昏迷状态，紧急将其送往医院，高××经抢救无效死亡。该事故中，工作班成员高××未服从工作负责人指挥，擅自到5号杆进行带电接线工作（按计划应在停电后进行），未对自己在工作中的行为负责；杆上作业时，未使用安全带，失去高处坠落安全保护；无人监护、独自一人进行带电接线工作，在未戴手套、未保持对地绝缘（应穿绝缘鞋）情况下搭接相线，是造成事故的重要原因。

10.2.2 人体不应同时接触两根线头。

【释义】 当人体同时接触两根线头时，会形成导电回路发生双线触电，作用于人体上的电压等于线电压，这种触电是最危险的，会导致人体受到极大的伤害。因此，人体不应同时接触两根线头，以防作业人员触电。不同类型触电原理图如图10-1所示。

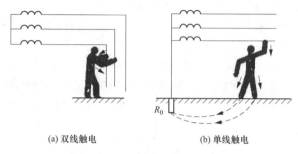

(a) 双线触电   (b) 单线触电

图10-1 不同类型触电原理图

【事故案例】 监护人同时触及脱落的接地极导致人身死亡事故

2014年4月8日，××供电公司所属集体企业进行×10kV线路39号杆台区低电压改造工作，在41号杆装设两组高压接地线（其中一组装在同杆架设的废弃线路上，该废弃线路实际带电）。作业人员未对废弃线路验电即挂设接地线，地面监护人同时触及脱落的接地极，造成1人触电死亡。

10.2.3 不应带负荷断、接导线。

【释义】 带负荷断、接导线相当于带负荷拉、合闸，会产生较大电弧，伤害作业人员，因此不应带负荷断、接导线。

10.2.4 高低压同杆（塔）架设，在下层低压带电导线未采取绝缘隔离措施或未停电接地时，作业人员不应穿越。

【释义】 在高低压同杆（塔）架设的线路中进行高压检修工作，在下层低压带电导线未采取可靠、有效的绝缘隔离措施或未停电、接地时，因低压线路相间、相对地距离较小，作业人员无法保证与低压带电线路之间的距离，存在较大触电风险，因此不应穿越低压线路。

【事故案例】 作业人员违规穿越低压线路时误碰低压导线触电人身死亡事故

××电力安装公司工作负责人何××指派工作人员王××、范××、胡××3人，到××开关站的南侧终端杆上安装并固定10kV电缆终端头。作业杆为改造后的钢管杆，上层为10kV双回线（绝缘导线），中、下层分别有380V低压公用变压器主干线和220V路灯线（裸导线）。立杆时已对杆身处的两回低压裸导线采取了将开口塑料管套在导线上，再用绝缘胶带缠绕绑扎的绝缘隔离措施，施工时10kV双回线路、380V低压主干线和220V路灯线均未停电。胡××穿越中、下层带电低压导线到达作业位置，准备进行固定电缆头工作。王××与范××在地面配合拉吊绳，随着电缆头逐渐升高，紧贴着滑车尼龙绳的低压主干线A相绝缘胶带在起吊过程中被磨破，部分塑料管被拉脱，造成带电导线裸露。当电缆头上升至电缆支架处时被挂住，胡××（腰系安全带）试图推开电缆头，由于用力不当造成身体摇晃，为保持身体平衡,左手不慎抓住绝缘隔离措施被吊绳破坏了的中层 A 相低压带电导线时造成触电,后经医院抢救无效死亡。该事故中,工作人员胡××未掌握防止误碰低压带电部位触电的安全措施,未对自己工作中的行为负责;违规穿越绝缘隔离措施不可靠的中、下层低压带电线路,进行上层高压线路作业;作业时不小心,触碰中层 A 相低压导线裸露部分,是造成事故的重要原因。

10.3 低压用电设备工作

10.3.1 在低压用电设备(如充电桩、路灯、用户终端设备等)上工作,应采用工作票或派工单、任务单、工作记录、口头、电话命令等形式。

【释义】 在低压用电设备(如充电桩、路灯、用户终端设备等)上工作,不涉及高压线路、设备停电或做安全措施的,应使用相应的工作票(如低压工作票、安全措施卡或派工单等)。

10.3.2 在低压用电设备上停电工作前,应断开电源、取下熔丝,加锁或悬挂标示牌,确保不误合。

【释义】 为防止停电检修的低压用电设备上一级电源被他人误合,造成作业人员触电,规定停电工作前,不但要断开电源,还要取下熔丝,并在操作处(刀开关或熔断器等)加锁或悬挂"禁止合闸,有人工作!"标示牌。

10.3.3 在低压用电设备上停电工作前,应验明确无电压。

【释义】 在低压用电设备上的停电工作,应严格执行停电、验电、接地、悬挂标示牌的技术措施和采取可靠隔离措施(断开电源、验电、取下熔丝,加锁或悬挂标示牌等),同时至少采取措施(所有相线和零线接地并短路、绝缘遮蔽或断开点加锁和挂牌)之一防止反送电,以避免发生人身触电事故。

【事故案例】 **电缆故障抢修未确认电缆无电压后操作导致人身伤亡事故**

2006 年 3 月 23 日,××供电公司电缆运检室工作负责人陈××按调度通知到群众反映的 10kV 电缆被挖断故障点检查,陈××到达故障点后,向调度报告××一路电缆已损坏,申请停电处理。调度通知相关运维人员对××一路电缆设置安全措施。电缆运检室工作负责人陈××按调度令,组织 7 名施工人员进行电缆故障抢修(沟内设置两条电缆,电缆呈南北走向并排在同一沟内)。现场组织抢修时,未使用工作票和配电故障紧急抢修单。施工人员在对西侧电缆(10kV××一路线路电缆)采用绝缘刺锥破坏测试验明无电后,完成了此条电缆的抢修工作。在工作终结全面检查时,发现紧邻的东侧电缆外绝缘受损,决定继续处理该缺陷,工作负责人陈××主观认为是××一路线路并接另一条电缆(实际是运行中的××二路线路电缆),在没有对东侧电缆(原为××一路线路的同电源并行电缆)进行绝缘刺锥破坏测试验电的情况下,即开始此条电缆的抢修工作。工作班成员李××在割破电缆绝缘后发生触电,同时伤及共同工作的谷××,造成一死一伤的人身伤亡事故。

10.3.4 低压装表接电时,应先安装计量装置后接电。

【释义】 强调低压装表接电工作的流程,防止因接电后再装计量装置或两项工作同时进行给作业人员带来触电风险。

10.3.5 电容器柜内工作前,应断开电容器的电源,逐相充分放电。

【释义】 电容器存在剩余电荷,若停电后即开展工作,电容器剩余电荷将造成作业人员触电，因此，应在断开电容器的电源、逐相充分放电后，方可在电容器上进行作业。

【事故案例】 **35kV 电容器诊断试验违章操作导致人员死亡事故**

7 月 18 日，××电业局发生人身死亡事故，1 人死亡。作业人员在 110kV ××变电站进行电容器诊断试验工作过程中，1 名工作人员违章作业，误碰带有残余电荷的电容器，设备放电发生人身触电，经抢救无效死亡。

10.3.6　在配电柜（盘）内工作，相邻设备应全部停电或采取绝缘遮蔽措施。

【释义】 在配电柜（盘）内工作，因柜内空间狭小、三相电气距离比较小，作业中容易发生相间短路或单相接地事故，因此相邻设备应全部停电或采取绝缘遮蔽措施。

【事故案例】 **违章切换操作导致人员灼伤事故**

2006 年 4 月，广东××供电局在一变电站进行检修对××10kV 出线进行切换操作时，由于违章操作和开关柜内连锁功能失效，在带负荷拉开该带电线路的线路侧隔离开关时产生弧光短路故障，故障电弧效应将该线路柜后门冲开，将拿接地线到停电线路柜后面的一位检修人员灼伤。

10.3.7　当发现配电箱、电表箱箱体带电时，应断开上一级电源，查明带电原因，并作相应处理。

【释义】 接触配电箱、电表箱箱体前，应进行验电确认无电压后方可接触箱体。当发现配电箱、电表箱箱体带电时，应从电源侧断开（上一级电源），防止由于内部绝缘损坏或其他漏电等原因造成配电箱或电表箱带电，导致作业人员或他人触电。若从上级电源断开后仍然有电，为防止反送电等情况，应再查接线情况、负荷侧等，视具体情况消除带电隐患后，方可继续作业。

10.3.8　配电变压器测控装置二次回路上工作，应按低压带电工作进行，并采取措施防止电流互感器二次侧开路。

【释义】 配电变压器测控装置二次回路上工作，应按低压带电工作进行（应戴手套、护目镜、穿绝缘鞋、站在绝缘垫或绝缘的梯凳上），并采取短接线（短接板）措施防止电流互感器二次侧开路，避免因开路情况下存在的高电压给人身安全带来触电风险。如果电流互感器无法采取防止开路的措施，应停电后进行工作。

10.3.9　非运维人员进行的低压测量工作，宜填用低压工作票。

【释义】 非运维人员一般指设备主人之外的检修人员、外委作业人员等，非运维人员进行的低压测量工作，应填用低压工作票。

（配电部分）

11 带电作业

11.1 一般要求

11.1.1 本章的规定适用于在海拔 1000m 及以下交流 10（20）kV 的高压配电线路上，采用绝缘杆作业法和绝缘手套作业法进行的带电作业。 其他等级高压配电线路可参照执行。

【释义】 根据 GB/T 2900.55—2016《电工术语 带电作业》、GB/T 18857—2019《配电线路带电作业技术导则》规定，带电作业是指作业人员接触带电部分或作业人员用操作工具、设备或装备在带电区域的作业，主要采用绝缘杆作业法和绝缘手套作业法。

绝缘杆作业法：是指戴绝缘手套和穿绝缘靴的作业人员，与带电设备保持距离，通过绝缘工具进行作业的方式。绝缘杆作业法既可在登杆作业中采用，也可在斗臂车的工作斗或其他绝缘平台上采用。绝缘杆作业法中绝缘杆为相地之间主绝缘，绝缘防护用具为辅助绝缘。

绝缘手套作业法：是指作业人员使用绝缘承载工具（绝缘斗臂车、绝缘梯、绝缘平台等）与大地保持规定的安全距离，穿戴绝缘防护用具与周围物体保持绝缘隔离，通过绝缘手套对带电体直接进行作业的方式。绝缘手套作业法中，绝缘承载工具为相地主绝缘，空气间隙为相间主绝缘，绝缘遮蔽用具、绝缘防护用具为辅助绝缘。

【事故案例 1】 **带电作业防护措施不到位，误碰带电设备致人死亡事故**

2010 年 10 月 14 日，××供电公司作业人员带电处理某 10kV 线路 10 号杆中相绝缘子破损和导线偏移危急缺陷，现场拟定了施工方案和作业步骤，填写电力线路应急抢修单。作业过程中樊××擅自摘下双手绝缘手套作业，举起右手时误碰遮蔽不严的放电线夹，在带电体（放电线夹带电部分）与接地体（中相立铁）间形成放电回路触电死亡。

【事故案例 2】 **作业人员手部超过绝缘锁杆的限位警戒线造成重伤事故**

××供电公司带电作业班 4 人，利用绝缘杆作业法进行 10kV 带电接分支线路引线作业，线路设置为水平排列。到达作业现场后，工作负责人甲得到调度命令后，宣读工作票，进行危险点分析，交代安全措施和技术措施。指派工作班成员乙、丙为杆上电工，丁为地面电工。工作班成员签字确认后，杆上电工乙、丙电工未穿戴个人绝缘防护用具，分别登杆至适当位置系好安全带，挂好传递绳，地面电工丁通过传递绳将绝缘锁杆和绝缘绕线器分别传至杆上。杆上电工丙将绝缘绕线器挂在主导线上，杆上电工乙用绝缘锁杆锁住分支线准备插入绝缘绕线器，此时杆上电工乙注意力全部集中在绝缘绕线器上，其手部超过绝缘锁杆的限位警戒线，左手触及分支线（此时分支线已经带电），杆上电工乙发生触电事故，立即送往医院抢救，所幸脱离生命危险，左臂截肢造成重伤事故。

11.1.2 在海拔 1000m 以上进行带电作业时，应根据作业区不同海拔，修正各类空气与固体绝缘的安全距离和长度等，并编制带电作业现场安全规程，经本单位批准后

执行。

【释义】 在海拔1000m以上（750kV为海拔2000m以上）带电作业时，随着海拔高度的增加，气温、气压都将按照一定趋势下降，空气绝缘亦随之下降。因此，人体与带电体的安全距离、绝缘工器具的有效长度、绝缘子的片数或有效长度等，应针对不同的海拔根据GB/T 19185—2008《交流线路带电作业安全距离计算方法》进行修正。海拔主要对带电作业的空气间隙产生影响，既气压越低，分子密度越小，去游离比游离慢，放电电压就低，在高海拔应增大安全距离。

【事故案例】 **作业人员未考虑海拔高度导致安全距离不满足要求，造成人身死亡事故**

××供电公司在进行铁塔巡视的过程中，发现铁塔小号侧C相合成绝缘子闪络缺陷，需要带电班进行带电更换C相合成绝缘子，铁塔所处地形为山地，海拔高度为2500m，但带电班在更换C相合成绝缘子时未计算铁塔的海拔高度，只按海拔1000m以下的安全距离进行作业，作业人员在更换的过程中安全距离不足，对铁塔放电，致使作业人员死亡。

11.1.3 带电作业的工作票签发人和作业人员参加相应作业前，应经专门培训、考试合格、单位批准。 带电作业的工作票签发人和工作负责人、专责监护人应具有带电作业实践经验。

【释义】 带电作业人员应身体健康无妨碍工作的病症，具有一定的电气知识，并有较强的组织纪律性和工作责任心。应具有一定高空作业经验，经过专门培训，具有带电作业基础理论和实际操作水平，并经考试取得合格证书。应熟悉作业工具的名称、原理、结构、性能和试验标准，熟悉作业项目的操作方法、程序、工艺和注意事项。

工作票签发人、工作负责人、专责监护人在工作中的安全责任重大，应掌握带电作业专业知识、熟悉带电作业工作方法、有带电作业实践经验、并取得带电作业资格，以确保工作中各个环节安全可靠。

参加带电作业人员的书面批准内容应包括：工作票签发人、工作负责人、带电作业班组成员等人员的带电作业工作资质；人员可从事的带电作业工作项目以及在工作中能胜任的角色。从事带电作业的人员因故间断作业三个月及以上者，应重新进行专门培训，并经考试合格后方能恢复带电作业工作。

【事故案例1】 **××电业局带电作业人身伤亡事故**

××电业局带电班副班长赵××（从事带电作业时间不到一年）带领7名工人在××35kV线路12号耐张杆更换靠导线侧第一片零值绝缘子，由赵××和1名学员上杆操作。该操作使用前后卡具、绝缘拉板和托瓶架等工具用间接作业法进行，在拔出零值绝缘子前后弹簧销子收紧丝杆，使绝缘子串松弛后，使用绝缘操作杆取出零值绝缘子，由于取瓶器卡不住绝缘子，一时无法用绝缘操作杆取出，站在横担上的赵××便去用手直接将其取出，导线对赵××的右手放电，并经其左脚接地，导致赵××右手和左脚烧伤。

【事故案例2】 **非带电作业人员参与作业导致触电身亡事故**

××供电公司带电班组人员在外进行带电作业，又接到报修任务：线路悬挂异物威胁线路运行。主管生产领导安排运行班3人，采用绝缘杆作业法，进行带电清除10kV线B相导线异物作业，线路设置方式为三角排列。到达作业现场后，工作负责人甲得到调度命令后，宣读工作票，进行危险点分析，交代安全措施和技术措施，指派运行班成员乙为杆上电工，丙为地面电工。工作班成员签字确认后，没有穿戴绝缘防护用具，利用登杆工具至距离带电体 0.4m 处，系好安全带（一点式安全带），使用绝缘操作杆开始清除异物。作业过程中，由于导线异物处在 B 相导线上，位置较高，杆上电工乙拆除了几次没有拆除下来，就习惯性利用登杆工具向上移动了作业位置，忘记了带电的两个边相，由于动作过大，作业人员右手触碰带电导线，从 10m 高处坠落，经医院抢救无效死亡。

11.1.4　带电作业应有人监护。监护人不应直接操作，监护的范围不应超过一个作业点。复杂或高杆塔作业，必要时应增设专责监护人。

【释义】　带电作业直接或间接接触高压带电设备，需要控制的工序复杂、危险因素较多，作业人员的上、下、左、右都可能存在着带电设备，必须集中精力去完成某一项具体作业，很难全面顾及。因此，带电作业必须有人监护。为了保证对工作过程和作业人员作业行为进行全面、周密和连续的监护，监护人只能监护一个作业点，并不得参与作业，以免分散注意力，影响监护效果。高塔作业由于距离较远，地面监护人员难以观察到作业人员的具体动作，无法有效进行监护，必要时应增设塔上监护人。对于复杂的带电作业，应增加监护人的数量，以保证安全。

【事故案例】　监护人员参与作业导致监护不足引发人身伤亡事故

5 月 18 日，××电业局线路工区××供电站电工江××在某线路 339 号耐张单杆上使用自制的检测杆测量零值绝缘子，当测完一端绝缘子串后，便从一端转移至二端侧，以便继续检测。在江××穿越跳线时，监护人却正在紧拉线，致使江××手持检测杆上的短路叉碰触中相跳线，江××触电死亡。

11.1.5　工作负责人在带电作业开始前，应与值班调控人员或运维人员联系。需要停用重合闸的作业和带电断、接引线工作应由值班调控人员或运维人员履行许可手续。带电作业结束后，工作负责人应及时向值班调控人员或运维人员汇报。

【释义】　带电作业前，工作负责人要与值班调控人员或运维人员联系，带电作业工作结束后，负责人应及时向值班调控人员或运维人员汇报，以便调控人员或运维人员了解相关情况。需停用重合闸进行带电作业或带电断、接引线的工作，值班调控人员需要记录并掌握相关情况，所以规定应由调控人员履行许可手续。当带电作业发生异常情况时，值班调控人员可从保护人身安全角度出发，采用更妥善的处理方案，避免线路强送电或试送电。

【事故案例】　错误停用重合闸功能导致作业人员烧伤事故

××电业局带电班张××持线路带电工作票申请停用 110kV ××线路重合闸，工作任务是 212 号杆上更换耐张串单片零位绝缘子，作业要求退出该 110kV 线路重合闸，值班调度员将退重合闸命令下达给变电站，由于变电站值班员正交接班，交接值班员凭印象认为该线路重合闸未投，汇报调度重合闸退出。线路工作人员张××在更换绝缘子时，动作过大，身体与带电体安全距离不够，造成线路接地，断路器跳闸，线路重合再次跳闸，工作人员张××被二次烧伤。

11.1.6　带电作业应在良好天气下进行，作业前应进行风速和湿度测量。风力大于 5 级，或湿度大于 80%时，不宜带电作业。若遇雷电、雪、雹、雨、雾等不良天气，不应带电作业。

【释义】　因雷电引起的过电压会使设备和带电作业工具受到破坏，威胁人身安全。雪、雹、雨、雾等天气易引起绝缘工具表面受潮，会影响绝缘性能。GB/T 3600—2008《高处作业分级》规定："在阵风 5 级应停止露天高处作业"，大风使高处作业人员的平衡性大大降低，容易造成高处坠落。湿度大于 80% 时，绝缘绳索的绝缘强度下降较为明显，放电电压降低，泄漏电流增大，易引起发热甚至冒烟着火。故带电作业应在良好天气下进行。

【事故案例】 ××电业局恶劣天气下作业导致全线跳闸事故

2005 年 8 月 18 日，××电业局×线进行综合检修，工作负责人梅××原来未从事过带电作业，仅学习 10 多天基础知识，在模拟杆塔上练习了几次"实际操作"，就带领工作班 11 人（带电作业人员 8 人，其他技术工人 3 人）前往××线 65 号直线杆塔更换双串绝缘子中的一串。当杆上人员挂好绝缘滑轮组，拔出弹簧销子，拟将绝缘子串脱离球头准备更换时，天突然下起小雨（出工时，天气就不好）。工作负责人说："我们不干了！"作业班成员说："雨没有下大，这点小雨不要紧！"工作负责人便附和说："好，免得明天再来。"就这样，他们把需更换的绝缘子串脱离了导线，并将新绝缘子串吊至杆上。准备组装时，雨越下越大。杆上人员说："有麻电感觉。"工作负责人说："你们马上下杆。"他们下杆不久，由于泄漏电流引起了弧光接地，随着"砰"的一声，全线跳闸。事后检查，绝缘保险绳烧断，绝缘滑轮车组的绝缘绳烧断一部分。

11.1.7 带电作业过程中若遇天气突然变化，有可能危及人身及设备安全时，应立即停止工作，撤离人员，恢复设备正常状况，或采取临时安全措施。

【释义】 风力超过 5 级会给杆（塔）上作业人员带来一定困难（不易控制作业工具、人员的动作幅度、安全距离难以保证），湿度大于 80% 时会降低绝缘工具的绝缘性能，故不宜进行带电作业，如需进行带电作业，必须使用防潮绝缘工具。在带电作业前，带电作业班组应当配置风速仪、温湿度计，每次作业前，现场人员要进行风速和湿度测量并记录数值。带电作业过程中，因天气变化不能满足带电作业天气条件时，应立即停止作业，严禁冒险工作。在恶劣天气需要进行带电抢修时，应组织人员充分讨论并编制必要的安全措施，在确保作业安全的前提下，经批准后方可进行。

【事故案例】 雨中作业发生单相接地事故

××供电公司带电作业班 4 人，利用绝缘斗臂车采用绝缘手套作业法进行 10kV 带电扶正电杆作业，线路设置为水平排列。临出发去现场时，天色阴沉，但单位领导（工作票签发人）要求抢时间完成作业。出发 40min 后，到达作业现场，发现横担变形严重，需更换。工作负责人甲得到调度命令后，为了节省时间，没有宣读工作票，也没有进行危险点分析、交代安全措施和技术措施，指派工作班成员乙为斗内电工，丙为专责监护人，丁为地面电工。工作班成员签字确认后，斗内电工乙穿戴全套个人绝缘防护用具，系好安全带，操作绝缘斗臂车进入工作位置。斗内电工乙随即对线路进行绝缘遮蔽，此时天空下起了小雨，工作负责人甲催促斗内电工乙加快工作速度。在拆除变形横担针式绝缘子绑扎线过程中，雨开始变大，斗内电工乙由于作业急促，在提升导线过程中，没有控制好湿滑的导线，导致带电导线落在横担上（横担已经进行绝缘遮蔽，绝缘已经被雨淋湿）发生单相接地事故。

11.1.8 带电作业项目，应勘察配电线路是否符合带电作业条件、同杆（塔）架设线路及其方位和电气间距、作业现场条件和环境及其他影响作业的危险点，并根据勘察结果确定带电作业方法、所需工具以及应采取的措施。

【释义】 带电作业前进行现场勘察的目的是要确定此项目带电作业的危险点和相应措

施。带电班组在接受工作任务后，必须认真开展现场勘察。带电作业现场勘察的主要内容有带电作业现场周围设备情况、杆塔型式、设备间距、交叉跨越情况、设备缺陷部位及严重情况、建筑物等。根据勘察结果作出能否进行带电作业的判断，并确定带电作业方法、所需要工具以及应采取的措施，从源头上把好关。

【事故案例】 现场勘察不全面造成相间短路事故

××供电公司带电作业班4人，利用绝缘斗臂车采用绝缘手套作业法，进行10kV带电带负荷更换分支线路B相跌落式熔断器作业，线路设置为三角排列。到达作业现场后，工作负责人甲得到调度命令后，宣读工作票，进行危险点分析，交代安全措施和技术措施，指派工作班成员乙为斗内电工，丙为专责监护人，丁为地面电工。工作班成员签字确认后，斗内电工乙穿戴全套个人绝缘防护用具，系好安全带，操作绝缘斗臂车进入工作位置。斗内电工乙首先利用绝缘引流线对中相跌落式熔断器进行了短接，然后使用操作杆拉开待更换B相跌落式熔断器的熔丝管，此时B相跌落式熔丝管下触头对A相熔断器上引线放电，造成相间短路，保护跳闸。由于斗内电工乙距离较远，未造成严重伤害。

11.1.9 使用带电作业新项目或研制的新工具前，应进行试验论证，确认安全可靠，并制定出相应的操作工艺方案和安全技术措施，经本单位批准。

【释义】 （1）比较复杂、难度较大的带电作业新项目和研制的新工具包含以下内容：①工序复杂的项目；②作业量大的项目，如杆塔移位、更换杆塔、更换导线或架空地线等；③从未开展过的带电作业新项目中应用的工具；④自行研制的新工具。

（2）鉴于带电作业直接或间接接触高压设备，其所用的相关工具必须安全、可靠。对于比较复杂、难度较大的带电作业新项目和研制的新工具必须进行科学试验论证，确认安全可靠，编制操作工艺方案和安全措施，并经批准后方可进行和使用。

【事故案例】 绝缘三角板晃动造成作业人员触电死亡

××公司带电班在某10kV线路分支线上用绝缘三角板等电位更换耐张绝缘子。闫×负责等电位操作。在组装好三角板后，闫×进入作业位置。由于绝缘三角板未进行试验论证，当闫×准备取出弹簧销子时，造成绝缘三角板晃动，闫×的右手不慎碰到未遮盖的靠横担侧绝缘铁帽，同时右胸部碰触导线侧绝缘子与耐张线夹连接的螺栓，造成电流经胸部及右手接地，后抢救无效死亡。

11.2 安全技术措施

11.2.1 在配电线路上采用绝缘杆作业法时，人体与带电体的最小距离不应小于表4的规定，此距离不包括人体活动范围。

表4 带电作业时人体与带电体的安全距离

电压等级 kV	海拔高度 m	安全距离 m
10	$H \leqslant 3000$	0.4
	$3000 < H \leqslant 4500$	0.6
20	$H \leqslant 1000$	0.5

注 表中数据来自 GB/T 18857—2019 的表1。

【释义】 绝缘操作杆作业是用于短时间对带电设备进行操作的一种方法，如接通或断开高压隔离开关、跌落式熔断器等。绝缘操作杆高压拉闸杆（又称绝缘操作棒、绝缘杆、高压操作杆，俗名多用令克棒），按电压等级可分为 10、35、110、220、330、500kV。当使用绝缘操作杆作业法时，人体的安全距离不应小于相关规定。

【事故案例】　××市区在进行带电作业时，引流线未固定，剪断时与带电导线相碰，造成作业人员触电致残事故

××市区 6kV 配电线路系三角布线。该线 6 号杆分歧线煤运公司所属配电变压器的中相跌落熔断器引流烧坏，由该市供电局配电工区带电班前往处理。作业人员甲站在杆塔上用绝缘手柄的剪刀将引流线上接头剪断。由于引流线是较长的钢芯铝绞线，作业人员只用绝缘操作杆将引流线勾住，未采取任何固定措施，在剪断中相后，引流线下落与边相相碰，而引流线的另一端碰到作业人员甲的右腿，导致甲触电致残。

11.2.2　高压配电线路不应进行等电位作业。

【释义】　高压配电线路三相导线之间的空间距离小，而且配电设施密集、作业范围狭窄，在人体活动范围内容易触及不同电位的电力设施，因此，在高压配电线路带电作业中禁止采用作业人员身穿屏蔽服直接接触带电体的等电位作业方式。配电高压线路带电作业，应采用绝缘手套作业法或绝缘杆作业法。

【事故案例】　××供电公司员工屏蔽服对横担放电触电身亡事故

××供电公司带电班在某 10kV 线路 19 号杆上更换直线绝缘子（三角排列、水泥杆、铁横担）。在电杆上竖立绝缘扒杆，横担上安装绝缘支架并悬挂绝缘滑车。在等电位电工甲进行拆除 A 相绝缘子绑线的瞬间，等电位电工甲身上穿的屏蔽服对横担放电，致使等电位电工甲触电死亡。事后发现在拆除绝缘遮蔽时绝缘子下部未遮蔽严密，导致导线对屏蔽服放电，是造成事故的主要原因。

11.2.3　在带电作业过程中，若线路突然停电，作业人员应视线路仍然带电。工作负责人应尽快与调度控制中心或设备运维管理单位联系，值班调控人员或运维人员未与工作负责人取得联系前不应强送电。

【释义】　带电作业过程中线路突然停电，因线路随时有突然来电的可能或存在感应电压，故应视线路仍然带电。此时作业人员应对工器具和自身安全措施进行检查，以防出现意外过电压而受到伤害。为尽快查明原因，工作负责人应立即向值班调控人员或运维人员报告线路已停电，明确告知作业现场的情况并询问线路停电原因等。值班调控人员或运维人员未与工作负责人取得联系前不得将带电作业的线路实施强送电，以避免送电合闸产生过电压对带电线路上作业人员的人身和设备造成伤害或扩大事故范围。

【事故案例】　10kV ××线路强送电引发触电烧伤

××电业局带电班林××持线路带电工作票在 10kV ××线路 34 号杆为××公司配电变压器搭头。工作中，由于 10kV ××线路故障造成线路断路器跳闸线路停电，值班调度员李××令林××暂时停止工作，待线路查明原因恢复供电后才能工作。林××看剩下的工作很快就会做完，考虑线路巡线处理还需要很长时间，就没有下令停工，而是要求工作人员胡××、赵××加快施工。胡××、赵××听说线路停电，也没有做相应的安全措施，就继续施工。此时该线路一医院汇报有重要手术，需要立即供电。值班调度员李××在没有通知工作负责人林××的情况下，对 10kV ××线路强送电，造成工作人员胡××、赵××被烧伤。

11.2.4　在带电作业过程中，工作负责人发现或获知相关设备发生故障，应立即停

止工作，撤离人员，并立即与值班调控人员或运维人员取得联系。值班调控人员或运维人员发现相关设备故障，应立即通知工作负责人。

【释义】　带电作业过程中设备突然发生故障，由于此时设备存在故障范围扩大或再次发生故障的可能，因此带电作业工作负责人在发现或获知相关设备发生故障时，应立即令现场带电作业人员停止作业、撤离现场，以防人身受到意外伤害，并及时报告调控值班人员或运维人员，查明原因。当值调度员或运维人员发现相关设备发生故障时，也应马上通知带电作业现场工作负责人采取停止作业、撤离现场等措施。

11.2.5　带电作业期间，与作业线路有联系的馈线需倒闸操作的，应征得工作负责人的同意；倒闸操作前，带电作业人员应撤离带电部位。

【释义】　线路倒闸操作会产生操作过电压，为了防止作业人员受到伤害，在带电作业期间，与作业线路有联系的倒闸操作，应征得工作负责人的同意，并待带电作业人员撤离带电部位后方可进行。

【事故案例】　未经带电班工作负责人同意就进行倒闸操作，产生操作过电压事故

××供电公司带电作业班在 384 线路 8 支 16 号杆上进行带电搭火的过程中，384 线路 57 号杆被车辆撞断，但线路绝缘子绑扎的比较牢固，致使线路未跳闸，运行人员对线路采取紧急措施进行处理，但需要倒闸操作将 384 线路 58 号负荷倒到 386 线路上，倒闸操作范围包括带电作业班在 384 线路 8 支 16 号杆上进行带电搭火的范围，未经带电班工作负责人的同意，就进行倒闸操作，产生操作过电压。

11.2.6　带电作业有下列情况之一者，应停用重合闸，并不应强送电：

a）中性点有效接地的系统中有可能引起单相接地的作业；

b）中性点非有效接地的系统中有可能引起相间短路的作业；

c）工作票签发人或工作负责人认为需要停用重合闸的作业。

不应约时停用或恢复重合闸。

【释义】　我国交流电力系统中接地方式主要有三种，即中性点直接接地、中性点不接地、经消弧线圈接地。在 110kV 及以上的电力系统，单相接地时故障电流很大，为避免故障时对系统绝缘的冲击一般采用中性点直接接地的方式，也称为大接地电流系统。这种系统发生单相接地故障的概率较高，占总故障的 70% 左右，因此要求其接地保护灵敏、可靠、快速地切除故障，在单相接地故障中瞬时故障占总故障的 80% 左右，因此为保障电网的供电可靠性，一般装有重合闸。35kV 及以下一般采用中性点不接地或经消弧线圈接地，这种系统发生单相接地故障时接地电流很小，也称为小接地电流系统，发生单相接地时并不破坏系统电压的对称性，系统还可以继续运行 1~2h。单相接地无重合闸，直流线路单极接地及极间接地都有直流再启动。另外，在工作票签发人或工作负责人认为需要停用重合闸和直流再启动功能的作业，应停用重合闸和直流再启动。

11.2.7　带电作业，应穿戴绝缘防护用具（绝缘服或绝缘披肩或绝缘袖套、绝缘手套、绝缘鞋、绝缘安全帽等）。带电断、接引线作业应戴护目镜，使用的安全带应有良好的绝缘性能。带电作业过程中，不应摘下绝缘防护用具。

【释义】　高压配电线路带电作业，因线路三相导线之间空间距离小且配电设施密集，作业范围狭窄在人体活动范围内容易触及不同电位，因此，作业人员在带电作业全过程必须穿戴绝缘防护用具。直接接触 20kV 及以下电压线路带电作业，作业人员应佩戴绝缘性

良好的安全帽、安全带、绝缘靴、绝缘服或绝缘披肩和绝缘手套，保证与带电设备的绝缘。带电断、接引线作业时容易产生电弧，因此，作业人员必须佩戴护目镜，保护眼睛不受电弧伤害。为保证使用安全，绝缘防护用具在使用前应进行外观检查。带电作业过程中，摘下绝缘防护用具会造成人员触电，因此，作业人员在带电作业全过程均不应摘下绝缘防护用具。

【事故案例】 个人绝缘防护用具选择不当发生触电截肢事故

××供电公司带电作业班 4 人利用绝缘斗臂车采用绝缘手套作业法进行 10kV 线路带电更换直线杆 B 相针式绝缘子作业，作业杆塔为水平排列分支杆。到达作业现场后，工作负责人甲得到调度命令后，宣读工作票，进行危险点分析，交代安全措施和技术措施，指派工作班成员乙为斗内电工，丙为专责监护人，丁为地面电工。工作班成员签字确认后，斗内电工乙穿戴全套的个人防护用具，工作负责人甲看到斗内电工乙说"你穿的绝缘披肩有点大，换一件小点的绝缘披肩吧"，但斗内电工乙回应说"没事，作业量小，一会就结束了"。斗内电工乙系好安全带，操作绝缘斗臂车至合适的位置，对带电体和接地体进行遮蔽，拆除绝缘子的绑扎线，然后将带电导线重新遮蔽。这时，由于斗内电工乙绝缘披肩较大，袖口过长，导致绝缘手套松脱即将脱落，斗内电工乙认为带电体已经遮蔽严实，干脆就把快要松脱的绝缘手套摘下，并习惯性地将右手向上晃一下让绝缘披肩往身体侧窜，把手露出来，这时斗内电工乙的手碰触到没有遮蔽严实的带电间隙避雷器，前胸接触到下层分支横担，构成回路发生事故。经医院抢救，斗内电工乙右手截肢。

11.2.8 对作业中可能触及的其他带电体及无法满足安全距离的接地体（导线支承件、金属紧固件、横担、拉线等）应采取绝缘遮蔽措施。

【释义】 带电作业过程中，如果触及其他带电体或接地体，有可能造成带电设备闪络、接地、相间短路或人身触电事故，为确保带电作业人员的人身和设备安全，应对作业区域内其他带电体、接地体等不同电位的设备采取相间、相对地的绝缘隔离、绝缘遮蔽措施。

【事故案例】 绝缘遮蔽不严发生相间短路全停事故

××供电公司带电作业班 4 人，利用绝缘斗臂车采用绝缘手套作业法，进行 10kV 带电拆除架空线路杆上旁路电缆引线作业，线路设置为水平排列。由于前一天电缆故障，由旁路电缆送出到开闭箱电源，故障电缆修复完毕后，需要带电作业拆除临时旁路电缆。临时旁路电缆引线接在正在运行的架空线路与电缆连接端子上（此电缆是电源，架空线路没有负荷）。到达作业现场后，工作负责人甲得到调度命令后，宣读工作票，进行危险点分析，交代安全措施和技术措施，指派工作班成员乙为斗内电工，丙为专责监护人，丁为地面电工。工作班成员签字确认后，斗内电工乙穿戴全套的个人防护用具，系好安全带，操作绝缘斗臂车进入工作位置，斗内电工乙对 B、C 两相带电电缆端子进行遮蔽后，用电动扳手直接拆除 A 相电缆端子螺丝，当螺丝即将拆除时，电动扳手与邻近遮蔽不严的 B 相带电电缆端子发生相间短路，造成线路全停。

11.2.9 作业区域带电体、绝缘子等应采取相间、相对地的绝缘隔离（遮蔽）措施。不应同时接触两个非连通的带电体或同时接触带电体与接地体。

【释义】 高压配电线路带电作业，因作业区域内带电导线相间、相对地的距离较小，为确保带电作业人员的人身和设备安全，应对作业区域内带电导线、绝缘子等采取相间、相对地的绝缘隔离措施，通常有绝缘遮蔽、其他绝缘隔离措施等。为方便作业，绝缘隔离措施的范围应在作业人员活动范围基础上至少增加 0.4m。若同时接触两个非连通的带电体或同时接触带电体与接地体，人体就被串入电路，形成回路，发生短路触电，造成人身伤害。

【事故案例】 作业人员直接用金属扳手带电更换耐张绝缘子串引发单相接地故障

××供电公司带电作业班 4 人利用绝缘斗臂车采用绝缘手套作业法进行 10kV 带电更换耐张杆中间相悬式绝缘子串作业，线路设置为水平排列。到达作业现场后，工作负责人甲得到调度命令后，宣读工作票，进行危险点分析，交代安全措施和技术措施，指派工作班成员乙为斗内电工，丙为专责监护人，丁为地面电工。工作班成员签字确认后，斗内电工乙穿戴全套个人绝缘防护用具，系安全带，操作绝缘斗臂车进入工作位置。斗内电工乙在未对带电体和接地体进行遮蔽的情况下，松动连接螺栓时（连接螺栓为横向），对 B 相引线放电造成单相接地。

11.2.10 绝缘操作杆、绝缘承力工具和绝缘绳索的有效绝缘长度不应小于表 5 的规定。

表 5　　　　　　　　　　　绝缘工具最小有效绝缘长度

电压等级 kV	海拔高度 m	绝缘操作杆最小有效绝缘长度[①] m	绝缘承力工具、绝缘绳索的最小有效绝缘长度[②] m
10	$H \leqslant 3000$	0.7	0.4
	$3000 < H \leqslant 4500$	0.9	0.6
20	$H \leqslant 1000$	0.8	0.5

① 数据来自 GB/T 18857—2019 的表 5。
② 数据来自 GB/T 18857—2019 的表 4。

【释义】 绝缘工具大部分由非绝缘部件构成，如绝缘操作杆的端部及中部一般都有金属部件，前部是金属工具座，中部是金属活接头，尾部是金属挂环。绝缘工具从接触带电体一端起，去除非绝缘部件长度后的主绝缘长度，被称作有效绝缘长度。有效绝缘长度与作业距离是通过测量计算得来的。

在配电安规中，10～20kV 绝缘承力工具（不含绝缘操作杆）的有效绝缘长度与带电作业时人身对带电体的安全距离采用相同数值，主要是受到设备净空条件的限制。

绝缘操作杆是手持工具，在操作中有相当大的活动范围，其前端在使用中有可能越过带电体而失去一段绝缘，经常与导线摩擦、磕碰，易产生绝缘损伤。承力绝缘工具是安装在设备上使用的固定工具，活动范围较小。所以它们的有效绝缘长度有所区别，即前者比后者统一加长了 0.3m。为确保作业人员的人身安全，绝缘操作杆、绝缘承力工具和绝缘绳索的有效绝缘长度不应小于表 5 的规定。

【事故案例】 绝缘操作杆的绝缘长度不满足要求，造成作业人员电弧灼伤事故

11 月 20 日××电业局作业人员使用小型冲洗杆，操作者在冲洗完边线向中线转移过程中，将操作杆前部喷嘴误触导线，同时喷嘴下 1.5m 处又触碰铁塔，使有效绝缘长度从 2.5m 减少至 1.3m，发生绝缘杆击穿爆裂、线路跳闸、操作者双眼被电弧灼伤。

11.2.11 带电作业时不应使用非绝缘绳索（如棉纱绳、白棕绳、钢丝绳等）。

【释义】 绝缘绳索具有良好的电气绝缘性能可在带电作业中直接接触带电体，而棉纱

绳、白棕绳、钢丝绳等非绝缘绳索不具备电气绝缘性能使用时有可能引发触电伤害。因此，带电作业中应使用满足要求的绝缘绳索（一般用绝缘性能较高且可靠、稳定的蚕丝、化纤等材料专门制作而成），不得使用棉纱绳、白棕绳、钢丝绳等非绝缘绳索，避免人身伤害。

【事故案例】 ××电业局带电作业时使用非绝缘绳索造成一死两伤事故

1995年4月21日，带电班宋××在××线路带电更换绝缘子时误使用白棕绳，结果发生导线接地，造成一死两伤事故。

11.2.12 更换绝缘子、移动或开断导线的作业，应有防止导线脱落的后备保护措施。开断导线时不应两相及以上同时进行，开断后应及时对开断的导线端部采取绝缘包裹等遮蔽措施。

【释义】 在更换绝缘子、移动或开断导线作业时，有可能会发生导线脱落，造成单相接地或相间短路甚至引起人身伤亡事故，因此规定在进行这些作业时，应有防止导线脱落的后备保护措施。导线开断后的两个端头电位不同，为防止作业人员意外触碰两个端头被串入电路，造成人身触电，导线开断后应及时对开断的导线端部分别采取绝缘包裹等遮蔽措施。

【事故案例】 更换针式绝缘子作业导线掉落发生人员烧伤事故

××供电公司带电班对10kV某线11号杆边相针式绝缘子进行带电更换。到达作业现场后，工作负责人甲布置完安全措施后指挥作业人员乙进入作业点进行作业，当乙刚开始对作业点进行遮蔽时边相导线突然掉落，电弧将乙面部烧伤。

11.2.13 在跨越处下方或邻近带电线路或其他弱电线路的档内进行带电架、拆线的工作前，应制定可靠的安全技术措施，并经本单位批准。

【释义】 在作业点下方或邻近有电线路或其他弱电线路的档内进行带电架、拆线工作时，由于其与作业点距离较近，如发生导线脱落、高空坠落等情况，会对现场作业人员造成伤害，并危及相邻线路安全运行，因此应尽量避免。在特殊情况下如需进行该类工作，应组织相关人员参与现场勘察，制定稳妥可靠的安全技术措施，并经批准后，方可进行。

【事故案例】 作业人员赤手安装针式绝缘子导致右臂截肢

××供电公司带电班4人利用绝缘斗臂车采用绝缘手套作业法进行10kV带电更换直线杆双横担A相针式绝缘子，线路设置为水平排列。到达作业现场后，工作负责人甲得到调度命令后，宣读工作票，进行危险点分析，交代安全措施和技术措施，指派工作班成员乙为斗内电工，丙为专责监护人，丁为地面电工。工作班成员签字确认后，斗内电工乙穿戴全套个人绝缘防护用具，系好安全带，操作绝缘斗臂车进行更换针式绝缘子，斗内电工乙对带电体进行遮蔽，拆除破损的针式绝缘子。由于双横担两支针式绝缘子比较近，一支固定导线，安装另一支需要将导线抬起，斗内电工乙用右侧肩膀扛起导线进行安装针式绝缘子，但戴着绝缘手套不灵活，安装了一次没有安装上，随即直接摘下绝缘手套，再次用右侧肩膀扛起导线，导线已经接触到脖子位置，赤手安装针式绝缘子时，发生单相接地，导致斗内电工乙触电，经医院抢救右臂截肢。

11.2.14 斗上双人带电作业，不应同时在不同相或不同电位作业。

【释义】 两个人在一个工作斗上进行带电作业，两人身体难免会互相触碰，当两人同时接触两个不同相或不同电位的电气设备时,人体就被串入电路,形成回路,电流会通过人体造成伤害。因此两人在一个工作斗上带电作业,两人只能在同一相或相同电位同时进行作业。

【事故案例】 斗上双人接电缆引线发生相间短路,导致作业人员触电烧伤事故

××供电公司带电作业班 4 人利用绝缘斗臂车采用绝缘手套作业法带电接 10kV 双电缆引线作业,线路设置为水平排列。到达作业现场后,工作负责人甲询问施工单位,电缆绝缘是否良好,相位是否正确。施工单位人员说没有问题。工作负责人甲得到调度命令后,宣读工作票,进行危险点分析,交代安全措施和技术措施,指派工作班成员乙为斗内电工,丙为专责监护人,丁为地面电工。工作班成员签字确认后,斗内电工乙穿戴全套个人绝缘防护用具,系好安全带,操作绝缘斗臂车进入到工作位置。接完第一、二相(双电缆并列运行)电缆引线后,当接第三相电缆引线,刚触碰带电体时发生相间短路,造成线路全线停电,斗内电工乙被烧伤。

11.2.15 地电位作业人员不应直接向进入电场的作业人员传递非绝缘物件。上、下传递工具、材料均应使用绝缘绳绑扎,不应抛掷。

【释义】 地电位作业人员直接向进入电场的作业人员传递非绝缘物件会造成带电设备闪络或放电伤人事故,因此在传递工具和材料时,应使用绝缘工具、绳索且有效长度应满足表 5 的规定。上、下传递工具、材料使用绝缘绳索绑扎牢固,不能采取抛掷的方法,防止误用非绝缘工具、绳索或使用长度不满足要求的绝缘工器具或采用抛掷方法等,造成人身伤害。

【事故案例】 组合间隙对地放电人员触电烧伤事故

××电力公司工作人员带电更换耐张串单片零位绝缘子。当作业已近结束,等电位人员回到横担头开始拆工具,把固定横担侧卡具、鹰嘴卡具、丝杆及加长件及紧线拉杆等串在一起,用无头绳往下传递时,等电位人员左手握住紧线工具造成对地放电,左手被烧伤。

11.2.16 作业人员进行换相工作转移前,应得到监护人的同意。

【释义】 配网线路相间、相对地距离小,带电作业人员在进行换相转移过程中,人体容易碰触相邻带电导线或接地形成触电,也可能因单相作业完成后未恢复绝缘遮蔽等原因造成触电伤害,因此换相转移前应经监护人同意,并在严密监护下方可进行。

【事故案例】 ××供电局在进行引流线消缺时,工作监护人及时制止不安全行为,避免人身伤亡事故

1989 年 7 月 12 日,××供电局带电班对 10kV××线 25 号杆进行引流线消缺。操作人员唐××、焦××用液压绝缘斗臂车等电位处理 A 相完毕。要求换相工作转移时,得到工作负责人孙××同意。在由下往上转移的过程中,工作负责人孙××发现唐××、焦××人身与带电体 B 相的安全距离可能不足 0.4m,立即制止,避免了触电事故。

11.2.17 带电、停电配合作业的项目,在带电、停电作业工序转换前,双方工作负责人应进行安全技术交接,并确认无误。

【释义】 当带电作业完成后继续进行停电作业,或停电作业完成后继续进行带电作业时,如带电、停电工序转换不认真,或接替方对作业线路、设备状态不清楚的情况,容易造成人身事故,因此当带电、停电工序转换时,前一阶段作业的工作负责人必须认真向继续作业的另一方工作负责人进行认真详尽的转换工序交接,重点是交代清楚作业现场当前の安全技术措施情况，特别是保留的带电部位、绝缘遮蔽情况以及需要保持的安全距离等，双方确认无误完成转换工序手续后，方可转入下一阶段工作。

【事故案例】 在工序转换过程中对电杆放电，作业人员当即触电死亡事故

××配电带电班在 10kV ××线路上更换直线边相针式绝缘子。施工方法是等电位电工站在绝缘斗内解除绝缘子与导线扎线，再更换绝缘子。按操作步骤要求，作业人员等电位前，杆上辅助电工需将绝缘子进行绝缘遮蔽。但在安装绝缘遮蔽工具过程中，由于不够熟练，几次均未装上。绝缘斗内等电位电工见状去帮忙，在转移位置过程中，不慎手扶水泥杆，头部误碰中相导线，当即触电死亡。

11.3 带电断、接引线

11.3.1 不应带负荷断、接引线。

【释义】 带负荷断、接引线相当于带负荷拉、合隔离开关，较大的负荷电流会产生电弧甚至引发短路，并极易造成人身事故，因此规定不应带负荷断、接引线。

【事故案例】 ××电业局在进行带电接断路器引线时引起人身伤亡事故

1998 年 7 月 11 日，××电业局在 110kV ××变电站带电接断路器引线，郑×× 在完成中相后，转向接通左相引线时，忽然一道闪光灼伤其右手造成食指被迫截肢。后调查为某用户私自接通变压器使主变压器带负荷造成事故。

11.3.2 不应用断、接空载线路的方法使两电源解列或并列。

【释义】 若用断空载线路方法将两电源解列，断开负荷电流处会产生电弧，造成人身伤害。如果使用接空载线路方法使两个不同的电源并列，将引起电流分布改变，并列瞬间会有一部分负荷电流从一回路流向另一回路，会在断口处产生电弧，造成人身伤害。因此禁止用断、接空载线路的方法使两电源解列或并列。

【事故案例】 带负荷断引线致作业电工电弧烧伤事故

××带电班组进行 10kV 带电断引线作业，在履行工作许可手续、宣读工作票后开始作业。当绝缘斗内作业人员甲解开引流线扎线，引流线即将与导线脱离时，引流线对甲双手放电。事后发现断开点后端有一台 315kVA 配电变压器漏停，造成带负荷断引流线。

11.3.3 带电断、接空载线路前，应确认后端所有断路器（开关）、隔离开关（刀闸）已断开，变压器、电压互感器已退出运行。

【释义】 在线路后端的断路器和隔离开关未全部断开情况下，进行带电断、接空载线路会造成断、接负荷电流，产生电弧、引发事故。带电断、接空载线路时，后端有未退出运行的变压器、电压互感器等，因其存在充电电流，会产生电弧、引发事故，因此应确认线路后端所有的断路器、隔离开关以及变压器、电压互感器等均确已全部退出运行后，方可进行带电断、接空载线路。

【事故案例】 误带负荷接引线，导致单相接地故障事故

××供电公司带电作业班 4 人，利用绝缘杆作业法带电接 10kV 分支引线作业。待接分支线路为新架设 18 档距导线，共有 315kVA 变压器 8 台。到达作业现场后，工作负责人甲得到调度命令后，宣读工作票，进行危险点分析，交代安全措施和技术措施，指派工作班成员乙、丙为杆上电工，丁为地面电工。工作班成员签字确认后，杆上电工乙、丙穿戴全套的绝缘防护用具，使用登杆工具登杆至适当位置，系好安全带，利用绝缘操作杆进行带

対照事故 学安规（配电部分）

的安全技术措施情况，特别是保留的带电部位、绝缘遮蔽情况以及需要保持的安全距离等，双方确认无误完成转换工序手续后，方可转入下一阶段工作。

【事故案例】 在工序转换过程中对电杆放电，作业人员当即触电死亡事故

××配电带电班在 10kV ××线路上更换直线边相针式绝缘子。施工方法是等电位电工站在绝缘斗内解除绝缘子与导线扎线，再更换绝缘子。按操作步骤要求，作业人员等电位前，杆上辅助电工需将绝缘子进行绝缘遮蔽。但在安装绝缘遮蔽工具过程中，由于不够熟练，几次均未装上。绝缘斗内等电位电工见状去帮忙，在转移位置过程中，不慎手扶水泥杆，头部误碰中相导线，当即触电死亡。

11.3 带电断、接引线

11.3.1 不应带负荷断、接引线。

【释义】 带负荷断、接引线相当于带负荷拉、合隔离开关，较大的负荷电流会产生电弧甚至引发短路，并极易造成人身事故，因此规定不应带负荷断、接引线。

【事故案例】 ××电业局在进行带电接断路器引线时引起人身伤亡事故

1998 年 7 月 11 日，××电业局在 110kV ××变电站带电接断路器引线，郑×× 在完成中相后，转向接通左相引线时，忽然一道闪光灼伤其右手造成食指被迫截肢。后调查为某用户私自接通变压器使主变压器带负荷造成事故。

11.3.2 不应用断、接空载线路的方法使两电源解列或并列。

【释义】 若用断空载线路方法将两电源解列，断开负荷电流处会产生电弧，造成人身伤害。如果使用接空载线路方法使两个不同的电源并列，将引起电流分布改变，并列瞬间会有一部分负荷电流从一回路流向另一回路，会在断口处产生电弧，造成人身伤害。因此禁止用断、接空载线路的方法使两电源解列或并列。

【事故案例】 带负荷断引线致作业电工电弧烧伤事故

××带电班组进行 10kV 带电断引线作业，在履行工作许可手续、宣读工作票后开始作业。当绝缘斗内作业人员甲解开引流线扎线，引流线即将与导线脱离时，引流线对甲双手放电。事后发现断开点后端有一台 315kVA 配电变压器漏停，造成带负荷断引流线。

11.3.3 带电断、接空载线路前，应确认后端所有断路器（开关）、隔离开关（刀闸）已断开，变压器、电压互感器已退出运行。

【释义】 在线路后端的断路器和隔离开关未全部断开情况下，进行带电断、接空载线路会造成断、接负荷电流，产生电弧、引发事故。带电断、接空载线路时，后端有未退出运行的变压器、电压互感器等，因其存在充电电流，会产生电弧、引发事故，因此应确认线路后端所有的断路器、隔离开关以及变压器、电压互感器等均确已全部退出运行后，方可进行带电断、接空载线路。

【事故案例】 误带负荷接引线，导致单相接地故障事故

××供电公司带电作业班 4 人，利用绝缘杆作业法带电接 10kV 分支引线作业。待接分支线路为新架设 18 档距导线，共有 315kVA 变压器 8 台。到达作业现场后，工作负责人甲得到调度命令后，宣读工作票，进行危险点分析，交代安全措施和技术措施，指派工作班成员乙、丙为杆上电工，丁为地面电工。工作班成员签字确认后，杆上电工乙、丙穿戴全套的绝缘防护用具，使用登杆工具登杆至适当位置，系好安全带，利用绝缘操作杆进行带

140

电接分支线路引线。当杆上电工乙、丙互相配合将第一相分支引线安装完毕后，准备接第二相分支引线时，分支引线刚碰触到带电导线时，由于弧光过大，发生弧光接地故障，随即杆上电工乙、丙返回地面。工作负责人甲在对待接分支引线线路进行巡视时，发现一台变压器跌落式熔断器和低压隔离开关没有拉开，导致杆上电工乙、丙带负荷接引线，所幸未发生人身事故。

11.3.4　带电断、接空载线路所接引线长度应适当，与周围接地构件、不同相带电体应有足够安全距离，连接应牢固可靠。断、接时应有防止引线摆动的措施。

【释义】　为防止带电断、接空载线路所接引线过长（与邻近接地构件、不同相的带电体之间安全距离不足）且因摆动半径过大或未固定牢固，造成接地、相间短路或人身触电，要求带电断、接空载线路的引线应与邻近相间、对地保持足够的安全距离，同时要用绝缘绳或绝缘锁杆将引线固定住。

【事故案例】　断引流线时作业人员触电致残事故

××市区6kV××线路系三角布线。该线5号杆分支线煤建公司所属配电变压器的中相跌落式熔断器引流线烧坏，由带电班前往处理。作业人员甲上杆用绝缘大剪将引流线上桩头开断。由于引流线较长，甲在作业时只用绝缘操作杆将引流线钩住，未采取任何固定措施，以致在开断中相后，引线下落时与边相相碰，而引流线的另一端又碰到作业人员甲的右腿上，甲触电致残。

11.3.5　带电接引线时触及未接通相的导线前，或带电断引线时触及已断开相的导线前，应采取防感应电措施。

【释义】　未接通的或已断开的导线两个断头之间存在电位差，作业人员若同时接触两个断头，人体就被串入电路，形成回路，电流则会通过人体造成触电伤害。

【事故案例】　感应电压触电致作业人员烧伤事故

××带电班在110kV××线路93号耐张杆塔上，用搭通跳线的方法接通一段空载线路。进行此项作业的杆上人员共4人，电工甲、乙、丙站在横担上协助工作，丁负责等电位连通。在杆上、杆下和等电位电工丁配合下，接通了右相路线，随即进行中相跳线的连通工作。丙沿停电侧绝缘子串爬至导线上解开临时绑扎在绝缘子上的跳线，乙用绝缘操作杆将跳线传递给甲。甲站在铁塔上用右手去接，由于右相带电，中相出现感应电压，导致中相跳线对甲右手放电，乙立即用绝缘操作杆将跳线挑开，甲才脱离电源，但甲的右手和右脚被烧伤。

11.3.6　带电断、接空载线路时，作业人员应戴护目镜，并应采取消弧措施。断、接线路为空载电缆等容性负载时，应根据线路电容电流的大小，采用带电作业用消弧开关及操作杆等专用工具。

【释义】　空载线路的三相导线之间和导线对地都存在电容，在断、接空载线路瞬间，会有电容电流产生弧光，因此，带电断、接空载线路过程中应使用与电压等级及电容电流相适应的消弧工具，作业人员还应佩戴护目镜。若使用消弧绳，因其本身无消弧能力而仅利用作业人员控制断开速度延伸电弧，达到自熄的目的，消弧能力较差，用此种方法断接的空载线路长度要受到限制（最大长度应不超过规定的数值），以保证在进线断、接操作过程中产生过电压的情况下电弧仍能熄灭，不再重燃。在进行带电断、接的实际操作时，作业人员要距离断开点4m以外，以防止溅弧、飞弧对人身造成伤害。

【事故案例】 带负荷断引流线造成人员截肢事故

××供电公司带电班长刘×持工作票申请停用 10kV 电厂北线重合闸，工作任务是带电断 13 号杆 10kV 引流线。9：00 接到许可命令，9：29 张×指挥带电作业车停靠后，通知李×和王×进行作业，9：40 当李×解开引流线扎线，即将脱落时，引流线对李×双手放电，张×立即命令作业车脱离作业点，并拨打 120 将李×送医院急救，李×右手被截肢。事后发现漏停一台 315kVA 配电变压器，造成带负荷断引流线。

11.3.7 带电断开架空线路与空载电缆线路的连接引线之前，应检查电缆所连接的开关设备状态，确认电缆空载。

【释义】 空载的架空线路与空载电缆都有电容电流，直接连接时有电容冲击电流而产生电弧放电。当电容冲击电流足够大时，就会对作业人员或设备造成伤害。若线路上接有变压器或其他设备而进行断引线作业，会造成带负荷断引线，产生强烈的电弧，引发事故，因此，带电断开空载线路与空载电缆线路的连接引线之前，必须检查电缆所连接的开关设备状态，确认电缆处于空载。

【事故案例 1】 发生弧光短路致使作业人员严重烧伤

××供电公司带电作业班在对 10kV 5km 电缆线路进行改造施工作业，在带电挑火的过程中利用了 10kV 消弧开关进行作业，但作业过程中未对电缆相色进行标记。在电缆改造之后，进行带电搭火，在对第二相引线搭火的瞬间，发生了弧光短路，致使作业人员严重烧伤。

【事故案例 2】 带负荷断引流线造成人员截肢事故

××供电公司带电班长持工作票申请停用 10kV 武南北线重合闸，工作任务是带电断 20 号杆 10kV 电缆引流线。8：00 接到许可命令，通知李×和孙×进行作业，8：20 当李×解开电缆引流线扎线，即将脱落时，电缆引流线对李×双手放电，张×立即命令作业车脱离作业点，并拨打 120，李×被送医院急救，右手截肢，事后发现电缆另一端的隔离开关未断开，负荷未切除，造成带负荷断引流线。

11.3.8 带电接入架空线路与空载电缆线路的连接引线之前，应确认电缆线路试验合格，对侧电缆终端连接完好，接地已拆除，并与负荷设备断开。

【释义】 电缆在施工过程中有损坏的可能，因此在带电接引线之前，应确认电缆线路已经过试验合格、接地已拆除，并已与负荷设备断开，防止故障电缆接入带电线路造成接地或短路，对带电作业人员造成伤害。

【事故案例】 作业前未复勘作业现场，带电接电缆引线造成人员触电身亡事故

××变电站在 2 号变压器停电操作过程中，操作人朱××在验明城柏 3511 号进线电缆头上无电后，未用绝缘电阻表对电缆进行绝缘电阻的检测，未检查电缆另一端的接地线是否拆除的情况下，斗臂车作业人员就进行带电接引线的工作。当第一相电缆引线与架空线路连接瞬间，发生弧光短路致使线路跳闸，作业人员经抢救无效死亡。

11.4 带电短接设备

11.4.1 用绝缘引流线或旁路电缆短接设备前，应闭锁断路器（开关）跳闸回路，短接时应核对相位，载流设备应处于正常通流或合闸位置。

【释义】 短接断路器（开关）前断路器应处于合闸位置，否则，如断路器分闸状态

进行短接相当于短接带负荷的线路，将产生强烈的电弧而危及人身安全。在短接断路器时，如果断路器突然分闸，相电压就有可能加在作业点的断开点，也会产生强烈的电弧而危及人身安全，故应取下断路器跳闸回路的熔断器（保险），并锁死开关的跳闸机构。

【事故案例】 安装绝缘引流线时柱上断路器突然跳闸，作业人员烧伤事故

××供电公司带电作业班4人利用绝缘斗臂车采用绝缘手套作业法进行10kV带电处理柱上断路器引线接点过热作业，线路设置为水平排列。作业人员到达作业现场后，采用引流线短接柱上断路器的作业方法。工作负责人甲得到调度命令后，宣读工作票，进行危险点分析，交代安全措施和技术措施，指派工作班成员乙为斗内电工，丙为专责监护人，丁为地面电工。工作班成员签字确认后，斗内电工乙穿戴全套个人绝缘防护用具，系好安全带，操作绝缘斗臂车进入工作位置。当斗内电工乙将引流线一端已经连接到线路上，正要连接另一端时，断路器突然跳闸，引流线和导线之间燃起电弧，发生带负荷接引线作业，将斗内电工乙烧伤。

11.4.2 旁路带负荷更换开关设备的绝缘引流线的截面积和两端线夹的载流容量，应满足最大负荷电流的要求。

【释义】 短接开关设备的绝缘分流线内会流过一定的电流，为防止分流线或线夹过热，分流线的截面积和线夹的载流容量应满足线路最大负荷电流的要求。在短接开关设备前，应先用钳形电流表测量电流，确认开关设备导通，确认绝缘引流线满足要求，按照带电作业1.2倍安全系数选择对应绝缘引流线，否则必须采取限制系统电流的措施。

【事故案例】 引流线的载流能力不能满足线路最大负荷电流的要求，造成引流线过热燃烧、线路跳闸事故

××电业局配电工区在10kV××线6号杆上处理柱上断路器引线接头发热缺陷，采用绝缘斗臂车、绝缘手套作业法，工作负责人甲指挥工作人员乙操作绝缘斗臂车，使用绝缘引流线旁路柱上断路器，当乙将引流线一端连接到断路器来电侧的线路上，然后将引流线的另一端连接到断路器受电侧的线路上。测通流正常后，断开断路器由于引流线的载流能力不能满足线路最大负荷电流的要求，造成引流线过热而燃烧，致使线路跳闸。

11.4.3 带负荷更换高压隔离开关（刀闸）、跌落式熔断器，安装绝缘引流线时应防止高压隔离开关（刀闸）、跌落式熔断器意外断开。

【释义】 带负荷更换高压隔离开关（刀闸）、跌落式熔断器，作业前应采取专用短接器或用绝缘绳固定等措施，防止隔离开关、跌落式熔断器意外断开（相当于带负荷拉开隔离开关、熔断器，形成较大电弧），对作业人员形成电弧伤害。

【事故案例】 跌落式熔断器自然脱落致作业人员死亡事故

××带电班采用斗臂车处理10kV配电变压器高压侧的跌落式熔断器，等电位电工甲（穿全套屏蔽服，由于天气炎热，上衣扣子未完全扣上）站在绝缘斗内，作业人员操作绝缘斗臂车到达作业位置后，便用短接线短接桩头。当甲完成绝缘引流线与跌落式熔断器上端的高压引流线连接后，正待短接跌落式熔断器的下端时，松弛的跌落式熔断器自然脱落，导致作业人员甲与脱落的跌落式熔断器形成通路，甲当场死亡。

11.4.4 绝缘引流线或旁路电缆两端连接完毕且遮蔽完好后，应检测通流情况正常。

【释义】 绝缘分流线或旁路电缆两端连接完毕且遮蔽完好后，应使用钳形电流表测量绝缘引流线及通过短接设备的电流，如两部分电流基本相等，则可认为引流线安装到位，

以防因引流失效，在开断全负荷（较大电流）时电弧伤害作业人员或失电。

【事故案例】 未进行通流情况的检查就将导线剪断，造成电工被烧伤事故

2013 年 5 月，××供电公司进行 10kV 线路 32 号直线杆改耐张杆的作业，工作负责人赵×指挥作业人员采用旁路作业法进行作业。作业人员按作业程序对线路进行遮蔽，将直线杆两侧搭接旁路电缆，搭接之后未进行通流情况的检查，就将导线剪断，造成带负荷挑火将斗内电工烧伤。

11.4.5　短接故障线路、设备前，应确认故障已隔离。

【释义】 线路、设备存在接地、相间短路等故障时，如未隔离故障即冒险进行短接会产生电弧，造成作业人员人身伤害，甚至影响电网安全。

【事故案例】 处缺未采取措施就进行作业产生过电压事故

××供电公司 485 线路 01 号支线去往医院的主干线路绝缘子损坏，导线将要掉落，需要紧急处理。带电班经过现场勘察，判断绝缘斗臂车无法进入作业点进行抢修，于是采用旁路作业法进行处理。在旁路作业的过程中，由于线路的轻微抖动，缺陷绝缘子上的导线掉落到横担上使线路跳闸产生过电压。

11.5　高压电缆旁路作业

11.5.1　采用旁路作业方式进行电缆线路不停电作业时，旁路电缆两侧的环网柜等设备均应带断路器（开关），并预留备用间隔。负荷电流应小于旁路系统额定电流。

【释义】 采用旁路作业方式进行电缆线路不停电作业时，需先通过两侧的环网柜备用间隔安装旁路电缆进行临时供电，然后再进行故障电缆更换。当作业过程中发生故障时，环网柜带有的断路器（开关）能及时切除故障，以保证作业人员人身安全。

【事故案例】 旁路电缆不满足负荷电流要求，致使线路全停事故

××供电公司带电作业班采用旁路作业法更换两环网箱之间的电缆。在未进行危险点分析、未确认检修电缆负荷电流的情况下就开展工作，旁路设备与待检修电缆并列运行，没有对旁路设备和待检修电缆进行电流检测就拉开待检修电缆开关，当旁路供电 10min 时，旁路电缆至旁路开关 5m 处过热发生相间短路，造成线路全停，所幸没有人员伤亡。

11.5.2　旁路电缆终端与环网柜（分支箱）连接前应进行外观检查，绝缘部件表面应清洁、干燥，无绝缘缺陷，并确认环网柜（分支箱）柜体可靠接地；若选用螺栓式旁路电缆终端，应确认接入间隔的断路器（开关）已断开并接地。

【释义】 为防止作业人员发生触电伤害，旁路电缆终端与环网柜（分支箱）连接前应进行外观检查，并确认柜体可靠接地，若选用螺栓式旁路电缆终端，应确认接入间隔的断路器（开关）已断开并接地。

【事故案例】 带负荷搭火致使作业人员严重烧伤事故

××供电公司带电作业班采用旁路作业法更换两环网箱之间的电缆，在未对环网柜进行外观检查，未确认柜体是否接地，未对接入间隔断落器开关是否断开检查的情况下，直接采用螺栓式旁路电缆终端进行搭火，导致作业人员严重烧伤。

11.5.3　电缆旁路作业，旁路电缆屏蔽层应在两终端处引出并可靠接地，接地线的截面积不宜小于 25mm²。

【释义】 电缆屏蔽层感应电压会在闭合回路中产生环流，如果采取单端接地、另一端

对地绝缘时，则没有电流流过，感应电压与电缆长度成正比，当电缆线路较长时，过高的感应电压可能危及人身安全、导致触电事故。因此，旁路电缆屏蔽层必须在两终端引出并予以可靠接地且接地线的截面积不宜小于 $25mm^2$。

11.5.4　采用旁路作业方式进行电缆线路不停电作业前，应确认两侧备用间隔断路器（开关）及旁路断路器（开关）均在断开状态。

【释义】　旁路电缆在接入时会存在电容电流，为防止接入作业人员触电，要求在采用旁路作业方式进行电缆线路不停电作业前，先检查确认电缆接入两侧备用间隔的断路器（开关）及旁路断路器（开关）均在断开状态，再将旁路电缆接入。

【事故案例】　带负荷搭接旁路电缆引发弧光事故

××供电公司带电作业班采用旁路作业法更换两环网箱之间的电缆。工作负责人甲宣读工作票，交代安全措施和技术措施就对工作班成员分工。在敷设旁路电缆完成后，未检查旁路负荷开关是否在断开状态，就进行了两侧旁路电缆的搭接，在搭接的过程中产生了弧光，于是工作负责人下令停止作业，进行检查，发现旁路负荷开关为闭合状态，由于旁路电缆较长产生的弧光。

11.5.5　旁路电缆使用前应进行试验，试验后应充分放电。

【释义】　电缆试验过程中电缆被加压，通常试验电压要几倍于正常运行电压，试验过程中电缆会储存大量电能，因此试验后应将电缆充分放电，以防止人员触电。

【事故案例】　作业人员未对试验后的电缆进行放电导致触电事故

2010 年 3 月 5 日，××供电局检修××厂 10kV 配电变压器，试验人员李××需要取下临时接地线并拆除电缆头，对电缆做绝缘电阻试验。李××在没有汇报调度和工作负责人的情况下，让试验人员刘××取下临时接地线并拆除电缆头，试验完毕后刘××没有对试验后的电缆进行放电并恢复接地线。当试验人员潘××对电缆头进行恢复时发生触电事故。

11.5.6　旁路电缆安装完毕后，应设置安全围栏和"止步，高压危险！"标示牌，防止旁路电缆受损或行人靠近旁路电缆。

【释义】　在安装好的旁路电缆周围及时装设围栏及警示标牌，目的是防止车辆碰撞电缆，防止人员接近电缆发生意外伤害。

【事故案例】　现场措施不到位导致发生外来人员砸伤事故

××供电公司配电运检班进行 10kV××线路绝缘导线更换工作，该线路属于城区线路，距离居民区较近，工作人员在施工范围内设置了警示牌和围栏后开始施工。中午休息期间，工作负责人王××带领班组成员去吃饭，留李××看守，由于中午温度较高，李××便躲在阴凉处休息，打起瞌睡。12：35 左右，李××听到孩子的哭喊声，应声望去，发现一个十二三岁男孩被脚手架砸伤，随即拨打 120 将其送往医院抢救，男孩左腿严重骨折。该事故中，李××玩忽职守，未做好现场看护工作，导致男孩进入围栏范围引发安全事故，是造成事故的重要原因。

11.6　带电立、撤杆

11.6.1　作业前，应检查作业点两侧电杆、导线及其他带电设备是否固定牢靠，必要时应采取加固措施。

【释义】　带电进行立、撤电杆作业时，作业点两侧的电杆、导线及其他带电设备将受到更大的应力，若这些杆、线、设备固定不牢靠，作业时可能引起倒杆、绝缘子断裂、导线脱落等，危及作业人员、线路运行安全。因此，作业前应进行检查，确认作业点两侧电杆、导线及其他带电设备固定牢靠，或在对其进行加固后，方可进行作业。

【事故案例】 带电作业两侧电杆未采取加固措施导致线路跳闸造成大面积停电事故

2011 年 5 月，××供电公司带电作业班利用绝缘斗臂车采用绝缘手套作业带电更换 10kV 某线路×号杆，由于该直线杆在道路旁被机动车撞击，两侧电杆已受力，需要紧急更换。在更换的过程中，吊车对×号杆进行防倒保护，斗上作业人员进行绝缘遮蔽，在遮蔽中相导线的时候因小号侧直线电杆位移，导线突然掉落到横担，造成线路跳闸，致使线路大面积停电。

11.6.2 作业时，杆根作业人员应穿绝缘靴、戴绝缘手套；起重设备操作人员应穿绝缘鞋或绝缘靴。起重设备操作人员在作业过程中不应离开操作位置。

【释义】 带电立、撤杆时电杆接地未连接或已拆除，若作业人员扶持杆根、起重操作人员起吊电杆，可能受到感应电伤害，因此，杆根作业人员应穿绝缘靴、戴绝缘手套，起重设备操作人员应穿绝缘靴且作业过程中不得离开操作位置（与电杆保持等电位）。

【事故案例】 杆梢碰触导线致作业人员触电事故

××工程班 7 人带领民工 8 人在××机械厂架设低压线路。新组立水泥杆（杆高 10m）与运行的 10kV 配电线路平行距离仅 1.5m。在此种情况下，未采取任何措施，仅用两根白棕绳控制杆梢。当电杆起吊到一定位置后，由甲、乙二人扶杆根倾斜进洞时，拦风绳无法控制，致使杆梢碰触平行的 10kV 导线，造成扶杆根的甲、乙二人及推绞磨的 9 人全部触电。乙脱离电源后前往协助控制揽风绳将杆梢脱离电源。但在脱离过程中又造成两相导线短路、线路跳闸，触电人员才脱离电源。

11.6.3 立、撤杆时，起重工器具、电杆与带电设备应始终保持有效的绝缘遮蔽或隔离措施，并有防止起重工器具、电杆等的绝缘防护及遮蔽器具绝缘损坏或脱落的措施。

【释义】 配电线路带电立、撤杆时，因导线间距小，起重工器具和电杆存在误碰带电设备的风险，为防止误碰带电设备造成单相接地或短路事故，立、撤杆前应对电杆、导线（及有关设备）做好绝缘隔离或绝缘遮蔽措施，并用辅助绝缘绳等将绝缘隔离物或绝缘遮蔽物予以可靠固定，保持绝缘遮蔽或隔离措施始终有效。

【事故案例】 绝缘遮蔽的有效绝缘长度不足造成线路跳闸事故

××带电班在某 10kV 线路上利用吊车进行更换电杆，起吊前对导线进行绝缘遮蔽，起吊电杆的 2 根绝缘绳系在将要安装横担的下方，由地面电工控制电杆的方向进行起吊，防止电杆碰触导线。在电杆杆梢到达两相导线之间时，发生相间短路，致使线路跳闸，事后发现是两相导线的绝缘遮蔽有效绝缘长度不足而造成的事故。

11.6.4 立、撤杆时，应使用足够强度的绝缘绳索作拉绳，控制电杆的起立方向。

【释义】 带电立、撤杆时电杆本身未接地，为了控制电杆的运动轨迹，防止电杆触碰带电部位造成单相接地或短路，要求必须用足够强度的绝缘绳索作为控制拉绳，拉绳设置在电杆适当位置，指定专人控制拉绳，以保证立、撤杆作业安全进行，避免泄漏电流对作业人员造成伤害。

【事故案例】 绝缘绳脏污导致触电事故

××带电班组使用绝缘斗臂车采用绝缘手套作业法进行带电加立杆工作，导线为三角排列。作业方法为：利用绝缘斗臂车将中相和一边相导线拉开；另一边相在用绝缘绳系牢后由地面电工甲拉开。吊车直插立杆并夯实过程中，甲突然感到身体麻，下意识松开了手中的绝缘绳，导致边相导线对电杆上预安装好的抱箍放电，抱箍烧熔，未造成人员伤亡。事后检查发现，绝缘绳确属作业前从库房领出，但表面严重脏污。

11.7　使用绝缘斗臂车的作业

11.7.1　绝缘斗臂车应根据 DL/T 854 定期检查。

【释义】　绝缘斗臂车应经检验机构检验合格，各项试验和检查应符合 DL/T 854—2004《带电作业用绝缘斗臂车的保养维护及在使用中的试验》的相关规定。

【事故案例】　作业前未检查绝缘斗臂车导致人员滞留空中

1999 年 11 月，××供电局高××利用高架绝缘斗臂车对 10kV 线路进行带电作业，由于其刚取得高架绝缘斗臂车操作资格同时带电班也刚成立，人员的经验和对带电作业的认识能力不够，在作业前未对绝缘斗臂车进行检查，造成在带电作业中绝缘斗臂车滞留在空中。

11.7.2　绝缘臂的有效绝缘长度应大于 1.0m（10kV）、1.2m（20kV），下端宜装设泄漏电流监测报警装置。

【释义】　绝缘斗臂车是一种支撑工作人员进行高处带电作业的绝缘装置，其绝缘性能的好坏对保证带电作业人员的安全十分重要，应定期进行试验和维护保养。绝缘臂的有效绝缘长度应大于 1.0（10kV）、1.2m（20kV），这是保证带电作业人员安全的必备条件。绝缘斗臂车下端装设泄漏电流监测报警装置，可随时了解泄漏电流的大小，确定其绝缘水平。

【事故案例】　绝缘斗臂车绝缘臂有效长度不足造成人身电弧烧伤事故

2007 年 8 月 15 日，××供电局在用高架绝缘斗臂车对 10kV××线路进行带电接空载线路时，由于赵××现场指挥不当，使高架绝缘斗臂车绝缘臂的有效长度仅为 0.8m，造成作业人员曹××、陆××电弧烧伤。

11.7.3　绝缘斗不应超载工作。

【释义】　由于配网线路复杂，作业人员的工作位置往往处于几个电气设备之间。此时，绝缘斗如果超载作业，可能会发生下滑或移动，在突然改变作业人员的位置时，有可能会发生不同电位间触碰，造成作业人员的人身伤害，因此，禁止作业中绝缘斗超过核定载荷。

【事故案例】　斗臂车超载作业导致绝缘臂下滑断路器掉落到地面事故

2007 年 8 月 15 日，××供电局在用高架绝缘斗臂车对 10kV××线路进行带电拆除旧断路器时，由于赵×现场指挥不当，工作班成员为了尽快完成作业，在线路复杂、空间距离小的情况下，利用绝缘斗将旧断路器移至地面，作业过程中因超载导致绝缘臂下滑，断路器掉落到地面。

11.7.4　绝缘斗臂车操作人员应服从工作负责人的指挥，作业时应注意周围环境及操作速度。在工作过程中，绝缘斗臂车的发动机不应熄火（电能驱动型除外）。接近和离开带电部位时，应由绝缘斗中人员操作。

【释义】　高架绝缘斗臂车操作人员作业时，由于所处位置、角度关系，无法顾及周边情况，故应服从工作负责人的指挥。斗臂车在道路边、人员密集等区域作业时，应正确设置交通警告标志和安全围栏。斗臂车在工作过程中，发动机不应熄火，以备意外情况发生时能及时处理。如绝缘斗臂由下部操作人员操作，在车斗接近和离开带电部位时，应由斗中人员操作，便于带电作业安全进行。为了在上部操作失效时能及时进行应对，下部操作人员不准离开操作台。如绝缘斗臂由斗中人员操作时，应由专人操作。即一人操作斗臂，一人进行带电作业。工作负责人应加强对下部操作台的监护，以免其他人员进入下部操作台发生误操作。

【事故案例】 高架绝缘斗臂车操作过程中熄火造成触电事故

2001年11月，××电业局在利用高架绝缘斗臂车对35kV××线路进行带电接短接断路器时，高架绝缘斗臂车操作人员代××将发动机熄火，斗中作业人员赵××在短接时由于位置调节不当造成触电事故。

11.7.5 绝缘斗臂车应选择适当的工作位置，支撑应稳固可靠；机身倾斜度不应超过制造厂的规定，必要时应有防倾覆措施。

【释义】 使用绝缘斗臂车进行带电作业时，作业位置处于高空并邻近强电场，因此车辆本身稳定、可靠是保证安全完成带电作业的最基本条件。绝缘斗臂车停放位置应首先保证稳定、尽量方便工作斗到达作业位置、尽量避开附近电力线和障碍物。车辆及支撑腿应避免停放在不牢固、不稳定之处（如沟道盖板上等）。遇软土地面，应在撑腿下置放垫块或枕木；遇坡地，停放处坡度不应大于7°且车头应朝下坡方向。车辆支撑应到位，前后、左右呈水平（坡地停放时，前后水平差不应大于3°）

【事故案例】 绝缘斗臂车支撑不稳固发生侧翻导致斗内人员重伤事故

××供电公司带电作业班4人利用绝缘斗臂车采用绝缘手套作业法进行10kV带电更换杆上三相悬式绝缘子。作业杆塔距离路边为7m，工作负责人甲得到调度命令后，宣读工作票，进行危险点分析，交代安全措施和技术措施，指派工作班成员乙为斗内电工，丙为专责监护人，丁为地面电工。工作班成员签字确认后，斗内电工乙穿戴全套个人防护用具，系好安全带操作绝缘斗臂车进行带电更换杆上悬式绝缘子。当斗内电工乙操作绝缘斗臂车更换到最远处悬式绝缘子时，绝缘斗臂车已经接近限位位置。当斗内电工乙与地面电工丁上下传递悬式绝缘子时，绝缘斗臂车靠近作业点的两个支腿慢慢下沉，斗内电工乙发现绝缘斗臂车工作斗有变化时，以为是上下传递悬式绝缘子绝缘斗臂车颤动的正常变化，因而继续作业。当工作负责人甲发现绝缘斗臂车支腿下沉时，要求斗内电工乙操作绝缘斗臂车返回原位时已经来不及，由于绝缘斗臂车到达接近极限位置，支腿下沉越来越快，导致绝缘斗臂车侧翻，斗内电工乙多处重伤。

11.7.6 绝缘斗臂车使用前应在预定位置空斗试操作一次，确认液压传动、回转、升降、伸缩系统工作正常、操作灵活，制动装置可靠。

【释义】 为验证斗臂车工况合格、保证带电作业安全顺利进行，使用斗臂车前，必须对各传动、升降和回转系统进行认真检查，确认其操作灵活、制动可靠，然后按照实际作业高度位置空斗进行试验，确认无异常后方可上人开始作业。

11.7.7 绝缘斗臂车的金属部分在仰起、回转运动中，与带电体间的安全距离不应小于0.9m（10kV）、1.0m（20kV）。工作中车体应使用不小于 $16mm^2$ 的软铜线良好接地。

【释义】 （1）绝缘臂下节金属部分的外形几何尺寸大，活动范围相应也大，在仰起回转等过程中，操作人员难以控制与带电体的准确距离，故其安全距离要增加 0.5m，与带电体间的安全距离不得小于 0.9m（10kV）或 1.0m（20kV）。

（2）绝缘斗臂车本体为金属部件，而支撑本体的轮胎为绝缘体，为了防止产生感应电，车体应良好接地。

【事故案例】　绝缘斗臂车金属臂碰触跌落式熔断器发生短路事故

××供电公司带电作业班 4 人利用绝缘斗臂车采用绝缘手套作业法进行 10kV 带电更换变压器台（H 型）杆 B、C 相导线针式缘子作业。线路设置为水平排列，C 相针式绝缘子处于变压器台的副杆（引下线杆），B 相针式绝缘子处于另一电杆。到达作业现场后，工作负责人甲得到调度命令后，宣读工作票，进行危险点分析，交代安全措施和技术措施，指派工作班成员乙为斗内电工，丙和丁为地面电工。工作班成员签字确认后，斗内电工乙穿戴全套个人绝缘防护用具，进入绝缘斗臂车的工作斗内系好安全带，操作绝缘斗臂车进入工作位置。斗内电工做好绝缘遮蔽措施后，带电更换 10kV 直线杆针式绝缘子 B 相工作结束后，斗内电工乙操作绝缘斗臂车，准备进入更换 C 相针式绝缘子的作业位置，由于注意力全部集中在作业点，忘记下面有变台跌落式熔断器，绝缘斗臂车的铁臂逐渐靠近带电的变台跌落式熔断器。此时工作负责人发现并呼喊斗内电工乙进行制止，但为时已晚，绝缘斗臂车的铁臂触碰 A 相变台跌落式熔断器发生事故。

11.8　带电作业工器具的保管、使用和试验

11.8.1　带电作业工具存放应符合 DL/T 974 的要求。

【释义】　带电作业工具存放应符合 DL/T 974—2018《带电作业用工具库房》的要求，带电作业工具库房应通风良好、清洁干燥、相对湿度小于 60%、室内温度略高于室外且不宜低于 0℃。

【事故案例】　带电作业工器具保管不当造成工器具不合格

××供电局带电作业班库房整治两周，需要将所有工器具搬出，该供电局因办公场所限制，不能找到合格的房间堆放带电作业班工器具，只有一地下室空置，但特别潮湿。为了保证库房整治顺利完成，最终还是决定将工器具摆放到地下室，但要求库房整治结束后，所有地下室的工器具必须试验后再放入新库房。两周后，在将地下室工器具搬入整治好库房前的试验中，发现因为保管不当，有 30% 的工器具试验不合格。

11.8.2　带电作业工具的使用

11.8.2.1　带电作业工具应绝缘良好、连接牢固、转动灵活，并按厂家使用说明书、现场操作规程正确使用。

【释义】　（1）为避免损坏的工具用于现场作业、保证作业安全，带电作业工具在使用之前必须进行检查、检测，主要检查外观是否损坏、变形、失灵，连接是否牢固、转运是否灵活等。使用洁净、干燥的抹布擦拭工具表面，并使用 2500V 绝缘电阻表或绝缘检测仪进行分段绝缘检测（电极宽 2cm，极间宽 2cm），阻值应不低于 700MΩ。

（2）带电作业工具种类、型号多，为保证使用人员安全，应按说明书、现场操作规程等正确使用。操作绝缘工具时应戴清洁、干燥的手套，并应防止绝缘工具在使用中脏污和受潮。

【事故案例】 带电作业使用绝缘性能不合格绝缘杆导致人员截肢事故

1991 年 1 月 27 日，××电业局带电作业班带电更换邹×线 240 号塔绝缘子串。10：35，线路解除重合闸；11：40，开始更换左相绝缘子串；12：45，左相绝缘子串更换结束。接着将工具转移到中相，准备更换中相绝缘子串，地面作业人员将绝缘吊杆提升到横担下面。横担上地电位工作人员胡××提绝缘吊杆吊钩靠近导线时，忽然听到一声巨响，看到一个大火球，塔上人员胡××右手小指被炸掉，邹×线掉闸。

11.8.2.2 带电作业工具使用前应根据工作负荷校核机械强度，并满足规定的安全系数。

【释义】 使用带电作业工具时，如果工作负荷超过机械强度，会造成工具的损坏，危及人身安全，因此使用前必须认真核对相关参数是否满足规定的安全系数。

【事故案例】 带电班用安全系数不合格的绝缘硬梯作业导致人员受伤事故

1988 年 7 月 20 日，××供电局带电班对××线路 22-31 号杆段采用绑扎方法处理导线断股。按规定要求，不能使用软梯，故决定使用长 2.6m 的绝缘硬梯。但因绝缘硬梯未满足规定的安全系数，绝缘梯上端 0.5m 处朝北面折断，造成等电位作业人员随断梯摔落地面骨折。

11.8.2.3 运输过程中，带电绝缘工具应装在专用工具袋、工具箱或专用工具车内，以防受潮和损伤。发现绝缘工具受潮或表面损伤、脏污时，应及时处理，使用前应经试验或检测合格。

【释义】 为防止带电作业工具在运输过程中受潮和损伤，应将其装在相应的专用工具袋、工具箱或专用工具车内。发现绝缘工具受潮、脏污时，应采用干净的棉布进行擦拭或烘干处理，进行绝缘检测合格后方可使用；如果绝缘工具受潮、脏污较为严重及表面损伤，应送回厂家进行处理，并应经有资质的试验单位试验合格后方可继续使用。

高架绝缘斗臂车在运输过程的保护应符合 DL/T 854—2004《带电作业用绝缘斗臂车的保养维护及在使用中的试验》的规定。

11.8.2.4 进入作业现场应将使用的带电作业工具放置在防潮的帆布或绝缘垫上，以防脏污和受潮。

【释义】 为保证带电作业工具在作业现场的安全使用，作业现场应有防潮的帆布或绝缘垫，用来临时放置带电作业工具，避免其因天气、环境等造成工具脏污、受潮而降低绝缘性能。帆布或绝缘垫应放置在干燥清洁的环境中，使用后清理干净、及时收回。

【事故案例】 使用脏污软梯带电处理导线断股导致放电事故

××电业局线路工区的带电检修班在 110kV××线路 231~232 档距间处理导线断股。该档跨越一条 0.4kV 线路，交跨距 4.2m，作业人员在该档用软梯进行检修。组装后，作业人员登软梯开始作业，因软梯脏污，绝缘系数不够，致使 110kV××线与 0.4kV 线路放电，0.4kV 导线被烧断，××线三相导线轻微损伤。

11.8.2.5 不应使用有损坏、受潮、变形或失灵的带电作业装备、工具。操作绝缘工具时应戴清洁、干燥的手套。

【释义】 为保证作业人员人身安全，不合格的带电作业工具应及时予以报废，严禁使用。操作绝缘工具时应戴清洁、干燥的手套，防止绝缘工具在使用时因脏污、受潮降低绝缘性能，危及人身安全。

【事故案例】　使用受潮绝缘绳导致人员电击事故

××电力公司线路工区带电班进行 10kV 带电拆除导线异物时，在工作前没有对工器具进行检查。到达工作现场后甲×将绝缘绳抛过有杂物的导线，将绝缘绳循环后拉至线路杂物处进行处理。在拉至受潮的绝缘绳过程中，绝缘绳的泄漏电流增大，幸好工作人员反应快及时摆脱了潮湿的绝缘绳，避免被电击。事后得知该绝缘绳在前天工作中受潮，另一班组使用受潮后归还仓库时，没有告知仓库管理员。

11.8.3　带电作业工器具预防性试验应符合 DL/T 976 的要求。

【释义】　带电作业工器具预防性试验的目的是发现不合格工器具，防止因使用不合格的工器具引发人身触电事故。软质绝缘带电作业工器具试验每半年一次，硬质绝缘带电作业工器具每年试验一次。

【事故案例】　穿用未试验屏蔽服导致人身伤亡事故

××供电公司带电班在 10kV××线××分支上，用绝缘三角板等电位更换耐张绝缘子。身穿全新屏蔽服的闫××负责等电位操作，在组装好三角板后，闫××进入等电位。当闫××准备取出绝缘子弹簧销子时，由于三角板晃动，闫××的右手不慎碰到未遮盖的靠横担侧绝缘子铁帽，右胸部碰触导线侧绝缘子与耐线张夹连接的螺栓，造成电流经胸部及右手接地，后闫××抢救无效死亡。事后经调查，闫××所穿屏蔽服未进行试验。

11.8.4　带电作业遮蔽和防护用具试验应符合 GB/T 18857 的要求。

【释义】　GB/T 18857—2019《配电线路带电作业技术导则》规定了 10～35kV 电压等级配电线路带电作业的一般要求、工作制度、作业方式、技术要求、工器具的试验及运输、作业注意事项和典型作业项目。绝缘防护用具是指由绝缘材料制成，在带电作业时对人体进行安全防护的用具。绝缘遮蔽用具是指由绝缘材料制成，用来遮蔽或隔离带电体和邻近的接地部件的硬质或软质用具。这些用具必须满足国家标准要求，否则容易引起人身触电事故。

12 二次系统工作

12.1 一般要求

12.1.1 工作人员在现场工作过程中，凡遇到异常情况（如直流系统接地等）或断路器（开关）跳闸时，不论是否与本工作有关，都应立即停止工作，保持现状；继续工作前应查明原因，确认与本工作无关。若异常情况或断路器（开关）跳闸是本工作所引起，应保留现场并立即通知运维人员。

【释义】 紧急处理二次系统上的工作要求是"停止工作、保持现场、查明原因"。遇到开关跳闸、直流系统接地等异常情况，应立即停止工作、保持现状，防止因继续工作造成事故扩大；同时，第一时间与运维人员联系确认事故是否为本工作引起，待查明原因后，继续工作或采取相应措施。

【事故案例】 ××供电公司开关柜擅自解锁扩大作业范围触电致人死亡事故

2013 年 4 月 12 日，××供电公司 35kV 堂×变电站 10kV 罗×线 456 断路器消缺过程中，作业人员刘×擅自取下后柜门解锁钥匙，移开围栏，打开后柜门欲向机构连杆加注机油，触及带电设备触电死亡。

12.1.2 继电保护装置、配电自动化装置、安全自动装置和仪表、自动化监控系统的二次回路变动时，应及时更改图纸，并按经审批后的图纸进行，工作前应隔离无用的接线，防止误拆或产生寄生回路。

【释义】 二次回路的基本要求是图实相符。二次回路改变连接或更换部分元器件，图纸未及时修改，档案图纸就和实际接线不能对应，时间周期一旦过长，不利于故障排查及事故抢修，甚至可能诱发保护不正确动作。因此，二次回路的变动要履行一定的审批流程，执行设备异动申请手续，保证图纸与实际接线相一致。没用的接线经核对后应及时拆除，防止寄生回路产生造成设备投入运行后发生误动或拒动。

【事故案例】 ××供电公司更改二次接线致断路器误动事故

××供电公司 110kV 变电站 10kV 开关柜接地方式改为小电阻接地。更改二次接线过程中，产生一些无用的引线。作业人员将这些无用的引线随意拨到屏内角落位置，未进行采取相应措施隔离清除。运行一段时间后，断路器突然跳闸，而装置没有任何保护信号。经过检查发现，屏内一根带正电的无用接线掉落到跳闸出口接点，导致断路器跳开。

12.1.3 二次设备箱体应可靠接地且接地电阻应满足要求。

【释义】 二次设备箱体必须可靠接地且接地电阻满足要求是防止二次箱体带电造成低压触电伤害。

12.2 电流互感器和电压互感器工作

12.2.1 电流互感器和电压互感器的二次绕组应有一点且仅有一点永久性的、可靠

的保护接地。 工作中，不应将回路的永久接地点断开。

【释义】 二次回路接地可造成一次高压通过互感器绕组间的电容耦合成绝缘击穿，导致二次侧电压升高，对二次设备和其上工作人员的安全构成威胁。二次侧有两点或多点接地时，由于故障情况下接地网并不是完全的等电位，尤其是在系统发生接地故障或雷击等其他大电流注入地网事件发生时，将会有电流流经不同的接地点，影响电流互感器或电压互感器的测量精度，甚至造成保护不正确动作。为保护人身和设备安全，工作中禁止将接地点断开。

【事故案例】 ××厂电压、电流回路均两点接地致保护误动事故

2010 年，××厂向检修公司反映，雷雨季节期间该厂 35kV 变电站 10kV××线保护装置频繁跳闸，请求对线路保护进行全面检查。经检查，该线路保护电压回路、电流回路存在两点接地（端子箱、保护屏），其 10kV 场地在山坡上，地势较高，主控室在山坡下，地势较低且电缆长度超过 300m，雷雨天气时，形成的感应电压致使保护开放闭锁，造成保护误动。

12.2.2 在带电的电流互感器二次回路上工作，应采取措施防止电流互感器二次侧开路（光电流互感器除外）。短路电流互感器二次绕组，应使用短路片或短路线，不应使用导线缠绕。

【释义】 正常运行时，电流互感器二次负载电阻很小，二次电流产生的磁通势对一次电流产生的磁通势起去磁作用，互感器铁芯中的励磁电流很小，二次绕组的感应电动势不超过几十伏。如果二次回路开路，一次电流产生的磁通势全部转换为励磁电流，引起铁芯内磁通密度增加，甚至饱和，会在二次绕组两端产生很高的电压，甚至可达几千伏，损坏二次绕组的绝缘，威胁工作人员的人身安全。二次开路还会引起铁芯损耗增大，造成发热，严重时甚至损坏一次绝缘。

短路电流互感器二次绕组，应使用短路片或短路线，确保连接可靠。使用导线缠绕，容易造成接触不良或虚接，导致二次回路开路，对人身和设备安全造成严重威胁，因此，禁止用导线缠绕。

【事故案例】 ××变电站电流二次回路开路事故

2008 年 4 月，110kV××变电站 10kV××线路保护装置突然起火，造成保护装置烧毁，线路在失去保护的情况下被迫停运。检修人员到达现场后发现，该保护装置内部保护一组电流回路 C 相有两根导线缠绕搭接，并且已经松脱，经分析认为该点电流回路开路是导致本次事故的直接原因。

12.2.3 在带电的电压互感器二次回路上工作，应采取措施防止电压互感器二次侧短路或接地。接临时负载，应装设专用的隔离开关（刀闸）和熔断器。

【释义】 正常运行时，电压互感器是一个内阻极小的电压源，负载阻抗极大，相当于开路状态，二次侧电流很小。二次侧短路或接地时，会产生很大的短路电流，使熔丝熔断（或快速开关跳闸），失去电压，将影响有电压元件的二次装置误动或拒动，严重时会烧坏电压互感器。电压互感器二次回路短路电流很大，为防止人身伤害，工作时应使用绝缘工具，戴绝缘手套。

接临时负载时，不可控因素较多，工作中遇紧急状况需及时切断电源，同时避免越级熔断造成运行设备失压误动，故要求装设专用隔离开关和断路器。

【事故案例】　××供电公司误碰 TV 二次线致保护闭锁事故

××供电公司进行 110kV××变电站 10kV××线断路器保护装置检查工作，检修人员对开孔作业做安全措施，在解开母线电压回路时，并未使用经过绝缘处理的工器具，由于螺丝刀刀口正在解线，刀杆碰到了已经解开的另一相电压回路二次线，造成 10kV 母线 TV 断路器跳闸，使得该变电站所有 110kV 保护装置 TV 断线告警，闭锁保护的不安全事件发生。虽未造成严重后果，但此次不安全事件如果遇到区外故障等因素，极易引发保护装置误动、拒动。

12.2.4　二次回路通电或耐压试验，加压前应通知运维人员和其他有关人员，并派专人到现场看守，检查二次回路及一次设备上确无人工作

【释义】　在互感器二次回路上进行通电或耐压试验，可能会通过互感器在一次设备上产生高电压，此时如果一次设备上有人，则会造成人身伤害。因此，应通知运维人员和有关人员停止被试验回路上的其他工作，并派人到现场看守，检查二次回路及一次设备上确无人工作后，方可加压。

12.2.5　电压互感器的二次回路通电试验前，应将二次回路断开，并取下电压互感器高压熔断器或拉开电压互感器一次隔离开关（刀闸），防止由二次侧向一次侧反送电。

【释义】　二次回路通电试验时将二次回路断开的目的是防止由二次侧向一次侧反送电，使高压侧其他设备、线路带电造成触电事件，因此要将二次回路断开，同时将高压拉开，将电压互感器二次与一次隔开、一次与电网隔开。

【事故案例】　××检修公司 TV 反送电致人触电事故

2003 年×月，××供电公司进行 110kV××变电站 10kV××线路年检工作。工作负责人谢××做安全措施时，在 10kV××线路断路器保护屏将线路 TV 用户侧二次接线解开，并做好绝缘包扎处理，向工作班成员徐××、严××说明该回路的原理后，特别交代试验线不得夹在做好包扎的电缆上，之后就将保护试验工作交给了徐××、严××就暂时离开了。此时，一次检修人员张××正在线路 TV 上进行清扫绝缘子工作，突然线路 TV 对张××放电，张××当场被击晕。事后查明，工作班成员徐××进行保护试验接线时，解开了线路 TV 用户侧绝缘包扎，将试验线接到了该回路，导致由二次侧向一次侧反送电，线路 TV 放电击晕张××。

12.3　现场检修

12.3.1　现场工作开始前，应检查确认已做的安全措施符合要求、运行设备和检修设备之间的隔离措施正确完成。工作时，应仔细核对检修设备名称，严防走错位置。

【释义】　二次设备从外观看，运行设备与被检验设备的型号、相对位置等差别不大，容易看错设备、走错间隔。因此，在二次系统工作前，应仔细检查安全措施是否符合要求、隔离措施是否完备，核对检修设备双重名称，严防误入间隔。

现场安全措施包括：在一、二次运行设备和检修设备之间采取隔离措施，明确工作间隔中保留的带电部分；在工作屏的正、背面设置"在此工作！"标示牌，相邻的运行屏仍有运行设备或工作屏柜有运行设备，必须有明显标志，防止人员误碰运行设备。

12.3.2　在全部或部分带电的运行屏（柜）上工作，应将检修设备与运行设备以明显的标志隔开。

【释义】　全屏柜停运时，相邻运行屏（柜）前、后均要挂"运行设备"红布幔、"运行，禁动"提示标识和设置围栏、硬质遮栏等。在部分带电的运行屏柜上工作时，屏柜前后带电设备（包括端子排、连接片、切换开关等）应使用专用的界隔屏、板、架、尼龙膜护罩等进行隔离。

【事故案例】 运维人员误接线致使断路器误动作事故

110kV××变电站 10kV 静×线路断路器保护装置检查工作中，同一保护屏上有另一 10kV 静×线路断路器保护装置处于运行状态。开工前，运维人员表示站内无任何需要进行隔离的设备，所以屏上并未做任何隔离措施即开始工作。整组实验过程中，调度打来电话询问为何 10kV 静×线路断路器连续分合，这时运维人员与检修人员才发现保护调试仪的试验线接到了运行装置的端子排上。未将检修设备与运行设备前后以明显的标志隔开，是本次事故的主要原因。

12.3.3 作业人员在接触运用中的二次设备箱体前，应用低压验电器或测电笔确认其确无电压。

【释义】 二次箱体可能存在箱体未接地、接地电阻不合格、箱体内部设备绝缘损坏等情况，发生漏电使箱体带电，从而造成人员触电，因此接触前需验电确认箱体不带电，防止作业人员接触有电柜体触电。

【事故案例】 未确认无电致使作业人员触电死亡事故

2013 年 3 月 7 日，××供电公司营销部组织对用户自建 10kV 配电室业扩项目竣工验收，高压进线柜前后柜门均处于打开状态，中置式手车开关在试验位置，下柜 TV 手车未推入开关柜。采集运维班工作人员在未确认无电且未采取安全措施的情况下，擅自进入打开状态的 10kV 进线开关柜核查二次接线，与带电设备安全距离不足，线路 TV 高压侧对其头部及双手放电，造成 1 人触电死亡。

12.3.4 工作中，需临时停用有关保护装置、配电自动化装置、安全自动装置或自动化监控系统时，应向调度控制中心或运维单位申请，临时停用前应经值班调控人员或运维人员同意。

【释义】 目前，开关站、环网柜、配电线路上的有关保护装置、自动化装置、安全自动装置、监控系统等均属于调度管辖或许可，因此，在工作中需临时停用时，应向调度申请，经调控人员或运维人员同意后方可停用。

【事故案例】 ××供电公司开孔作业致保护装置异常事故

2 月 26 日，××供电公司在 110kV××变电站处于运行状态的 10kV××线路柜上进行保护装置更换工作。检修人员在进行开孔作业时，没有向运维人员要求停用该运行的保护装置，造成运行保护装置反复发出保护开入量变位报文。虽未造成事故，但此次不安全事件如果遇到区外故障等因素，极易引发保护装置误动、拒动。

12.3.5 在继电保护、配电自动化装置、安全自动装置和仪表及自动化监控系统屏间的通道上安放试验设备时，不能阻塞通道，要与运行设备保持一定距离，防止事故处理时通道不畅。搬运试验设备时应防止误碰运行设备，造成相关运行设备继电保护误动。清扫运行中的二次设备和二次回路时，应使用绝缘工具，并采取措施防止振动、误碰。

【释义】（1）二次系统屏之间一般间距较近，通道狭窄。在通道上搬运或安放试验设备时，要与运行二次设备屏保持一定距离，防止误碰设备造成继电保护误动作；同时不能阻塞通道，防止突发事件时人员无法迅速撤离，或延误事故处理及人员抢救。

（2）应使用绝缘工具清扫运行中的二次设备，如存在较大的继电保护误动风险，应采取防止振动、误碰的安全措施。

【事故案例】 ××供电公司误碰二次回路致空开跳闸事故

××供电公司进行 110kV ××变电站 10kV ××线断路器保护装置检查工作，检修人员对开孔作业做安全措施，在解开母线电压回路时，并未使用经过绝缘处理的工器具，由于螺丝刀刀口正在解线，刀杆碰到了已经解开的另一相电压回路二次线，造成 10kV 母线 TV 断路器跳闸，使得该变电站所有 10kV 保护装置 TV 断线告警、闭锁保护的不安全事件发生。虽未造成严重后果，但此次不安全事件如果遇到区外故障等因素，极易引发保护装置误动、拒动。

12.4 整组试验

12.4.1 继电保护、配电自动化装置、安全自动装置及自动化监控系统做传动试验或一次通电或进行直流系统功能试验前，应通知运维人员和有关人员，并指派专人到现场监视。

【释义】 整组传动试验是通过对一次通电来验证二次侧回路和极性的正确性。这些试验（包括进行直流输电系统的功能试验）往往使断路器（开关）突然跳闸、合闸或使设备带电，所以试验前应做好相关专业之间的协调联系，通知运维人员和有关人员停止在相关回路上的工作，确保试验过程中保持安全距离，避免误接触被试验设备对人员造成伤害。

【事故案例】 ××供电公司断路器误动作事故

10 月 6 日，××公司检修人员凌××带领工作人员开始对××站Ⅱ号主变压器进行增容施工，安装新通信总控屏（NSC-300，原总控型号为 NSC-200）。在完成验收整改后，凌××在××站监控机处与××集控站人员吴××联系，对未投运的××站Ⅱ号主变压器三侧断路器的保护信号核对以及远方遥控试验正常操作时，266 号断路器随Ⅱ号主变压器三侧断路器连续误动 5 次。经过检查发现，遥控试验前，厂家人员未对扩建后的总控单元运行模式重新进行设置（需要将总控单元运行模式由单套总控运行模式更改为远动总控与小室总控升级的运行模式），造成调端对新总控屏进行遥控操作的同时，也对总控屏对应的点（266 号断路器）进行操作，这是导致 266 号断路器误动作的直接原因。由于操作人员未通知运维人员和有关人员，并由工作负责人到现场监视，导致操作人员未能及早发现 266 号断路器误动，是造成 266 号断路器多次误动的主要原因。

12.4.2 检验继电保护、配电自动化装置、安全自动装置和仪表、自动化监控系统的工作人员，不应操作运行中的设备、信号系统、保护压板。断、合检修断路器（开关）前，应取得运维人员许可并在检修工作盘两侧开关把手上采取防误操作措施。

【释义】 二次设备相对集中，运行设备的控制开关与检修设备的控制开关在同一块控制屏上。为了防止检修人员试验时误碰、误动运行设备要求，检修人员在控制盘上进行拉、合检修断路器（开关）之前，应取得运维人员许可，并在其他控制开关上做好防止误操作的措施。通过微机监控系统进行操作时，操作前也应在微机操作画面上采取相应的防止误操作措施，如对检修设备进行挂牌等。若不能满足以上要求，应禁止检修人员操作。检修调试有需求时，应向运维人员提出申请，经运维人员许可后再进行操作或由运维人员配合完成试验。

【事故案例】　用户设备验收，误碰带电设备致人死亡事故

2010 年 9 月 26 日，××县××用户箱式变电站施工单位未经许可搭火。在设备已带电的情况下，××县供电公司计量人员组织验收，未严格执行停电、验电等措施，强行打开具有带电闭锁功能的高压计量柜门进行检查。在查看高压计量装置铭牌时误碰 10kV C 相桩头发生触电，导致 1 人死亡。

对照事故学 安规
（配电部分）

13　高压试验与测量工作

13.1　一般要求

13.1.1　高压试验不应少于两人，试验负责人应由有经验的人员担任。试验前，试验负责人应向全体试验人员交代工作中的安全注意事项，邻近间隔、线路设备的带电部位。

【释义】　高压试验如操作不当，可能危及人身、设备和仪器的安全，所以高压试验禁止一人进行，至少应有两人开展，其中一人操作，另一人负责监护。高压试验工作的试验负责人由技术等级高、有现场经验、至少从事高压试验专业三年的人员担任。试验工作开始前，试验负责人应向全体试验人员详细交代试验的停电范围、工作内容（被试设备名称试验项目、试验方法等）、人员分工、邻近间隔的带电部位、应使用的安全工器具以及试验工作中其他安全注意事项。

【事故案例】　未采取安全措施造成作业人员触电重伤事故

110kV 南×站 35kV 号 2 母线上有出线三回，其中×石线 327 号变电、线路设备已经报停，×明线 325 号变电设备已经报停，但是线路带电，×长线 326 号设备在役运行（长期处于停用状态）。3 月 1 日，变电站在 110kV 南×站进行 35kV 2 段母线停电工作，工作任务是 35kV 2 段母线及出线设备、旁路母线设备预试小修，保护校验，更换母线避雷器，×长 326 路、3263 号隔离开关、3265 号隔离开关与穿墙套管之间引线拆除。上午 7：40 变电站操作队人员将 35kV 旁路、35kV 2 段母线号 2TV 转停用，35kV 分段 300 号路、2 号变压器总路 302 号 35kV 旁母转检修。由于工作票签发人、工作许可人误认为南×线 325 号路已停用，而未对线路侧采取安全措施（而实际上情况是 35kV×明线有电，3253 号隔离开关静触头带电），同时许可人安排另一操作人将所有 35kV 出线隔离开关间隔网打开。9：10 工作许可人带领工作负责人等人一起去工作现场交代工作后，工作负责人（监护人）带领两个民工清洁 35kV 2 段母线设备。9：56 一民工肖×× 失去监护，单独进入×明 3253-17 号 3255 隔离开关网门内，右手持棉纱接近 3253 隔离开关 C 相静触头准备清洁，此时 3253 隔离开关对肖×× 右手和左脚放电致使肖×× 倒地。

13.1.2　直接接触设备的电气测量，应有人监护。测量时，人体与高压带电部位不应小于表 2 规定的安全距离。夜间测量，应有足够的照明。

【释义】　（1）禁止一个人进行直接接触设备的电气测量工作，测量时应有人监护，以防范意外事故发生。测量时需时刻与带电设备保持足够的安全距离。夜间测量时若照明度不够，很难确定实际安全距离并影响测量的精度和准确性，因此，夜间测量应有足够的照明。

（2）在高压设备上工作，除了经批准的单人操作之外，其他所有在高压设备上的工作，都应至少由两人进行，以便在作业时有人提醒、纠正和监护且万一遇到意外情况还可及时得到帮助和救护。

（3）在测量时，测量人员注意力往往集中在观测表计的数据上，此时头部等部位可能靠近带电部分，所以测量人员要注意身体与带电部分保持规定的安全距离（10kV及以下，0.7m；20kV，3.0m）。

【事故案例】 误登带电设备造成作业人员电灼轻伤事故

2006年5月12日，修试工区试验班人员进行110kV固×变电站110kV 782断路器试验、牵引站工程新建开关间隔交接试验工作。试验班当日在固×变电站工作分为二组，第一组为第一种工作票工作负责人孟×，工作班成员张×、黄×（当日由班长另行安排工作），工作任务：进行110kV 782断路器试验；第二组为第二种工作票工作负责人王××，工作班成员吴×、郭××、孙××，工作任务：110kV连城铁路牵引站配套工程新建出线开关间隔交接试验工作。12日上午，工作负责人孟×在办理好工作票许可手续后，对张×进行了现场安全交底和危险点分析，然后工作人员张×强履行工作交底签名确认手续。孟×说"工作时再交代措施"。因保护班二次工作正在进行，断路器还不具备分合条件，此时开始下雨，孟×安排张×、王××安排本组试验人员郭××、吴×、孙××（同为试验班成员）在车内等待。此时，另一工作小组负责人王××在110kV连城铁路牵引站配套工程新建的出线开关间隔现场，等待与开关班协调下一步工作。当保护班通知孟×断路器具备分合条件后，孟×来到车前讲："782断路器可以开工了，把仪器搬到现场准备好"。随后，孟×先到控制室找保护班合开关，后紧接着又到110kV连城铁路牵引站配套工程新建的山线开关间隔找另一组试验负责人王××要电源盘。此时，郭××首先下车将仪器搬运到运行的110kV 512断路器下面随即离开，张×看见试验仪器放置的位置后，将绝缘专用接线杆及测试线放到仪器旁边，吴×随后也来到了110kV 512断路器间隔，从110kV 512断路器A相下部、构架西面的北侧爬上，此时孟×把电源盘放在地下，没有人注意到吴×已登上110kV 512断路器构架的支架上，只听"轰"的一声，110kV 512断路器A相中间法兰对吴×手中所拿绝缘测试杆的测试夹端部的金属部件放电，形成512断路器A相通过测试夹及其所连接的测试线、检修电源连接线瞬间接地，对测试线夹端部放电引起的电弧光将吴×左小臂灼伤，吴×从构架上掉下，侧卧在地面上，此时安全帽依然完好戴在头上。王××和孙××立即向事发方向赶去，确认事发现场对人员没有二次危险后，王××说："快抢救人"。王××去叫车，孟×、孙××当即对吴×进行触电急救，孟×进行口对口人工呼吸，孙××进行胸外按压，大约2~3min后吴×神智清晰。随后送至县医院进行救治，吴×左小臂中间部分被电弧灼伤，随即转送至医院进行治疗，经医生诊断吴×心肺功能及内脏器官、身体各部骨关节无损，始终神志清楚，整体身体状况比较稳定，无生命危险。

13.1.3 高压试验的试验装置和测量仪器应符合试验和测量的安全要求。

【释义】 高压试验的试验装置和测量仪器应定期进行检测试验，高压试验前应检查试验装置和测量仪器完好，试验和测量时应选用相应电压等级的试验装置和检测仪器。

13.1.4 测量工作一般在良好天气时进行。

【释义】 恶劣天气下开展测量工作会影响测量工作人员的安全和测量精度，因此应在良好天气时进行测量工作，如应在较为干燥的天气下测量接地电阻等。

13.1.5 雷电时，不应测量绝缘电阻及高压侧核相。

【释义】 雷电的放电电压很高，为防止直击雷、感应雷、雷电波侵入损坏测量仪器，对测量人员造成伤害，禁止在出现闪电和雷声时测量绝缘电阻或进行高压侧核相。

【事故案例】 雷击断线致巡线人员死亡事故

2013 年 6 月 22 日，雷暴雨天气时某 10kV 线路发生单相接地故障，××工程有限公司员工巡线结束返回时，电杆附近发生雷击，导线断线后对人体放电，导致两人触电死亡。

13.2 高压试验

13.2.1 配电线路和设备的高压试验应填用配电第一种工作票。在同一电气连接部分，许可高压试验的工作票前，应将已许可的检修工作票全部收回，不应再许可第二张工作票。一张工作票中，同时有检修和试验时，试验前应得到工作负责人的同意。

【释义】 （1）高压试验需将高压设备停电，所以应填用配电第一种工作票。

（2）在一段电气连接部分进行高压试验，为保证人身及设备安全，只能许可一张工作票，由一个工作负责人掌控、协调工作。试验工作若需检修人员配合，应将检修人员列入电气试验工作票中；也可将电气试验人员列入检修工作票中，但在试验前应得到检修工作负责人的许可。若检修、试验分别填用工作票，同时检修工作已先行许可工作，则电气试验工作票许可前，应将已许可的检修工作票收回，检修人员撤离到安全区域。试验工作票未终结前不得许可其他工作票，以防其他人员误入试验区、误碰被试设备造成人身触电伤害。

【事故案例】 检修人员擅自合上出线隔离开关，致使杆上作业人员触电死亡事故

1999 年 6 月 25 日，××变电工程队对客户配电站 10kV ××隔离开关和厂区线路同时进行检修工作。运维人员在操作完成后，未在隔离开关把手上悬挂"禁止合闸，有人工作！"标示牌，便许可工作。检修人员夏××在检修过程中，需要查看该隔离开关的同期情况，在未取得运维人员许可的情况下，擅自合上出线隔离开关，造成厂区线路带电，1 号杆上的检修人员李××触电，经医院抢救无效死亡。

13.2.2 因试验需要解开设备接头时，解开前应做好标记，重新连接后应检查。

【释义】 因试验需要断开（拆）设备一、二次接头时，应提前做好标记，防止恢复时错接、漏接，恢复时应校对标记，连接后还应检查、确认。

13.2.3 试验装置的金属外壳应可靠接地；高压引线应尽量缩短，并采用专用的高压试验线，必要时用绝缘物支持牢固。

【释义】 （1）试验装置的金属外壳接地是防止因试验装置内部故障后外壳带电危及试验人员人身安全的技术措施。采用专用的高压试验线，是为了便于试验人员检查试验接线是否正确，防止误接线。

（2）有效控制试验区位置可缩短试验引线，减小对周围作业人员造成的危险，减小杂散电容对试验数据的影响。

（3）根据需要选用能承受试验电压的绝缘物支持试验线，同时试验引线和被试设备的连接应可靠，防止试验引线掉落。

13.2.4 试验装置的电源开关，应使用双极刀闸，并在刀刃或刀座上加绝缘罩，以防误合。试验装置的低压回路中应有两个串联电源开关，并装设过载自动跳闸装置。

【释义】 试验装置的低压回路中应有两个串联电源开关：一个是作为明显断开点的双极刀闸，双极刀闸拉开后使试验装置与电源完全隔离。隔离开关拉开后在刀刃或刀座上加装绝缘罩，是为了防止误合刀闸伤及试验人员或危及试验设备的安全；另一个应是有过载自动跳闸装置的开关。过载开关的作用是当被试设备击穿以及因泄漏电流或电容电流超过设定值时，

开关自动跳闸，以减少对被试设备击穿的损坏程度，同时起到防止试验装置过载损坏。

13.2.5 试验现场应加装遮栏（围栏），遮栏（围栏）与试验设备高压部分应有足够的安全距离，向外悬挂"止步，高压危险！"标示牌。被试设备不在同一地点时，另一端还应设遮栏（围栏）并悬挂"止步，高压危险！"标示牌。

【释义】 （1）为防止人员进入高压试验区域触电，高压试验现场应装设遮栏（围栏），向外悬挂"止步，高压危险！"标示牌，并派人看守，防止其他人员靠近。被试设备其他所有各端也应装设遮栏（围栏），悬挂"止步，高压危险！"标示牌，并分别派专人看守，看守人未接到试验完毕的通知不得离开。

（2）遮栏（围栏）与被试设备的距离应符合所加电压的安全距离。

【事故案例】 工作人员擅自移动遮栏导致作业人员触电事故

12月初，变电公司试验一班接受工作任务：对10kV 245真空断路器进行预试工作。张×为该项工作的负责人。12月5日，张×带领工作班人员前往金×变电站进行工作，办理了编号为2003120601的第一种工作票。运行人员按工作票要求做好安全措施，并向试验一班工作负责人交代现场后，于当日10：45许可工作。该工作的计划工作时间为12月5日9：00至12月5日16：00。当日10：50，张×带领工作人员共5人前往金×变电站开始工作。张×向工作班人员交代工作范围、内容和安全措施后，分组进行工作，特意强调该断路器非小车开关，进入开关室内夹接线需注意安全距离。11：36左右，工作人员李×在做断路器处连线时，为了方便接线，擅自移开遮栏，解开10kV 九Ⅻ线696开关柜的防误装置进入间隔（此间隔作为金木开关站的备用电源，断路器和隔离开关均在断开位置，6953隔离开关出线侧带电），导致人身触电事故。

13.2.6 试验应使用规范的短路线，加电压前应检查试验接线，确认表计倍率、量程、调压器零位及仪表的初始状态均正确无误后，通知所有人员离开被试设备，并取得试验负责人许可。加压过程中应有人监护并呼唱，试验人员应随时警戒异常现象发生，操作人应站在绝缘垫上。

【释义】 （1）为防止试验线接线错误，造成被试设备损坏以及试验数据不准确，试验加压前应全面检查所有接线正确、可靠。应使用专用的规范短路线，不得将熔丝、细铜丝作为短路线。

（2）试验加压前应检查表计倍率正确、量程合适、所有仪表指示均在初始状态、调压器在零位，以保证试验数据正确，防止仪表（器）损坏。

（3）加压前，所有人员应撤离到被试设备所加电压的安全距离以外，受试验负责人许可后方可加压。试验人员在加压过程中应集中注意力，按照分工监视仪表、仪器和被试设备是否正常。加压过程中应随着电压的升高逐点呼唱，以保证试验人员之间的相互配合和提醒。同时可根据逐点的数据判断被试设备情况，以便采取措施处理突发的异常情况。操作人应站在绝缘垫上，与地电位隔离，避免仪器或设备故障对人身造成伤害。

13.2.7 变更接线或试验结束，应断开试验电源，并将升压设备的高压部分放电、短路接地。

【释义】 变更接线或试验结束时，应先断开试验装置的电源断路器，拉开隔离开关，戴绝缘手套用高压放电棒对升压设备高压部分进行充分放电，以泄放剩余电荷。放电后用接地线将升压设备高压部分短路接地。

【事故案例】 改接线时未断开试验电源造成工作人员低压触电死亡事故

6月25日，××公司变电工程队继电班工作人员彭××（工作负责人）、邱×（工作班成员）在对110kV新×铺变电站新建的10kV高压室内新安装的GZS1-12型中置柜内的TA进行伏安特性试验工作时。11：30，做完A相TA的试验后，彭××操作调压器退至零位，电压、电流表指示为零，然后靠近屏后门，左手抓住屏体，右手准备取接线线夹改接线时，说了句"我肚子有点痛，想上厕所"，邱×说"那你去吧，我来接"，并准备站起来接替他，彭××说："接完这两根线"，这时邱×一眼瞭见彭××没有将试验电源控制隔离开关拉开，于是说"等一下，隔离开关没拉"，并准备去拉隔离开关，话音未完，就听见彭××叫了一声"哎哟，快拉…"，邱×将隔离开关拉开后，彭××抓住屏体的手松开，身体往后倒下，撞翻了试验台桌。当时在屏前工作的开关厂工作人员听到屏后有人跌倒的声音赶忙到屏后，迅速喊来了其他工作地点的人员对彭××进行救护。由于10kV高压室都是新安装的屏柜，没有高压电和外来电源，赶来救护的人员当时以为彭××是中暑跌倒，忙着将彭××抬出放到平敞的地面躺着，一边抢救，一边迅速联系120救护车，120救护中心答复另有抢救任务，不能及时赶来。约11：36将彭××抬上工程车，紧急送往医院，途中送护人员接现场工作人员电话，告之彭××有可能是触电时，马上对彭××实施触电急救直到医院，约11：50到达医院后医师继续尽全力实施抢救，终因抢救无效，12：26医师宣布彭××死亡。

13.2.8 试验结束后，试验人员应拆除自装的接地线和短路线，检查被试设备，恢复试验前的状态，经试验负责人复查后，清理现场。

【释义】 为防止试验人员将自行装设的接地线、短路线遗留在被试设备上，杜绝因此而引发的设备短路事故，试验结束时，试验人员应核对自行装设的试验专用接地线和短路线等的记录，全部予以拆除。工作负责人要认真检查确认被试设备上未遗留试验短路线、工器具、杂物等且被试设备及接线已恢复到试验前状态后，再清理工作现场，作业人员撤出现场。

【事故案例】 漏拆试验短路线险酿设备烧毁事故

2001年5月28日9：20，山×变电站试验班工作负责人张××办理了山×821断路器小修工作票。许可工作后，带领工作班成员尹×到10kV开关室进行821试验工作，在工作人员不足的情况下，张××与尹×一同接线、操作进行试验，10：10完成工作后，工作负责人命尹×将工具搬回车内，自行前往主控室与工作许可人宗×办理工作票终结。宗×问张××："现场工作完成了？"，张××答："完事了，你快给我结票吧，我干活肯定没问题！回家还有事呢！"宗×随后办理了工作票终结。当日11：32，待所有工作完成后，运行操作人员赵×和宗×对山江821断路器进行归位，赵×在对设备进行检查时，发现821断路器上还存有一节试验专用短路线，随后将其拆除，将设备归位，避免一场设备烧毁事故。

13.3 测量工作

13.3.1 使用钳形电流表的测量工作

13.3.1.1 高压回路上使用钳形电流表的测量工作，至少应两人进行。非运维人员测量时，应填用配电第二种工作票。

【释义】 在高压回路上使用钳形电流表的测量工作，至少应由两人进行，其中一人测量，另一人负责监护。运维人员使用钳形电流表在高压回路进行测量工作可不填用工作票。检修、继电保护、试验、计量等人员，在高压回路上使用钳形电流表进行测量工作，应填用配电第二种工作票。

13.3.1.2 使用钳形电流表测量，应保证钳形电流表的电压等级与被测设备相符。

【释义】 使用钳形电流表测量前，应检查确认钳形电流表的电压等级与被测设备电压一致。因为电压等级不同，钳形电流表的绝缘强度、量程范围也不相同，如选择不当，就可能造成人身伤害及钳形电流表损坏。

13.3.1.3 测量时应戴绝缘手套，穿绝缘鞋（靴）或站在绝缘垫上，不应触及其他设备，以防短路或接地。观测钳形电流表数据时，应注意保持头部与带电部分的安全距离。

【释义】 （1）为防止使用钳形电流表测量时短路或接地、保证测量人员不受触电伤害，要求测量人员应戴绝缘手套、站在绝缘垫上（或穿绝缘鞋、绝缘靴），工作中不得触及其他设备。

（2）在用钳形电流表测量时，测量人员注意力往往集中在观测电流表的数据上，此时头部可能靠近带电部分，所以要提醒测量人员注意头部与带电部分保持足够的安全距离。

【事故案例】 使用绝缘手柄损坏的钳形电流表测量险酿人身触电事故

2006 年 3 月 13 日 9：45，运维操作人员邵×、殷×根据工区要求准备对南×110kV 变电站 1~3 号主变压器进行铁芯接地电流检测工作。根据安规要求，由两名运维人员进行测量。由于时间仓促，邵×询问班长李×是否车内装有钳形电流表，李×回答有，邵×、殷×便开车去南×变电站。到达变电站后，二人便找到钳形电流表，并对该站变压器进行铁芯接地电流检测。邵×测量中，发现手指发麻，便立即停止工作，待检查发现，钳形电流表绝缘手柄绝缘已损坏。

13.3.1.4 在高压回路上测量时，不应用导线从钳形电流表另接表计测量。

【释义】 在高压回路上用钳形电流表测量电流时，因钳形电流表距带电部分较近，如果另接表计进行测量，连接的导线可能晃动碰触带电部分或与带电部分过近，危及工作人员的安全或损坏钳形电流表，还可能发生二次开路的危险，所以禁止用导线从钳形电流表另接表计测量。

13.3.1.5 测量时若需拆除遮栏（围栏），应在拆除遮栏（围栏）后立即进行。工作结束，应立即恢复遮栏（围栏）原状。

【释义】 如需要拆除运行设备的遮栏（围栏）才能进行测量，应在监护下进行，非运维人员在拆除运行设备的遮栏前应征得工作许可人的同意。测量人员与带电部位应符合安全距离要求。为防止误碰运行设备，测量工作结束后应立即将拆除的遮栏（围栏）恢复原状。

13.3.1.6 测量高压电缆各相电流，电缆头线间距离应大于 300mm，且绝缘良好、测量方便。当有一相接地时，不应测量。

【释义】 （1）用钳形电流表测量高压电缆各相电流一般在电缆头分相处进行，只有测量电缆头线间保持在 300mm 以上距离时，钳形电流表测量时的组合间距才能达到绝缘强度要求，同时要确认绝缘良好，方可测量高压电缆的各相电流。

（2）在中性点非有效接地系统中，发生单相接地故障时，非故障相对地电压升高，如果非故障相存在绝缘薄弱环节，容易发生击穿而造成两相接地短路。而电缆头是绝缘较为薄弱处，为确保测量人员的人身安全，当系统有单相接地故障时，禁止在电缆头处测量电流。

13.3.1.7 使用钳形电流表测量低压线路和配电变压器低压侧电流，应注意不触及其他带电部位，以防相间短路。

【释义】 低压线路和配电变压器低压侧相间距较小，测量时工作人员容易触及其他带电部分造成设备短路、触电伤害等，因此使用钳形电流表测量张开钳口时应注意不得触及其他带电部分或设备外壳。

13.3.2 使用绝缘电阻表测量绝缘电阻的工作

13.3.2.1 测量绝缘电阻时，应断开被测设备所有可能来电的电源，验明无电压，确认设备无人工作后。测量中他人不应接近被测设备。测量绝缘电阻前后，应将被测设备对地放电。

【释义】 测量电气设备绝缘电阻应在停电后进行，所以要断开被测设备各侧可能来电电源。电气设备（特别是大电容设备）断电后仍有剩余电荷，为保证测量人员和绝缘电阻表的安全，测量前应将设备对地放电。绝缘电阻表摇测过程中会对被测设备充电，测量后设备同样积有剩余电荷，因此检测结束后，也应放电。

【事故案例】 运行操作人员触碰未放电的电缆头发生触电死亡事故

2003年9月24日，按照计划安排，龙×变电站进行2号主变压器小修预试、有载修试，城×3511断路器小修预试、母线隔离开关、线路隔离开关、电流互感器修试等工作。当日凌晨5：10左右，彭××小班到龙×变电站进行2号主变压器停役操作。带班人兼监护人为彭××，操作人为朱×（死者，男，23岁，中专生，2000年11月进厂）。6：57，当龙×变电站2号主变压器改到冷备用后，在等待水×变电站将城×3511从运行改为冷备用时，彭××、朱×二人在控制室等待调度继续操作的指令。当调度员通过对讲机呼叫彭××并告知水×变电站已将城×3511改为冷备用时，朱×擅自一人离开控制室并走到2号主变压器室内将2号主变压器两侧接地线挂上且打开城×3511进线电缆仓网门，将11挡竹梯放入到网门内。待彭××接好将2号主变压器及城×3511由冷备用改检修状态命令后，寻找到朱×时，发现2号主变压器两侧接地线已接好。彭××为弥补2号主变压器的现场操作录音的空白，即在城×3511进线电缆间隔与朱×一起唱复票以补2号主变压器两侧挂接地线这段操作的录音，同时在做城×3511进线电缆头处验电的操作。当朱×在验明城×3511进线电缆头上无电后，未用放电棒对电缆头进行放电，即进入电缆间隔爬上梯子准备在电缆头上挂接地线，彭××未及时制止纠正其未经放电就爬上梯子人体靠近电缆头这一违章行为。这时朱×右手掌触碰到城×3511线路电缆头导体处（时间约6：57），左后大腿碰到铁网门上，发生电缆剩余电荷触电，朱×随即从梯上滑下，彭××急上前将其挟出仓外，并对朱×进行人工心肺复苏急救，抢救无效死亡。

13.3.2.2 测量用的导线应使用相应电压等级的绝缘导线，其端部应有绝缘套。

【释义】 绝缘电阻表使用时会产生较高的电压，导线通常与设备外壳、大地或人体接触，因此，绝缘电阻表导线的绝缘性能应满足测量电压的要求。连接绝缘电阻表的一端应有专用接头或插头，另一端应有带绝缘套的专用夹头，导线无裸露部分，确保人员不会触及。

13.3.2.3 带电设备附近测量绝缘电阻，测量人员和绝缘电阻表安放的位置应与设备的带电部分保持安全距离。移动引线时，应加强监护，防止人员触电。

【释义】　带电设备附近测量绝缘电阻，应注意以下安全事项：

（1）测量人员和绝缘电阻表摆放的位置应与设备的带电部分保持足够的安全距离。

（2）移动引线时应增设专责监护人加强监护，防止引线触及或靠近带电设备造成人员触电。

13.3.2.4　测量线路绝缘电阻时，应在取得许可并通知对侧后进行。在有感应电压的线路上测量绝缘电阻前，应将相关线路停电。

【释义】　测量线路（包括电缆线路）绝缘前，应与设备运维管理单位或调控人员联系，在确认该线路无人工作、无接地线，并通知对侧后方可测量。测量结束后，应及时报告设备运维管理单位或调控人员。

在同杆架设的双回路、多回路或与其他线路有平行、交叉而产生感应电压的线路上测量绝缘时，为保证测量人员的人身安全和不损坏绝缘电阻表，应将相关线路停电。

【事故案例】　感应电导致测量绝缘电阻工作人员高空坠落事故

2003年5月21日10：15，35kV山×变电站进行1号主变压器试验工作。工作负责人兰××、孙××、刘××等4名工作人员进行1号主变压器的预试工作。孙××负责变压器上接线工作。刘××等3名工作成员及工作负责人兰××负责地面操作。首先孙××根据工作负责人兰××指示，分别对1号变压器高低压侧绕组进行绝缘电阻测量。孙××接到指令后，验明确无电压后，对高低压侧绕组进行接线，工作负责人兰××看到孙××已经开始工作，便安排刘××等人对其仪器进行摆放及抄写设备铭牌等工作。突然听到孙××一声"啊！"从变压器上跌落下来。其余人员马上上前，对其进行救治，并拨打120，等待救护车的前来。孙××主治医生给出结论，患者属右腿小腿骨折，所幸伤势不大。

13.3.3　核相工作

13.3.3.1　核相工作应填用配电第二种工作票或操作票。

13.3.3.2　高压侧核相应使用相应电压等级的核相器，并逐相进行。

13.3.3.3　高压侧核相宜采用无线核相器。

【释义】　运维人员核相填用操作票，其他人员核相填用配电第二种工作票。

高压核相应使用相应电压等级的核相仪，使用前应检查核相仪绝缘部分外观良好，在试验合格有效期内，并将绝缘杆抽拉至最大长度，保证人员与高压带电体有足够的安全距离。

无线核相是通过GPS卫星授时技术测量线路与基准源的相位值，并比较是否一致，能够准确核出具体相位，安全性、准确性更高。

13.3.3.4　二次侧核相时，应防止二次侧短路或接地

【释义】　二次侧核相时，应对照图纸以防误接试验线，并做好其他端子的隔离措施。核相仪应选择合适的挡位，避免造成二次侧短路或接地。

13.3.4　其他测量工作

13.3.4.1　测量带电线路导线对地面、建筑物、树木的距离以及导线与导线的交叉跨越距离时，不应使用普通绳索、线尺等非绝缘工具。

【释义】　测量带电线路导线对地面、建筑物、树木的距离以及导线与导线的交叉跨越距离时，应使用绝缘绳索、绝缘测高杆、红外测距仪等，禁止使用普通绳索、线尺等非绝缘工具，避免造成测量人员触电、线路短路或接地等事故。

13.3.4.2 测量杆塔、配电变压器和避雷器的接地电阻，若线路和设备带电，解开或恢复杆塔、配电变压器和避雷器的接地引线时，应戴绝缘手套。不应直接接触与地断开的接地线。系统有接地故障时，不应测量接地电阻。

【释义】 线路和设备带电时，杆塔、配电变压器和避雷器的接地体断开时可能带有一定的电压，解开或恢复接地引线时，人体被串入接地系统，造成人员触电，因此解开或恢复接地引线时应戴绝缘手套。禁止直接用手接触与地断开的接地线。系统有接地故障时，不得测量接地电阻，防止造成人身触电。

13.3.5 测量用的仪器、仪表应保存在干燥的室内。

【释义】 测量用的仪器仪表必须存放在干燥的室内，以防受潮后绝缘下降，在对带电设备进行测量时，会因为绝缘水平达不到要求，可能导致测量人员触电。

14 电力电缆工作

14.1 一般要求

14.1.1 工作前，应核对电力电缆标志牌的名称与工作票所填写的是否相符以及安全措施是否正确可靠。

【释义】 开始工作前，应详细查阅工作地点敷设的电力电缆有关的路径走向图、排列图及隐蔽工程的图纸资料，认真核对在电缆终端头、电缆接头、拐弯处、夹层内、隧道及竖井两端、工井内等处的电缆标志牌上的电缆双重编号（名称、编号）标志牌及电缆型号、规格及起止地点与工作票所列相符，尤其双回路电缆应详细区分，防止走错工作地点或走错间隔。工作前核对工作票所列安全技术措施含防止有毒有害气体中毒安全措施和交通安全措施是否可靠。

【事故案例】 电缆试验中违章操作引发人身触电死亡事故

2005 年 8 月 28 日，按检修计划，变电修试公司在 110kV××变电站进行 326 电容器间隔的检修工作。工作负责人谢×与贺×在 326 开关柜后进行电缆试验，试验完毕后，谢×听到 326 开关柜内有响声，便独自去 326 开关柜前检查，并违章擅自将柜内静触头挡板顶起，工作中不慎触电倒在 326 小车柜内。工作人员听到声音后，立即赶来将其送往医院，经抢救无效死亡。

14.1.2 电力电缆的标志牌应与电网系统图、电缆走向图和电缆资料的名称一致。

【释义】 系统图正确是电力电缆运行管理的最基本要求，是安全运行、正常运维和调度管理的基础。电力电缆的标志牌应与电网系统图、电缆走向图和电缆资料的名称一致，在电力电缆新投、切改、退运等情况后要及时履行改图流程，确保图缆相符。从运行管理方面避免误调度、误入间隔、误伤电缆等类事故发生。

【事故案例】 割破带电电缆引发人身触电死亡事故

2006 年 3 月 23 日，××供电公司配电工区电缆班在处理 10kV 电缆外力破坏故障过程中，组织 7 名施工人员进行电缆故障抢修，在没有对东侧电缆（实际是运行中的西关二路）进行绝缘刺锥破坏测试验电的情况下，工作班成员陈×在割破电缆绝缘后发生触电事故，造成死亡 1 人，轻伤 1 人。事故电缆 1994 年 8 月投运时为同回双缆，2003 年 11 月改造时分为两路，每回单缆。因未明确产权及运行维护责任的归属，竣工资料迟迟未移交，电缆运行班未建立该事故电缆的运行资料。电缆运行班抢修人员在没有对该电缆进行验电的情况下即开始工作，是此次事故发生的直接原因。

14.1.3 电缆隧道应有良好的通风、照明和防火等措施。

【释义】 （1）通风措施。电缆隧道内可采用自然或机械式方式通风。自然排风方式要求通风区域短且进、排风口高差 5m 以上。机械排风风速不应大于 5m/s。进、排风口处应设置防止小动物进入隧道的金属网格。

（2）照明措施。电缆隧道灯具采用防潮防爆光源免维护灯具，吸顶安装。

（3）防火措施。在电缆穿过竖井、变电站夹层、墙壁、楼板或进入电气盘、柜的孔洞处，应做防火封堵；在隧道、电缆沟、变电站夹层和进出线等电缆密集区域应采用阻燃电缆或采取防火措施；在重要电缆沟和隧道中有非阻燃电缆时，宜分段或用软质耐火材料设置阻火隔离，孔洞应封堵；未采用阻燃电缆时，电缆接头两侧及相邻电缆 2~3m 长的区段应采取涂刷防火涂料、缠绕防火包带等措施；在封堵电缆孔洞时，封堵应严实可靠，不应有明显的裂缝和可见的缝隙，孔洞较大者应加耐火衬板后再进行封堵。

（4）防水措施。电缆通道采用钢筋混凝土形式时，其伸缩（变形）缝应满足密封、防水、适应变形、施工方便、检修容易等要求，施工缝、穿墙管、预留孔等细部结构应采取相应的止水、防水措施；电缆通道所有管孔（含已敷设电缆）和电缆通道与变、配电站（室）连接处均应采用阻水法兰等措施进行防水封堵。

14.1.4　进入电缆井、电缆隧道前，应先用吹风机排除浊气，再用气体检测仪检查井内或隧道内的易燃易爆及有毒气体的含量是否超标，并做好记录。

【释义】　有限空间作业应在入口处设监护人。进入电缆井、电缆隧道前，应先通风排除浊气，并用仪器检测氧气、氮气、六氟化硫、一氧化碳等气体含量并做好记录，合格后方可进入。检测人员进行检测时，应当采取相应的安全防护措施，防止中毒窒息等事故发生。电缆井、隧道内工作时，通风设备应保持常开，保持气体定时检测或连续检测。

14.1.5　电缆井、电缆隧道内工作时，通风设备应保持常开。不应只打开电缆井一只井盖（单眼井除外）。作业过程中应用气体检测仪检查井内或隧道内的易燃易爆及有毒气体的含量是否超标，并做好记录。

【释义】　根据有限空间作业的特点和应急预案、现场处置方案，配备使用气体检测仪、正压式消防空气呼吸器、通风机、救援三脚架等安全防护装备。检测人员进行检测时，应当采取相应的安全防护措施，防止中毒窒息等事故发生，合格后方可进入。电缆井、隧道内工作时，通风设备应保持常开，保持气体定时检测或连续检测。发现通风设备停止运转、有毒有害气体浓度高于国家标准或者行业标准规定的限值时，应立即停止作业，清点作业人员，撤离作业现场。作业中断超过 30min，应当重新通风、检测合格后方可进入。

14.1.6　在电缆隧道内巡视时，作业人员应携带便携式气体检测仪，通风不良时还应携带正压式空气呼吸器。

【释义】　为防止人员在电缆隧道内巡视时受到有毒有害气体伤害，巡视人员应随身携带便携式气体检测仪，在通风不良时为避免气体中毒及氧气、氮气含量不足，还应该携带消防正压式空气呼吸器。

14.1.7　电缆沟的盖板开启后，应自然通风一段时间；下井沟工作前，应经检测合格。

【释义】　电缆沟在长期封闭的情况下，氧气含量低，并可能存在有毒有害气体，所以应自然通风一段时间，并经检测合格后，方可下电缆沟工井工作。

【事故案例】　电缆沟作业人员中毒事故

2009 年 4 月 14 日，××供电局××操作队员李××和黄××对电缆进行巡视工作。当时，需要巡视的电缆长约 2km，李××和黄××打开 4 号井盖直接进入电缆沟，待他们进去巡视到约

500m 处时，李××感觉呼吸困难，四肢乏力，随即黄××也有类似状况，黄××立即意识到危险，便拨打 120，并与李××慢慢搀扶出电缆沟，等待救护车救治。事后分析，李××和黄××未对气体检测就匆匆进入洞中，而且也未打开两边井盖，也没有佩戴自救呼吸器，导致以上中毒情形的出现。

14.2　电力电缆施工作业

14.2.1　电缆沟（槽）开挖应采取以下安全措施：

a）电缆直埋敷设施工前，应先查清图纸，再开挖足够数量的样洞（沟），摸清地下管线分布情况，以确定电缆敷设位置，确保不损伤运行电缆和其他地下管线设施；

【释义】　施工前查清图纸是查清电缆走向及深度，开挖样洞（沟）是确认图纸与电缆实际位置相符。直埋电缆不得采用无防护措施的直埋方式。直埋、排管敷设的电缆上方沿线土层内应铺设带有电力标识的警示带。电缆相互之间、电缆通道与其他管线、构筑物基础等最小允许间距应符号《电缆与电缆或管道、道路、构筑物等相互间容许最小净距》的规定。严禁将电缆平行敷设于地下管道的正上方或正下方。电缆通道与煤气（或天然气）管道临近平行时，应采取有效措施及时发现煤气（或天然气）泄漏进入通道的现象并及时处理。

【事故案例】　电缆外力破坏事故

2014 年 1 月 20 日，××建筑工地内在取土施工过程中，用挖掘机挖掘取土，挖到了电缆保护板，此时，挖掘机司机及监护人员抱着侥幸心理，继续用挖掘机在电缆保护板附近进行挖掘作业。突然，挖掘部位出现了火花并伴有放炮声，导致保护板下方电缆被挖坏放电。

b）掘路施工应做好防止交通事故的安全措施。施工区域应用标准路栏等进行分隔，并有明显警告标示，夜间施工人员应佩戴反光标志，施工地点应加挂警示灯；

【释义】　依附于城市道路建设各种管线、杆线等设施的施工，应当经市政工程行政主管部门批准，方可建设。掘路施工时，在施工点来车方向前方 200m 处设警示标示牌，提示过往车辆、行人前方施工，并在工作现场设安全遮栏。必要时，在来车方向路口设专人监护、持小旗引导。夜间施工人员佩戴反光马甲等标志，施工地点设安全遮栏及警示灯。

【事故案例】　××供电公司道路施工事故

××供电公司在市区开挖过街电缆沟，根据方案，先开挖到 1/2 路面，建成电缆沟，再开挖剩余 1/2 路面。18：00，电缆沟已开挖完毕，当天工作结束。施工班组保留了白天所做的安全措施，待第二天继续施工，但没有补充加挂警示灯，也没派人看守。当晚一辆经过此处的车辆因为车速过快，发现障碍时刹车距离不足，导致车辆掉入电缆沟，造成车辆损坏。

c）为防止损伤运行电缆或其他地下管线设施，在城市道路红线范围内不宜使用大型机械开挖沟（槽），硬路面面层破碎可使用小型机械设备，但应加强监护，不应深入土层；

【释义】　城市道路红线范围内各种地下管线尤其是电力电缆、燃气管道等管线密布，挖掘机、水泥路面多锤头破碎机、顶管机、拉管机等大型施工机械的作业极易给运行中的电力电缆和管线造成损伤。硬路面面层破碎可使用小型风镐等小型机械设备，但应加强监护。试探性作业不应深入土层，避免损伤电力电缆及管线。

【事故案例】 **道路施工致电力排管破坏事故**

2014年1月20日，××市供热部门对某老旧小区进行热力改造，破路敷设热力管线。采用小型机械对路面破碎后，采用大型挖掘机挖沟，在挖沟时未设置施工监护，施工人员未注意到顺着道路方向的电力排管，导致电力排管遭到破坏，致使电缆外护套破损。

d）沟（槽）开挖深度达到1.5m及以上时，应采取措施防止土层塌方；

【释义】 高边坡上下层垂直交叉作业中间应设置隔离防护棚或安全防护拦截网，并明确专人监护。高边坡作业时应设置防护栏杆并系安全带。开挖深度较大的坡（壁）面，每下降5m进行一次清坡、测量、检查。对断层、裂隙、破碎等不良地质构造的高边坡，要按设计要求采取锚喷或加固等支护措施。寒冷地区基坑（槽）开挖应严格按规定放坡。解冻期施工，应对基坑和基础桩支护进行检查，无异常情况后，方可施工。

【事故案例】 **××供电公司施工坍塌事故**

2009年10月15日，××变电站110kV送电工程电缆沟施工过程中，沟南面的防护墙突然发生垮塌，由于未采取任何防止土层塌方的防范措施，现场6名作业人员被埋在钢筋瓦砾中。在消防人员和数十名工作人员的努力下，6名被埋的工人全部被救出，其中两名工人抢救无效死亡。

e）沟（槽）开挖时，应将路面铺设材料和泥土分别堆置，堆置处和沟（槽）之间应保留通道供施工人员正常行走。在堆置物堆起的斜坡上不应放置工具、材料等器物；

【释义】 沟（槽）开挖时浮土、石块等混放和堆置过高容易造成垮塌和回落沟（槽）中，所以要求堆土应距坑边1m以外，高度不得超过1.5m。材料和浮土分别堆置并留有通道。在堆置物堆起的斜坡上放置工具等器物易跌落沟（槽）中对工作人员造成物体打击。挖掘施工区域应设围栏及安全标志牌，必要时夜间应挂警示灯，围栏离坑边不得小于0.8m。夜间进行土石方作业应设置足够的照明，并设专人监护。

【事故案例】 **挖电力电缆沟未保留通道导致沟内作业人员被砸伤事故**

2003年7月14日，××供电公司电缆沟施工过程中，施工人员王×将挖出的泥土和铺人行道的花砖混合堆放且未在堆置处和沟间保留通道，沟外施工人员张××在堆置物上方行走时将花砖踩落，致使沟内作业人员王×肩部砸伤。

f）在下水道、煤气管线、潮湿地、垃圾堆或有腐质物等附近挖沟（槽）时，按8.1.5要求执行；

【释义】 在有限空间、低洼潮湿或有腐殖质物附近容易产生硫化氢、沼气等有毒有害气体，在燃气管线附近容易存在一氧化碳气体泄漏现象。所以，在上述地点挖沟（槽）时，应设监护人。施工前检测、记录，施工中采取佩戴便携式检测仪等方法持续监测，人员佩戴防毒面具、向施工沟（槽）送风。在作业中应定时检测是否存在有害气体或异常现象，发现危险情况应立即停止作业，采取可靠措施后，方可恢复施工。施工作业现场严禁烟火。防止有毒气体中毒及可燃气体爆炸。在深坑作业应采取可靠的防坍塌措施，坑内的通风应良好。

【事故案例】 **挖沟导致作业人员硫化氢中毒事故**

1992年12月8日，县工程一队在××炼油化工厂二套催化裂化装置南侧的含硫污水管道的主干线，进行人工掏挖作业。7人下到沟内，从东头227号下水井边开始一字向西排列作业。最东面的3人倒下，接着另2名施工人员也被熏到，施工员见此情况立即下沟救人，也倒下。其余职工佩戴防护面具将 6 名民工抬到管沟上面，经现场和医院抢救无效死亡。

g）挖到电缆保护板后，应由有经验的人员在场指导下继续开挖；

【释义】　挖掘施工中发现挖到电缆保护板时，继续挖掘有可能造成保护板下电缆损伤。应由有经验人员指导，采用人工方法小心挖掘，以防损伤电缆。

h）挖掘出的电缆或接头盒，若下方需要挖空时，应采取悬吊保护措施。

【释义】　电缆或接头盒下方挖空容易造成电缆绝缘层、接头受力弯曲或损伤，从而造成电缆损坏故障。悬吊保护措施包括每间隔 1.0~1.5m 用带状非金属绳索捆绑悬吊，接头盒平放下垫加宽加长木板等。

【事故案例】　××供电公司施工造成停电事故

2009 年 4 月 8 日，××供电局对××线电缆进行改造，需要将××电缆接头下面挖空，对电缆接头盒进行悬吊。施工单位为了赶时间，在对电缆头没有采取任何保护措施的情况下就直接用一根粗铁丝进行悬吊。这条线接头处出现了短路接地故障，造成××片区突然停电，事后查明铁丝悬挂处长期受力，伤及电缆绝缘。

14.2.2　开启电缆井井盖、电缆沟盖板及电缆隧道人孔盖时应注意站立位置，以免坠落，开启电缆井井盖应使用专用工具。开启后应设置遮栏（围栏），并派专人看守。作业人员撤离后，应立即恢复。

【释义】　电缆井井盖、电缆沟盖板及电缆隧道人孔盖都比较沉重，开启时如站立位置不当，容易造成失去平衡而坠落。开启电缆井井盖应使用专用工具避免挤压伤或物体打击事件发生。开启电缆井井盖、电缆沟盖板及电缆隧道人孔盖后，应及时设置遮栏（围栏），并派专人在井边、沟边看守。避免工作人员和行人、车辆误入造成坠落事件。工作结束，井盖、沟盖板、人孔盖封闭后，再把安全措施拆除。

【事故案例】　××供电公司井盖破坏人身坠伤事故

2013 年 4 月 17 日，××供电公司配电专业在工井排管内敷设完电缆后，有一个公路上工井井盖没有盖好，经过往车辆反复碾压致使工井盖损坏，一行人过路时，没有注意脚下路况，踩到了损害的井盖上，导致其摔伤。

14.2.3　移动电缆接头一般应停电进行。若必须带电移动，应先调查该电缆的历史记录，由有经验的施工人员，在专人统一指挥下，平正移动。

【释义】　电缆接头是电力电缆材料应力的薄弱环节，移动过程中极易造成接头松动或绝缘损坏，为避免由于带电电缆头移动造成的损坏再衍生成为人身事件，所以，移动电缆接头一般应停电进行。调查电缆运行记录，发现电缆绝缘老化、运行时间较长、电缆接头有损伤、电缆存在缺陷等现象时，应禁止带电移动。如果必须带电移动电缆接头，应由有经验的施工人员，在专人统一指挥下，在保证移动全过程平正的情况下移动。

【事故案例】　移动电缆停电事故

2014 年 9 月 7 日，某公路建设公司因建设公路打桩，由于打桩位置有电力电缆中间接头一组且不满足安全距离要求，需要移动电缆。该公路建设公司所属的分包施工队施工人员在未经电力部门许可的条件下，擅自移动电缆，造成电缆停电事故。

14.2.4　开断电缆前，应与电缆走向图核对相符，并使用仪器确认电缆无电压后，用接地的带绝缘柄的铁钎或其他打钉设备钉入电缆芯。扶绝缘柄的人应戴绝缘手套并站在绝缘垫上，并采取防灼伤措施。使用远控电缆割刀开断电缆时，刀头应可靠接地，周边其

他施工人员应临时撤离，远控操作人员应与刀头保持足够的安全距离，防止弧光和跨步电压伤人。

【释义】 开断电缆存在误断其他运行电缆的安全风险，所以，在开断电缆前应核对作业电缆与电缆走向图、位置图相符，并使用专用工具测量确认电缆无电压。确认无电压后，用接地的带绝缘柄铁钎等钉入电缆芯后方可工作。扶绝缘柄的人应戴绝缘手套并站在绝缘垫上，并采取防电弧灼伤措施。使用远控电缆割刀开断电缆时，刀头应可靠接地，周边其他施工人员应临时撤离，远控操作人员应与刀头保持8m的安全距离（视为室外接地点安全距离），防止弧光和跨步电压伤人。

【事故案例】 ××供电公司误断电缆事故

2003年，××市因发展需要，计划对已经下地的电力电缆网中的一段需要更换其通道以便于市政施工。经过前期勘察，由于电缆标志不完善，无法进行核对，只能通过电缆识别仪识别后开端改接。在工作中，由于前期勘察不细致，有一个T形口正好位于当天改造电缆选定制作接头两点的中间而未被发现，而电缆从T口进然后同一台环网柜出。测量仪器是通过在停电电缆的一端加高频信号，另外一端接地，然后由人员手持测量设备找这个特定的信号来加以识别电缆的。由于环网柜侧接地的电缆铜辫子使得该环网柜所有电缆全部带上了信号，致使工作人员使用仪器识别后误把带电电缆断开。

14.2.5 不应带电插拔普通型电缆终端接头。可带电插拔的肘型电缆终端接头，不应带负荷操作。带电插拔肘型电缆终端接头时应使用绝缘操作棒并戴绝缘手套、护目镜。

【释义】 因普通型电缆终端接头不具备灭弧功能，为防止电弧造成人身伤害，不应带电插拔普通型电缆终端接头。可带电插拔的肘型电缆终端接头，不应带负荷操作。带电插拔肘型电缆终端接头时应使用绝缘操作棒并戴绝缘手套、护目镜，视同电气倒闸操作安全要求。

14.2.6 开启高压电缆分支箱（室）门应两人进行，接触电缆设备前应验明确无电压并接地。高压电缆分支箱（室）内工作前，应将所有可能来电的电源全部断开。

【释义】 高压电缆分支箱（室）一般为全绝缘、全封闭，为避免分支箱门集聚电荷造成人身触电伤害，开启高压电缆分支箱（室）门应两人进行，接触电缆设备前应验明确无电压并接地。进入高压电缆分支箱（室）内工作时，为防止工作人员发生触电伤害，应将所有可能来电的电源全部断开。

14.2.7 高压跌落式熔断器与电缆头之间作业应采取如下安全措施：

a）宜加装过渡连接装置，使作业时能与熔断器上桩头有电部分保持安全距离；

【释义】 高压跌落式熔断器与电缆头之间如果没有过渡连接装置，会导致连接点之间的带电安全距离不足，并且连接点因为存在电缆重力影响而受力，易造成接头松动发热。

b）跌落式熔断器上桩头带电，需在下桩头新装、调换电缆终端引出线或吊装、搭接电缆终端头及引出线时，应使用绝缘工具，并采用绝缘罩将跌落式熔断器上桩头隔离，在下桩头加装接地线；

【释义】 跌落式熔断器上下桩头之间距离很短，在下桩头工作时，应先将上桩头隔离、下桩头装设接地线，并使用绝缘工具。

【事故案例】 作业人员操作不当引发熔断器上桩头触电事故

2005年2月23日，××化工厂电位车间维修班维修电工鄢××，在检修二级中控配电室低压电容柜时，因操作不当，扳手与相邻的跌落式熔断器上桩头搭接引发短路，形成的电弧将鄂××的双手、脸、脖颈部等处大面积严重灼伤。

c）作业时，作业人员应站在低位，伸手不应超过跌落式熔断器下桩头，并设专人监护；

【释义】　为保证作业人员与带电体的安全距离，作业人员作业时应站在低位，作业动作幅度保持在工作安全距离以外，设专责监护人，时刻紧盯作业人员与带电体的安全距离。

d）雨天不应进行以上工作。

【释义】　因高压跌落式熔断器与电缆头之间安全距离较小，并且上桩头带电，因此，下桩头电缆工作应在晴好天气进行。

14.2.8　使用携带型火炉或喷灯作业应采取以下安全措施：

a）火焰与带电部分的安全距离：电压在 10kV 及以下者，应大于 1.5m；电压在 10kV 以上者，应大于 3m；

【释义】　因为火焰具有导电性，所以火焰与带电体应保持安全距离。

b）不应在带电导线、带电设备、变压器、油断路器（开关）附近以及在电缆夹层、隧道、沟洞内对火炉或喷灯加油、点火；

【释义】　携带型火炉或喷灯点火时有燃烧不稳定的缺陷，容易产生导电的浓烟，在带电设备附近使用容易造成闪络，并且在工井内、电缆夹层、电缆隧道等有限空间内使用过程中会有大量浓烟易造成人员窒息。因此，应在环境开阔、相对安全地点点火，待燃烧稳定后再移至带电设备附近使用。

c）在电缆沟盖板上或旁边动火工作时应采取防火措施。

【释义】　电缆沟内敷设有大量电力电缆、通信电缆等，电缆沟内容易聚集一氧化碳等易燃易爆气体。为保证施工作业安全，在电缆沟盖板上或旁边动火工作时应采取在现场放置防火石棉布和足够数量灭火器材等防火措施，防止有火星掉落电缆沟内造成电缆损伤或火险。

【事故案例】　××电解铝厂电缆沟火灾事故

2004 年 11 月 23 日，××电解铝厂设备处值班人员李××由于天气寒冷，在巡视工厂设备时，随手提着火炉烤火。当巡视到 10kV 配电设备处，北风突然变大，火炉中的火星经电缆孔窜入电缆竖井内。大约 30min 后，10kV 电缆沟突然着火，10kV 电缆部分被烧毁。经调查，火星进入电缆沟后导致电缆沟中的可燃物燃烧，引发火灾事故。

14.2.9　制作环氧树脂电缆头和调配环氧树脂过程中，应采取防毒、防火措施。

【释义】　环氧树脂及环氧树脂胶黏剂本身无毒，但是在制作过程中添加的溶剂含有挥发性有机化合物，短时间可致人头痛、恶心、呕吐、乏力或眼花等，严重时会出现抽搐、昏迷，并会伤害到人的肝脏、肾脏、大脑和神经系统，造成记忆力减退等后果。并且环氧树脂及环氧树脂胶黏剂易燃。工作场所应通风，禁止明火。

【事故案例】　作业人员现场吸烟引发电缆被燃烧事故

2009 年 4 月 17 日，××供电局 110kV××变电站，检修人员幸××在配电室制作电缆头时吸烟且烟头没有及时熄灭，引起衣服突然燃烧，由于配电室狭小、通风不良，制作电缆头时环氧树脂电缆头挥发出的乙二胺、丙酮等可燃性气体被引燃，幸好现场灭火器配置齐备，及时扑灭了明火，才避免了一次火险事故。

14.2.10　电缆施工作业完成后应封堵穿越过的孔洞。

【释义】　电缆封堵包括电缆穿过柜体、墙体、楼板阻燃材料封堵以及电缆沟内防火分隔墙等，封堵常用材料有软性有机堵料（防火泥）、凝固无机堵料、防火包、防火板等。电缆施工作业完成后应及时将破坏的或新形成的穿越孔洞电缆周围封堵。

【事故案例】　高压开关柜封堵不严导致短路事故

2009 年 1 月，××供电局××220kV 变电站×× 10kV 高压开关柜施放电缆后未封堵，老鼠从孔洞进入 10kV 高压开关柜内，引起 10kV 高压电缆相间短路，事故损失 13 万元。

14.2.11　非开挖施工应采取以下安全措施：

a）采用非开挖技术施工前，应先探明地下各种管线设施的相对位置；

【释义】　非开挖技术是指通过拉管、顶管、微型隧道等导向、定向钻进等技术手段，敷设、更换和修复地下管线的施工技术。由于施工作业面不够直观的限制，为避免破坏其他运行管线，在施工前更应该全面掌握地下各种管线的敷设情况。

【事故案例】　吊车司机打地锚伤电缆事故

××供电局发现 10kV××线接地，经巡查发现，当日有一辆汽车翻入沟坎。对汽车进行起吊时，在未查明地下有电缆的情况下，吊车司机就在该处打地锚，地锚深入地下，致使该线路 3GF 电缆 T 接箱至 4GF 电缆 T 接箱电缆损伤。

b）非开挖的通道，应离开地下各种管线设施足够的安全距离；

【释义】　依据 GB 50168—2018《电气装置安装工程 电缆线路施工及验收标准》中的相关规定，开工前应收集平面图、剖面图。为探明地下管线的位置可开挖一定数量的探洞，确保电力电缆与天然气、热力、通信、自来水等地下各种管线及设施保持足够的施工安全距离。

c）通道形成的同时，应及时对施工的区域采取灌浆等措施，防止路基沉降。

【释义】　非开挖技术施工中，为保证电力电缆通道的承重在安全范围内，并且防止路基沉降，应在通道贯通后，及时对施工区域采取灌浆等补强措施。

14.3　电力电缆试验

14.3.1　电缆耐压等试验前，应先对被试电缆充分放电。加压端应采取措施防止人员误入试验场所；另一端应设置遮栏（围栏）并悬挂警告标示牌。若另一端是上杆的或是开断电缆处，应派人看守。

【释义】　电力电缆具有较大的电容量，停电后仍然存在残余电荷，如未将电缆充分放电，接触会造成人员触电伤害，并且残余电荷存在将影响测量绝缘电阻数据的准确，电缆试验前应对其充分放电。为防止外人触电风险还应在试验电缆两端做装设封闭式安全遮拦（围栏）、悬挂"止步，高压危险！"标志牌，在试验对端派人看守等安全措施。

【事故案例】　××供电局电缆耐压试验作业人员触电坠亡事故

××供电局高压试验班在对 10kV××出线电缆做耐压试验时，试验人员在加压端做好了安全措施，但变电站围墙外电杆上电缆没有悬挂标志牌，也无人看守和通知线路工作负责人，造成线路检修人员李××上杆工作时触电坠亡。

14.3.2　电缆试验需拆除接地线时，拆除前应征得工作许可人的许可（根据调控人员指令装设的接地线，应征得调控人员的许可）。工作完毕后应立即恢复。

【释义】　在进行需要拆除全部或部分临时接地线的电缆试验时，试验工作人员不得擅自拆除地线，应征得工作许可人的同意（根据调控人员指令装设的接地线，应征得当值调控人员的许可）方可拆除。试验工作完毕后，立即原位置恢复被拆除的临时接地线，确保安全设施的完整性。

【事故案例】　试验人员未对试验后的电缆进行放电引发触电事故

2010年3月5日，××供电局检修××厂10kV配电变压器，试验人员李××需要拆除电缆头接地线，对电缆做绝缘电阻试验。李××在没有汇报调度和工作负责人的情况下，让试验人员刘××拆除了接地线，试验完毕后刘××没有对试验后的电缆进行放电并恢复接地线。当试验人员潘××对电缆头进行恢复时触电倒地。

14.3.3　电缆试验过程中需更换试验引线时，作业人员应先戴好绝缘手套对被试电缆充分放电。

【释义】　电力电缆试验过程中，电缆被加压时会储存大量的电能。为防止发生人员触电伤害及确保下一项试验数据的准确性，试验过程中需更换试验引线时，断开试验电源后应先使用专用放电棒，将被试电缆充分对地放电，并验明无电。放电及更换引线时作业人员应佩戴绝缘手套。

【事故案例】　作业人员耐压试验后未戴绝缘手套搬运设备引发触电事故

××供电局高压试验班队110kV××新投电缆线路进行电缆耐压试验，试验人员试验结束后，未对耐压试验的电缆进行放电，也未戴绝缘手套就徒手搬运，结果造成搬运人员接触到金属部分，手被剩余电荷击伤。

14.3.4　电缆耐压试验分相进行时，另两相电缆应可靠接地。

【释义】　分相做电缆耐压试验时，因试验电压过高，未试验的两相会产生感应电压，危及人身安全，故应将未试验的另外两相电缆可靠接地。

【事故案例】　作业人员耐压试验非试验相未接地引发触电事故

××供电公司高压试验班对购入的新电缆做耐压试验，试验工作负责人李××没有对另外两相电缆接地，只要求在测完后，对三相电缆逐相放电保证安全。试验人员张××在做完一相电缆试验后，将取下的试验夹子顺手就夹到了另一相，结果造成张××的手被电击伤。

14.3.5　电缆试验结束，应对被试电缆充分放电，并在被试电缆上加装临时接地线。拆除临时接地线前，电缆终端引出线应接通。

【释义】　电力电缆具有一定的电容量。电缆试验结束后，电缆上会有大量残荷，电缆越长残荷越多。如果不充分放电，容易造成人身伤害或设备损坏。每次电缆试验结束后都应通过放电棒对被试电缆充分放电，然后再利用临时接地线接地。为防止突然来电或感应电等伤害发生，只有在电缆终端引出线接通后，方可拆除临时接地线。

【事故案例】　作业人员电缆试验未放电引发触电事故

2009年5月16日，××供电局进行长约300m的10kV电缆预防性试验工作。试验人员李××做直流耐压试验，试验完成后，李××只用接地线碰了一下电缆，未将接地线固定在电缆上。之后刘××站在梯子上进行电缆恢复工作的被残余电荷击中，摔倒在地。

14.3.6　电缆故障声测定点时，不应直接用手触摸电缆外皮或冒烟小洞。

【释义】　电力电缆用声测寻址定位时，会向故障电缆施加试验电压，冒烟小洞处电缆导体放电击穿绝缘层，直接用手触摸有触电或灼伤危险。

【事故案例】 作业人员触碰电缆引发触电烧伤事故

××供电局接到用户事故报修，××小区 0.4kV 电缆缺相。抢修人员到达现场巡视发现，有施工单位在电缆经过的地方打地锚，怀疑电缆被击伤，挖开发现电缆外皮受损冒烟，抢修人员为确定受损程度，靠近观察电缆时与电缆发生接触，电缆发生短路，检查人员被烧伤。

15　分布式电源相关工作

15.1　一般要求

15.1.1　接入高压配电网的分布式电源，并网点应安装易操作、可闭锁、具有明显断开点、可开断故障电流的开断设备，电网侧应能接地。

【**释义**】　为防止高压配电网检修时分布式电源向电网反送电造成电网检修人员触电，分布式电源接地方法应和电网侧接地方法保持一致，应在并网点安装容易操作、闭锁可靠且有明显断开点、可开断故障电流的开断设备（如安装断路器及隔离开关或熔断器等），电网侧应安装有验电、接地装置。

【**事故案例**】　光伏升压站人身触电死亡事故

2019 年 3 月，××电力有限公司 35kV 光伏升压站发生人身触电死亡事故。检修人员作业过程中未拉开隔离开关就进入开关柜内，工作中胳膊肘侵犯安全距离，导致触电，倒地过程中引发 B、C 相短路，致使人员触电和设备起火，1 人当场死亡。

15.1.2　接入低压配电网的分布式电源，并网点应安装易操作、具有明显开断指示、具备开断故障电流能力的开断设备。

【**释义**】　为防止低压配电网检修时分布式电源向低压配电网反送电，接入低压配电网的分布式电源应在并网点安装容易操作、可闭锁、具有明显开断点、具备可开断故障电流能力的开断设备（如安装低压断路器）。

【**事故案例**】　用户自备电源反送电人身死亡事故

2017 年 9 月 23 日，××供电公司发生用户自备电源反送电人身死亡事故。当日配电班进行 10kV××线 101 号杆消缺工作，工作负责人战×带领工作班成员莫×到达现场，依据配电第一种工作票完成分工，由莫×登杆作业，战×负责地面监护。工作开始前，与 10kV××线 100~102 号杆同杆架设的面粉厂低压线路已配合停电。莫×在未验电、未接地的情况下穿越 10kV××线下方面粉厂低压导线时，面粉厂自备发电机突然起动，反送电到低压线路，莫×腿部接触低压线路导致触电，经抢救无效死亡。

15.1.3　接入高压配电网的分布式电源用户进线开关、并网点开断设备应有名称，并报电网管理单位备案。

【**释义**】　为便于运行管理和调度，电网调度机构应将接入高压配电网的分布式电源纳入调度管理，进线开关以及并网断路器、隔离开关、熔断器等开断设备应有相应的双重名称，并报电网运营管理部门。

15.1.4　有分布式电源接入的管理单位应及时掌握分布式电源接入情况，并在系统接线图上标注完整。

【**释义**】　电网运营管理部门应与用户明确双方安全责任和义务，用户进线开关、并网点开断设备应由电网运营管理部门统一进行命名编号，并和接线图、相关图纸资料一起报电网管理单位备案。

15.1.5 **装设于配电变压器低压母线处的反孤岛装置与低压总开关、母线联络开关间应具备操作闭锁功能。**

【释义】 孤岛效应将会对电力系统中的客户和设备造成损害。所以，在光伏并网系统中必须装设具有反孤岛保护功能的装置，以实现对孤岛效应的检测，并及时将光伏并网发电系统与电网进行切断。该装置具备操作闭锁功能，可有效防止人员误操作导致的反孤岛装置不能及时投入运行等安全隐患。

15.2 并网管理

15.2.1 **电网调度控制中心应掌握接入高压配电网的分布式电源并网点开断设备的状态。**

【释义】 为实现电网运行的统一调度管理，调度控制中心应掌握分布式电源并网点开断设备的运行状态。

15.2.2 **直接接入高压配电网的分布式电源的启停应执行电网调度控制中心的指令。**

【释义】 为保证电网安全运行，并入高压配电网的分布式电源投入与退出应接受电网调度控制中心的调度指令。

【事故案例】 **光伏电站严重违反调度纪律导致恶性误操作事件**

2019 年 11 月 3 日，××地调当值调控员按照新设备投产申请，开展 35kV××线新投操作，光伏电站值班员在明知××线带电情况下，因断路器手车卡涩无法操作到位，擅自解开五防锁，操作调度管辖的设备，导致发生带电合接地开关的恶性误操作事件。

15.2.3 **分布式电源并网前，电网管理单位应对并网点设备验收合格，并通过协议与用户明确双方安全责任和义务。并网协议中至少应明确以下内容：**

a）并网点开断设备（属于用户）操作方式；

b）检修时的安全措施。双方应相互配合做好电网停电检修的隔离、接地、加锁或悬挂标示牌等安全措施，并明确并网点安全隔离方案；

c）由电网管理单位断开的并网点开断设备，仍应由电网管理单位恢复。

【释义】 电网管理单位接到分布式电源用户并网申请后，组织相关部门对分布式电源并网点设备进行验收，合格后双方签订并网调度协议和（或）发用电合同。协议/合同内容应至少包含本条款所述的三方面内容，重点突出保证人身和电网安全的相关要求，明确双方的安全责任和义务，内容应清晰明了，易于操作。

15.3 运维和操作

15.3.1 **分布式电源项目验收单位在项目并网验收后，应将工程有关技术资料和接线图提交电网管理单位，及时更新系统接线图。**

【释义】 为便于调度管理和电网安全运行，分布式电源项目验收合格后，电网管理单位应全面掌握工程有关技术资料和接线图，并及时更新电网系统接线图，同时将电网接线变化情况通报相关单位。

15.3.2 **电网管理单位应掌握、分析分布式电源接入配变台区状况，确保接入设备满足有关技术标准。**

【释义】　电网管理单位应掌握分布式电源接入配电变压器台区状况，定期分析配电变压器台区运行数据，确保接入设备满足并网运行的技术标准。

15.3.3　进行分布式电源相关设备操作的人员应有与现场设备和运行方式相符的系统接线图，现场设备应具有明显操作指示，便于操作及检查确认。

【释义】　为防止误操作，进行分布式电源相关设备操作的人员应有与现场设备和运行方式相符的系统接线图，分布式电源相关设备应有明显的、带夜光指示的操作指示标识。

15.3.4　操作应按规定填用操作票。

【释义】　分布式电源进行倒闸操作时，应严格执行本安规，填用倒闸操作票。

15.4　检修工作

15.4.1　在分布式电源并网点和公共连接点之间的作业，必要时应组织现场勘察。

【释义】　配电网检修作业时，所有涉及并网点的作业，都应组织现场勘察，填用现场勘察单。

15.4.2　在有分布式电源接入的相关设备上工作，应按规定填用工作票。

【释义】　在有分布式电源接入的相关设备上工作，应严格执行本安规，填用工作票。

15.4.3　在有分布式电源接入电网的高压配电线路、设备上停电工作，应断开分布式电源并网点的断路器（开关）、隔离开关（刀闸）或熔断器，并在电网侧接地。

【释义】　为防止检修作业时分布式电源反送电，停电检修时，应断开分布式电源并网点的断路器（开关）、隔离开关（刀闸）或熔断器，悬挂"禁止合闸，线路有人工作！"标示牌，并在电网侧接地。

15.4.4　在有分布式电源接入的低压配电网上工作，宜采取带电工作方式。

【释义】　在有分布式电源接入的低压配电网上工作，宜采取不停电工作方式。作业时应做好绝缘遮蔽措施。

15.4.5　若在有分布式电源接入的低压配电网上停电工作，至少应采取以下措施之一防止反送电：

　　a）接地；

　　b）绝缘遮蔽；

　　c）在断开点加锁、悬挂标示牌。

【释义】　接地是指将电气设备在正常情况下不带电的金属部分与接地极之间作良好的金属连接来保护人体的安全措施，可有效防止反送电、感应电和误送电。

绝缘遮蔽是指在不停电作业过程中，通过绝缘遮蔽罩（绝缘包裹等）将带电设备、线路进行隔离，防止人身触电。

在断开点即隔离开关等设备操作把手上加锁是为了防止误合闸，同时还应悬挂"禁止合闸，有人工作！"或"禁止合闸，线路有人工作！"标示牌，严禁只加锁、不挂牌。

15.4.6　电网管理单位停电检修，应明确告知分布式电源用户停送电时间。由电网管理单位操作的设备，应告知分布式电源用户。以空气开关等无明显断开点的设备作为停电隔离点时应采取加锁、悬挂标示牌等措施防止误送电。

【释义】　电网管理单位停电检修，应将计划停送电的时间提前通知分布式电源用户。

由电网管理单位操作的设备，应将操作情况告知分布式电源用户。停电隔离点为空气开关等无明显断开点设备时，必须严格采取加锁、悬挂"禁止合闸，线路有人工作！"标示牌等措施防止误送电。

16 机具及电力安全工器具使用、检查、保管和试验

16.1 一般要求

16.1.1 作业人员应了解机具（施工机具、电动工具）及电力安全工器具相关性能，熟悉其使用方法。

【释义】 （1）作业人员操作机具（施工机具、电动工具）前，应熟悉机具（施工机具、电动工具）及安全工器具的技术参数，了解相关机具（施工机具、电动工具）的性能和注意事项，操作、使用机具人员，应经培训考试合格上岗，不懂机具性能的人员禁止操作和使用。

（2）机具（施工机具、电动工具）应按出厂说明书、铭牌或使用手册的规定使用，不得超出机具铭牌规定的电气、机械许用强度，避免造成机具性能降低或损坏。

【事故案例】 起重机支腿不稳导致翻车事故

2013年8月18日，一辆16t轮胎汽车起重机吊装作业，由于地形低洼有水，前轮停在100mm×100mm的木排上，后轮停在钢轨上，四个支腿各垫在一个枕木上。起吊一个直径为10m的球形罐，起重臂在额定起重量为2.5t的位置上，指挥人员说重量只有1t，第一、二次试吊正常，第三次起吊造成翻车事故，后来查出原因是支腿不在一个水平面上，加之超重导致事故发生。

16.1.2 现场使用的机具、电力安全工器具应经检验合格。

【释义】 机具、安全工器具每次使用前需进行外观和功能检查，应按规程规定定期由具有资质的检验机构进行试验。

【事故案例】 安全带断裂引发人员坠落身亡事故

2021年4月8日，××发电有限责任公司发生一起人身伤亡事故，1人死亡。总包单位××建设有限公司，专业分包单位××科技股份有限公司1名作业人员在封闭煤场改造网架安装作业过程中，在杆件上移动时失足坠落，其佩戴的安全带在背部连接处断开，导致人员坠落至地面，经抢救无效死亡。

16.1.3 机具的各种监测仪表以及制动器、限位器、安全阀、闭锁机构等安全装置应完好。

【释义】 机具在每次使用前应对各类监测仪表以及制动器、限位器、安全阀、闭锁机构等安全装置进行检查测试，确保无损坏、变形、失灵等问题，转动、传动等部位充分润滑。安全装置应齐全、完好，监测仪表能正确监测机具的使用情况，不合格的严禁使用，防止造成人身伤害和设备损坏。

16.1.4 机具在运行中不应进行检修或调整。不应在运行中或未完全停止的情况下

清扫、擦拭机具的转动部分。

【释义】 机具在运行中进行检修或调整，极易干扰机具正常运行状态，造成机具损坏、变形、失灵等问题，甚至危及人身和设备安全。如果发现机具运行异常，应立即停机检修。在运行中或未完全停止的情况下清扫、擦拭机具的转动部分，容易将人员卷入转动部分造成人身伤害。

【事故案例】 卷板机操作未停机导致检修人员重伤事故

2002年8月，××厂铆工段工人陈×在使用卷板机作业时，听到卷板机滚筒振动并发出异常声响，便赶去检查滚筒轴承和齿轮。吴×打开滚筒后部的大齿轮安全护罩，发现是因为齿轮缺油，便取来油为转动的齿轮抹油，抹油时齿轮咬合处一下子将毛刷带进，吴×措手不及，右手也被带进至手腕处，吴×死命强将被绞碾粉碎的右手拽掉。

16.1.5 检修动力电源箱的支路开关、临时电源都应加装剩余电流动作保护装置。剩余电流动作保护装置应定期检查、试验、测试动作特性。

【释义】 检修动力电源箱属于低压配电设备，给检修使用的电气设备提供常规动力电源。为保证检修人员的人身安全，防止低压触电，要求检修动力电源箱的支路开关、临时电源必须加装剩余电流动作保护器。剩余电流动作保护器脱扣电流小、判断准确、动作快，是防止人身触电、电气火灾及电气设备损坏的一种有效防护措施。检修动力电源箱的末级剩余电流动作保护器应满足动作电流不大于30mA、动作时间不大于0.1s的要求。每次使用前应按压试验按钮检验剩余电流动作保护器是否可以正确动作，每当雷击或其他原因使其动作后，也应检查和进行跳闸试验。

【事故案例】 未安装漏电保护器造成人身死亡事故

2015年7月，××电镀工厂老板葛××在未给电镀槽、行车、检修电源箱等设备配置剩余电流动作保护器的情况下，安排李××等人在其电镀加工点车间内从事电镀工作。李××在电镀车间内作业时触电身亡。

16.1.6 机具和电力安全工器具应统一编号，专人保管。入库、出库、使用前应检查。不应使用损坏、变形、有故障等不合格的机具和安全工器具。

【释义】 机具和安全工器具的管理应建立完善的规章制度，各类机具和安全工器具应分类统一编号，按"账、卡、物"一致的原则建立管理台账，在专用库房内由专人负责保管。对机具和安全工器具的试验、维护、检查、领用进行全过程管理，出入库和使用前对机具和安全工器具进行检查，保证机具和安全工器具按周期进行试验，符合使用条件。

施工机具和安全工器具出现结构变形、部件磨损严重、指示装置失灵、功能失效时，禁止使用。对损坏、变形、故障等不合格的施工机具和安全工器具，需单独存放修理，不能修复的应报废更换。修复后的施工机具和安全工器具在使用前应进行相应的电气、机械试验，合格后才能使用。

【事故案例】 因使用不合格安全工器具导致人身触电死亡事故

2004年6月24日，××县供电局进行配电变压器熔断器熔丝更换工作，李××接到报修电话后，未向供电所报告，独自一人到现场，因安全工器具准备不充分，仅携带了单段绝缘操作杆，李××站在地面操作不到跌落式熔断器，于是站到变压器台架上进行操作。操作中李××未能保证与带电设备的安全距离，触及带电设备，造成触电死亡事故。

16.1.7 自制或改装以及主要部件更换或检修后的机具，使用前应按其用途依据国

家相关标准进行型式试验，经鉴定合格。

【释义】　为满足作业现场施工和技术要求，自制或改装以及主要部件更换或检修后的机具，需经具有资质的鉴定机构按国家相关标准进行试验鉴定，以确定机具符合使用要求。试验鉴定的内容主要有空载、负载、过载试验和压力耐压试验、制动试验等，自制、改装、主要部件更换的机具鉴定试验还包括型式试验。试验合格后方可使用，无法确认性能是否满足安全要求而贸然使用可能造成人员伤害或机具损坏。

16.2　施工机具使用和检查

16.2.1　绞磨

16.2.1.1　绞磨应放置平稳，锚固应可靠，受力前方不应有人，锚固绳应有防滑动措施，并可靠接地。

【释义】　绞磨是配电线路起重作业的主要施工机具，如图 16-1 所示，分为人力绞磨和机动绞磨，能在各种复杂环境下顺利方便地架设导线、起重、牵引或紧线。绞磨应放置在平坦且土质坚硬的地面上，锚固必须牢固，以保证机械稳定。受力前方不准有人，避免绞磨意外移位伤人，邻近带电设备使用绞磨时，为防止感应电伤人，绞磨及锚固绳应可靠接地。

图 16-1　绞磨

【事故案例】　绞磨操作不当引发伤人事故

2009 年 7 月 19 日，在××电力公司线路工程施工现场，突然传出"哎哟"一声，负责开绞磨的王××右手被绞磨机的皮带带进去了，右手满是鲜血。现场负责人黄××立即关掉绞磨机，对王××进行施救。经调查，为绞磨操作不当引发的伤人事件。

16.2.1.2　作业前应检查和试车，确认安置稳固、运行正常、制动可靠。

【释义】　绞磨安装稳固后，应检查和试车，确保受力时无位移、倾斜和摇摆，重点检查离合器、制动器、防护措施等是否安全可靠。试车检查无误后，方可使用。

16.2.1.3　作业时不应向滑轮上套钢丝绳，不应在卷筒、滑轮附近用手触碰运行中的钢丝绳，不应跨越行走中的钢丝绳，不应在导向滑轮的内侧逗留或通过。

【释义】　作业中的滑轮是受力和转动部件，若作业时打开滑轮的侧板，将破坏滑轮的受力平衡和转动，因此禁止在作业中向滑轮套钢丝绳。作业中绞磨的卷筒、滑轮均是转动部件且无防护罩，若在卷筒、滑轮附近用手扶运行中的钢丝绳，极易造成手、衣物随运行钢丝绳卷进卷筒、滑轮内造成伤害，因此禁止用手扶运行中的钢丝绳。行走中的钢丝绳会因受力不均匀产生跳跃、摇摆甚至断裂等情况。若人员在其上跨越，会对人员造成抽击、磕绊等伤害，故禁止跨越行走中的钢丝绳。工作中的导向滑轮挂接不牢固、荷载过大时，有可能发生脱落、弹出情况，可能造成牵引绳内侧人员受到伤害，故不准在导向滑轮内侧逗留或通过。

【事故案例】 绞磨操作人员违规作业导致受伤事故

2012 年 7 月 23 日，××供电公司 220kV 海×线输电线路工程放线施工作业，施工地段为 15~21 号放线杆塔。现场专责监护人李×在 21 号塔处监护王×操作机动绞磨，当线路右侧中相导线通过 20 号滑轮时发生卡涩，李×离开施工现场去处理，解决卡涩现象后，李×用对讲机通知王×继续牵引导线，王×接到指令后开始继续操作，突然王×的袖口在机动绞磨机运转时卷入，虽及时停止机动绞磨，但还是导致王×手腕被皮带传动轮绞伤。

16.2.2 抱杆

16.2.2.1 选用抱杆应进行负荷校核。

【释义】 抱杆是线路施工中的重要起重承力工器具，是杆塔组立重要工具之一，如图 16-2 所示。为防止超负荷使用而折断，抱杆的金属结构、连接件等受力部位应定期进行检查，每次使用前也应根据起吊重物的重量进行验算校核。

图 16-2 抱杆

【事故案例】 违规作业导致人身伤亡事故

2013 年 8 月 6 日 9：10 左右，××输变电工程公司在施工现场组织施工过程中，竖立的 161 号输电铁塔抱杆突然发生倒塌，造成输电铁塔抱杆上两名作业人员当场死亡，1 人重伤，经抢救无效死亡。事故发生后，当地相关部门负责人立即赶赴事发现场组织展开施救工作。经初步调查，事故原因为现场作业人员违规作业、安全措施不当。

16.2.2.2 独立抱杆至少应有四根缆风绳，人字抱杆至少应有两根缆风绳并有限制腿部开度的控制绳。所有缆风绳均应固定在牢固的地锚上，必要时经校验合格。

【释义】 为控制抱杆倾斜角度和维持受力平衡，抱杆应使用缆风绳，独立抱杆至少应有四根缆风绳，人字抱杆至少应有两根缆风绳。为防止人字抱杆受力腿部拉开，人字抱杆腿部应有限制开度的控制绳。所有拉绳均应固定在牢固的地锚上。地锚的稳定性和拉绳的角度应根据施工场地、土壤情况、起吊设备的重量等因素进行验算。

【事故案例】 抱杆防倾倒措施不完善导致较大人身事故

2015 年 5 月，××供电公司在未经××送变电工程公司施工项目部批准的情况下，擅自更改施工计划，未严格按照施工方案规定工序组立抱杆，防倾倒临时拉线技术措施不完善，抱杆倾倒造成 3 人死亡。

16.2.2.3 抱杆基础应平整坚实、不积水。在土质疏松的地方，抱杆脚应用垫木垫牢。

使用中的抱杆基础受起重物下压力和抱杆自重影响，在有积水、土质疏松的地方抱杆易下沉或滑移而导致抱杆倾覆。因此，抱杆基础应平整坚实。土质疏松的地方抱杆脚加垫木以防沉陷。

16.2.2.4 揽风绳与抱杆顶部及地锚的连接应牢固可靠；揽风绳与地面的夹角一般应小于45°；揽风绳与架空输电线路及其他带电体的安全距离应大于表3的规定。

揽风绳也被称为拖拉绳或缆绳，是连接抱杆顶部支撑件与拖拉坑间的拉索，用以保持抱杆直立和稳定。为保证作业过程中抱杆不发生倾倒或扭转，揽风绳应牢固固定在抱杆顶部和地锚上，揽风绳与地面夹角应小于45°，应设专人看护。

【事故案例】 抱杆缆风绳与地锚绑扎不牢险酿抱杆倒塌伤人事故

1989年12月18日，××电业局线路工区二班，在110kV××线42号塔进行组塔作业（采用外拉线抱杆吊装铁塔施工法）。7：40，负责人李××安排鲍××、杨××、何××和陶××等人连接D腿三段主塔材，自己则把抱杆主受力风绳拉至塔外的地锚处。绑好缆风绳后，李××就到塔位指挥作业人员进行塔材吊装。当吊装D腿连接好的三段主材就位时，听到有人喊"钢绳拖了"。正在该班实习的技校生陈××、钟××、李××、游××等6人，迅速跑去抓住脱落的受力风绳，无人员伤亡。经检查，此次险情是由于抱杆主风绳与地锚连接处绑扎不牢所致。

16.2.3 卡线器的规格、材质应与线材的规格、材质相匹配。不应使用有裂纹、弯曲、转轴不灵活或钳口斜纹磨平等缺陷的卡线器。

【释义】 卡线器是一种架线时套在线索上受拉力即夹紧的工具，广泛用于电力、电信、铁路电气化架空线路检修施工，如图16-3所示。卡线器的规格、材质选用应与导线相对应，防止因规格不匹配造成导线压痕、毛刺、拉痕等损伤，因材质不匹配造成导线滑脱或受损。使用前必须对卡线器进行外观检查，如果发现裂纹、弯曲、转轴不灵活或钳口斜纹磨平等缺陷的卡线器，应及时报废。

图16-3 卡线器

【事故案例】 使用钳口斜纹已磨平的卡线器导致伤人事故

1988年3月8日，××施工班组在35kV××新建线路上进行架空线路展放工作。架空地线紧线时，工作人员汪××正准备挂线，架空地线突然从卡线器滑跑，将汪××头部挂伤。事后检查发现，卡线器钳口斜纹已磨平，握着力已经不能满足过牵引力导致事故发生。

16.2.4 放线架应支撑在坚实的地面上，松软地面应采取加固措施。放线轴与导线伸展方向应垂直。

【释义】 放线架是一种防止线缆与地面磨损的工具，如图16-4所示。使用时会受到导线拉力和导线自身重力，如果地面不坚实，可能会发生下陷、倾倒而损伤导线，因此放线架应支撑在坚实的地面，否则应采用垫木等加固措施。放线架应与导线展放方向垂直，防止放线受力不平衡而造成放线架倾倒、损坏或导致导线磨损。

图 16-4 放线架

【事故案例】 放线架因受力不均翻倒造成导线损伤事故

1992 年 8 月 5 日，××电业局线路工区线路一班在 110kV××线路上进行展放导线工作。由于地形限制，放线架只能放在干水田中（土质松软，采取了加固措施），放线人员未随时观察放线架受力情况（是否在同一水平面上），造成放线架翻倒而损伤导线。

16.2.5 地锚

16.2.5.1 地锚的分布和埋设深度，应根据现场所用地锚用途和周围土质设置。

【释义】 地锚由锚桩、锚点、锚锭、拖拉坑等组成，用于固定缆风绳、牵引绳、导地线等，如图 16-5 所示。地锚的抗拔力与埋设深度和土质紧密性有关，应结合地锚用途和现场土质情况制订地锚方案。

图 16-5 地锚

【事故案例】 地锚深度不足造成抱杆倾倒人身死亡事故

2000 年 8 月，××送变电公司现场班组人员进行抱杆下段组装（计 11 节，底段 1 节、中段 1 节、标准节 9 节，总长 23.6m），其中甲、乙（在本次事故中死亡）两人负责设置抱杆临时拉线钻桩。作业过程中，两人未按照立塔施工措施要求使用已经埋设好的用于固定抱杆拉线的地锚，而是在各基础腿与已经埋设好的地锚之间（A、C、D 腿方向为干地，B腿方向为水田），每方向钻 2 根长度为 1.8m 的钻桩用于固定抱杆临时拉线。此塔位的地表约 1m 为松软的表层耕作土，下面是较坚硬的石头，因此，钻桩只钻下去 2/3，两根钻桩之间没有正确进行连接且未设置挡土地锚。班组人员使用人字抱杆整立抱杆下段后，为方便从顶部接长抱杆作业，抱杆整体向 D 腿方向倾斜约 1m 多，待接抱杆位于 B 腿方向，施工人员在已整立抱杆顶部使用角钢起吊抱杆标准节,逐节接长抱杆,两节抱杆接好后又将吊装抱杆的主角钢移到顶部。此时,抱杆向 D 腿倾斜已有 2m 左右,即抱杆倾斜已加剧,倾斜角已超过 5°。16：00 左右,施工队长安排三名作业人员丙、甲、乙,准备了 4 根同规格钢丝绳,爬上抱杆进行第二层临时拉线的设置,其中有两人站在抱杆的倾斜内侧,一人站在外向侧,加大了抱杆倾倒方向受力,B 腿方向两根钻桩拔出,抱杆向 D 腿方向倾倒,在抱杆上作业的丁、甲、乙随之摔落,并被抱杆砸中。现场人员立即组织抢救,并拨打 120 急救电话。医务人员赶到现场后,认定上述 3 人已死亡。

16.2.5.2　不应使用弯曲和变形严重的钢质地锚。

【释义】　钢质地锚发生弯曲和变形严重后,整体机械强度和抗弯性能下降,无法满足设计及使用要求,如继续使用,下旋时会造成地锚周边的土壤松动而影响地锚的受力,导致地锚拔出,可能引发杆塔、抱杆、导线失衡。

【事故案例】　使用弯曲地锚导致倒杆伤人事故

2012 年 5 月 17 日,××送变电工程公司在进行立杆作业时,发现现场所带的钢质地锚已经弯曲变形,因路程较远,更换地锚所需时间较长,工作负责人张×心存侥幸,仍然派工作班成员王××用弯曲地锚固定拉线。王××也未拒绝,用弯曲地锚对拉线进行简单固定后就去进行其他工作。15：29,所立电杆突然倾倒,致使地面作业人员闫×腿部被砸伤。后经调查,发现事故为弯曲地锚没能将拉线固定牢固所致。

16.2.5.3　不应使用出现横向裂纹以及有严重纵向裂纹或严重损坏的木质锚桩。

【释义】　木质锚桩有严重损伤、纵向裂纹和横向裂纹时,地锚的抗弯强度降低,容易从损伤处断裂。木质锚桩使用和保管中,应采取措施防止暴晒和保持一定的湿度,顶部应用钢箍或铁丝绑扎防止开裂。

16.2.6　链条（手扳）葫芦

16.2.6.1　使用前应检查吊钩、链条、转动装置及制动装置,吊钩、链轮或倒卡变形以及链条磨损达直径的 10% 时,不应使用。制动装置不应沾染油脂。

【释义】　环链手扳葫芦是由人力通过手柄驱动链条,以带动取物装置运动的起重工具,如图 16-6 所示。链条葫芦使用前,应先观察吊钩、链条是否有明显变形和磨损,再采取负重方式检查传动装置和刹车装置是否良好,或者先对被起吊物进行试吊方式来检查。以下几种情况禁止使用：吊钩、链轮或倒卡变形有可能造成脱钩或锁止失效；链条磨损达直径的 10% 时,强度不足,可能无法承载额定载荷；制动装置沾染油脂,可造成制动失效。

图 16-6　链条（手扳）葫芦

【事故案例】　链条葫芦自动装置沾染油脂造成链条葫芦打滑失控伤人事故

2002 年 4 月 24 日 14：00,××电力送变电建设公司四分公司第三施工队吕××、张××等人在 147 号塔进行中相导线的紧线操作。当吕××骑线出去解除临锚导线的卡线器时,由于使用的手扳葫芦突然打滑失控,导致吕××的安全带被拉断,吕××坠落地面,经抢救无效死亡。经对手扳葫芦解剖进行内部检查,发现手扳葫芦摩擦片上有部分油脂,摩擦片摩擦系数降低,手扳葫芦的尾部余链也未锁紧,因吕××在手扳葫芦链条上移动时产生振动,手扳葫芦打滑失控。

16.2.6.2　起重链不应打扭,亦不应拆成单股使用。

【释义】　起重链打扭易造成卡链,无法顺利通过链轮,同时使链条承受过大扭力,从而发生弯曲变形导致折断、脱钩的现象。起重链作为葫芦的一部分,拆成单股将破坏葫芦的整体结构,降低葫芦的安全系数。

16.2.6.3　两台及两台以上链条葫芦起吊同一重物时,重物的重量应小于每台链条葫芦的允许起重量。

【释义】　两台及两台以上链条葫芦起吊同一重物时,无法保证均衡受力,出现单台受力过大或独自承力,将会造成该受力链条葫芦超出允许起重量而断裂,危及人身、设备安全。若一台链条葫芦断裂,产生的冲击力会加大其他链条葫芦受力,使其他链条葫芦受力断裂,因此,重物的重量应小于每台链条葫芦的允许起重量。

【事故案例】　超重起吊作业导致员工伤亡事故

2007年6月20日14:45,××公司拼装车间内,工作人员在使用两台起吊质量为10t的电动单梁起重机进行钢质煤斗翻身过程中,东侧起吊煤斗的钢丝绳发生断裂,煤斗东侧在重力的作用下迅速向下坠落,当煤斗东侧落地时,由于惯性冲击力的作用,造成西侧起重机承受很大的冲击力,冲击力通过西侧起重机传递到大车承轨梁上,使得北侧大车承轨梁向北失稳,造成西侧起吊煤斗进行翻身作业的起重机坠落,坠落后翻转砸到站在煤斗西南侧的职工,造成该职工当场死亡。经调查,钢质煤斗的质量为12.7t。

16.2.6.4　使用中发生卡链情况,检修前应将重物垫好。

使用链条葫芦从事吊装作业发生卡链时应先将重物垫好,使链条不受力或减少受力。其作用是避免链条处于承重状态时,处理过程中链条发生跑链或断裂进而造成设备、人身事故。

16.2.7　钢丝绳

16.2.7.1　钢丝绳的保养、维护、检验和报废应遵循 GB/T 5972 的要求。

【释义】　GB/T 5972—2023 是《起重机 钢丝绳 保养、维护、检验和报废》。钢丝绳发生磨损、腐蚀、严重退火、局部电弧烧伤、变形、断丝等情况,会导致钢丝绳机械强度降低,严重不满足额定承载能力,无法保证安全使用。为了防止锈蚀、磨损,需定期浸油。当钢丝绳存在以下情况,则要求报废:①可见断丝数达到报废标准者;②钢丝绳的钢丝磨损或腐蚀达到钢丝绳实际直径比其公称直径减少7%或更多者;③钢丝绳受过严重退火或局部电弧烧伤者;④绳芯损坏或绳股挤出者;⑤笼状畸形、严重扭结或弯折者;⑥钢丝绳压扁变形及表面毛刺严重者;⑦钢丝绳断丝数量不多,但断丝快速增加者。

【事故案例】　使用磨损过大钢丝绳起吊作业导致电杆损伤事故

××工程队利用抱杆起吊12m电杆,所用钢丝绳是 $\phi12$ 的旧钢丝绳。现场检查发现,该钢丝绳磨损程度达到了原来钢丝绳直径的40%以上,工作负责人检查后说:"没有问题,可以用。"为了安全起见,工作负责人将直接牵引改为"走一走二"的滑轮组起吊,在起吊至5m高时,钢丝绳突然断裂,电杆摔落、损坏。

16.2.7.2 钢丝绳端部用绳卡固定连接时，绳卡压板应在钢丝绳主要受力的一边，不准正反交叉设置；绳卡间距不应小于钢丝绳直径的 6 倍；绳卡数量不应少于 3 个。

【释义】 就绳卡压板来讲，接触绳的面积大起到凸形线增大摩擦力、防滑的作用，而且绳卡压板必在钢丝绳主要受力的方向，不能正反交叉设置。钢丝绳的直径与绳卡数量成正比关系，见表 16-1。钢丝绳与绳卡压板的设置图如图 16-7 所示。

表 16-1 钢丝绳直径与绳卡数量的对比表

钢丝绳直径（mm）	7~18	19~27	28~37	38~45
绳卡数量（个）	3	4	5	6

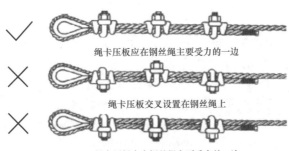

图 16-7 钢丝绳与绳卡压板的设置图

16.2.7.3 插接的环绳或绳套，其插接长度应大于钢丝绳直径的 15 倍且不应小于 300mm。新插接的钢丝绳套应做 125% 允许负荷的抽样试验。

【释义】 插接的环绳或绳套其作用力主要是依靠插接后的摩擦力，长度越长，接触面积越大，摩擦力也越大。按照《起重机械安全规程 第 1 部分：总则》4.2.1.5.b 规定：用编结连接时，编结长度不应小于钢丝绳直径的 15 倍且不应小于 300mm。新插接的钢丝绳应做 125% 允许负荷的抽样试验，以确保新插接的钢丝绳套安全使用。

【事故案例】 钢丝绳断裂吊钩脱落致人死亡事故

2018 年 11 月×日，××工地塔吊在作业时，钢丝绳突然断裂，正在下方施工的一名工人不幸被掉落的吊钩砸中，当场身亡。

16.2.7.4 通过滑轮及卷筒的钢丝绳不应有接头。

【释义】 通过滑轮及卷筒的钢丝绳不得有接头，避免作业中因接头导致钢丝绳从滑轮及卷筒滑出、卡涩、断裂情况发生。

【事故案例】 钢丝绳断裂造成 3 人身亡事故

2008 年 1 月 2 日，由××工程局承建的一水电站压力前池竖井工程施工现场，发生卷扬机过卷钢丝绳断裂事故，造成 3 人死亡。

16.2.8 合成纤维吊装带

16.2.8.1 合成纤维吊装带使用时应避免与尖锐棱角接触，若无法避免应装设护套。

【释义】 合成纤维吊装带有携带轻便、强度高、不易损伤吊装物体表面等优异特点，主要分为扁平吊装带和圆形吊装带两大类,如图 16-8 所示。使用过程中应避免与尖锐棱角接触,以免损伤吊装带,确实无法避免的,应加装护套,防止吊装带割伤、磨损。

图 16-8　扁平吊装带和圆形吊装带

16.2.8.2　吊装带用于不同承重方式时,应严格按照标签给予的定值使用。

【释义】　吊装带实际承重能力与承重方式有关,使用时应严格按照标签给予的定值使用,严禁过负荷使用,否则会导致吊装带断裂,造成事故发生。

16.2.8.3　不应使用外部护套破损显露出内芯的合成吊装带。

【释义】　吊装带外部的护套起到保护内芯不受外界伤害的作用,护套表面的任何明显损伤都可能对承载芯的完整性造成严重影响,可能影响到吊装带继续安全使用。故当发现外部护套破损显露出内芯时,应立即停止使用。

【事故案例】　吊装带断裂导致人员被砸身亡事故

2021 年 9 月,××有限公司 PAC 车间二层共有 3 名操作人员作业,其中谢××、张××负责吊运吨袋并投料,张×负责放酸。16:30,PAC 车间操作工谢××使用从吨袋上切割下来的吊装带作为吊索,在绑好一袋装满铝酸钙粉的吨袋(约 1t)后,由操作工张××用遥控器控制行车吊运该吨袋至 R1402B 反应罐上方约 70cm 处悬停住,谢××将头部探到吨袋下方,使用小刀切割吨袋底部进行投料时,与行车挂钩相连的吊装带突然断裂,约 1t 重的吨袋砸中下方的谢××,并压在其头部位置。谢××经现场抢救无效死亡。

16.2.9　纤维绳(麻绳)

16.2.9.1　不应使用出现松股、散股、断股、严重磨损的纤维绳。纤维绳(麻绳)有霉烂、腐蚀、损伤者不应用于起重作业。

【释义】　松股、散股、断股、严重磨损的纤维绳,一定是长期使用或受过拉力损伤,此种情况继续使用,极易发生受力绳断,故严禁使用。纤维绳(麻绳)有霉烂、腐蚀、损伤者,承载力将大大降低,故不得用于起重作业。

16.2.9.2　机械驱动时不应使用纤维绳。

【释义】　纤维绳因材质特性抗冲击能力弱,无法承受机械驱动时产生的冲击负荷,易造成纤维绳断裂,故禁止在机械驱动时使用纤维绳。

16.2.9.3　切断绳索时,应先将预定切断的两边用软钢丝扎结,以免切断后绳索松散,断头应编结处理。

【释义】　为防止绳索切断后造成散股、松股导致应力下降,切断前,应用 12~14 软钢丝进行绑扎,切断后,应进行封头处理,可采用插接或编结方式。

16.2.10 滑车及滑车组

16.2.10.1 滑车及滑车组使用前应检查，不应使用有裂纹、轮沿破损等情况的滑轮。

【释义】 滑车是一种重要的吊装工具，可分为吊钩滑车、吊环滑车和吊链滑车，如图 16-9 所示。使用前检查确认滑车组的结构完好、转动灵活和正常，是为了避免滑车组受外力损伤而导致承重能力下降或绳索脱扣、损伤吊索等危险状况。存在吊钩变形、轮缘破损、磨损严重等情况严禁使用。

图 16-9 滑车及滑车组

16.2.10.2 使用的滑车应有防止脱钩的保险装置或封口措施。使用开门滑车时，应将开门勾环扣紧，防止绳索自动跑出。

【释义】 滑车挂钩的防脱钩保险装置，是防止滑车在使用过程中由于导地线、牵引绳卡挂或过载牵引产生的摆动或弹跳，造成吊钩与固定索具脱离。开门滑车在起重作业前，应指定人员检查开门勾环扣紧情况，起重作业中发现开门勾环松动，应立即停止起重作业，待更换滑车或进行滑门封口补强后，才能继续作业。

16.2.10.3 滑车不应拴挂在不牢固的结构物上。拴挂固定滑车的桩或锚应埋设牢固可靠。

【释义】 滑车拴挂的结构物应经核算校验，确保满足承载要求。禁止将滑车固定在树木、石头、车辆、电杆等不牢固的物体上。按土质和受力情况验算固定滑车的桩或锚，避免因不满足拉力造成意外脱出伤人。

16.2.10.4 若使用的滑车可能着地，则应在滑车底下垫以木板，防止垃圾窜入滑车。

滑车使用过程中着地，可能将沙粒、垃圾带入滑车，造成损伤。当滑车着地时，应停止工作，调整滑车高度，确实不能调整时，应在滑车底下垫木板、枕木等。

16.2.11 棘轮紧线器

16.2.11.1 使用前应检查吊钩、钢丝绳、转动装置及换向爪，吊钩、棘轮或换向爪磨损达 10%者不应使用。各连接部位出现松动或钢丝绳有断丝、锈蚀、退火等情况时不应使用。

【释义】 棘轮紧线器是线路架设作业中的紧线工具，如图 16-10 所示。使用前应检查吊钩、钢丝绳、转动装置及换向爪是否正常，当吊钩、棘轮或换向爪磨损达 10%者禁止使用。各连接部位出现松动或钢丝绳有断丝、锈蚀、退火等情况时不应使用。

图 16-10　棘轮紧线器

16.2.11.2　操作时，操作人员不应站在棘轮紧线器正下方。

【释义】　紧线作业时，棘轮紧线器可能因松动或钢丝绳断股等造成导线滑脱、棘轮紧线器掉落等，对下方人员造成伤害，因此，操作人员不得站在棘轮紧线器正下方，并且施工线路下方不得有人逗留、穿越。

16.3　施工机具保管和试验

16.3.1　施工机具应有专用库房存放，库房要保持干燥、经常通风。

【释义】　施工机具应放置在专用库房，库房应干燥、通风，防止施工机具因受潮、锈蚀等影响使用性能。

16.3.2　施工机具应定期维护、保养。施工机具的转动和传动部分应保持润滑。

【释义】　施工机具应按照机具管理维护定期开展检查、维保，保持机具良好使用性能。对转动和传动部分还应定期补充更换机油、黄油，防止出现锈蚀、卡涩、转动失灵等现象。

【事故案例】　施工机具保管不当导致延误恢复送电时间

××供电局线路班平时对施工机具保管不严，工器具在库房四处乱放，分不清工器具的好坏。1994 年 11 月 24 日，××矿山进行爆破作业，飞起的乱石把该局的 35kV××线 18～19 号杆三相导线砸坏。该局线路班刘××接到抢修任务后，立即组织人员清点工器具，赶往事故现场。在现场使用工器具时才发现带来的工器具已经损坏了，于是又回到库房拿工具，造成延误恢复送电时间。

16.3.3　起重机具的检查、试验要求应满足附录 K 的规定。

【释义】　为保证起重机具合格完好，应由专业管理人员按照规定开展周期性检查、试验，严禁超期试验。

【事故案例】　吊装作业钢丝绳断裂导致 1 人身亡事故

2002 年 11 月 11 日，电力建设有限公司××分公司在××电业局 35kV 乌兰×和输变电工程 61 号杆塔组立工作中，擅自使用挖掘机进行吊装作业，起重过程中钢丝绳断裂，电杆掉落砸中 1 名施工人员，经抢救无效死亡。

16.3.4　施工机具应定期按标准试验。

【释义】　为掌握施工机具的性能状况，避免不合格机具被使用于现场施工，电力施工机具必须根据相关国家标准定期进行试验。

16.4　电动工具使用和检查

16.4.1　连接电动机械及电动工具的电气回路应单独设开关或插座，并装设剩余电

流动作保护装置，金属外壳应接地。电动工具应做到"一机一闸一保护"。

【释义】   电动工具"一机一闸一保护"是指每台电动机械、电动工具都要有单独的开关和剩余电流动作保护器，确保故障时不会影响其他电动工具正常使用。为防止电动工具漏电伤人，金属外壳应可靠接地。

【事故案例】   发电机外壳未接地导致人员触电事故

2011年11月23日，××供电公司电缆切改施工现场需使用发电机，工作人员吕×在施工区域走动时误碰发电机外壳，发生了触电事故。后经调查发现该发电机设备老旧，接地装置不完善且在使用前未按要求装设接地装置。

16.4.2   电动工具使用前，应检查确认电线、接地或接零完好；检查确认工具的金属外壳可靠接地。

【释义】   电动工具使用前，应进行检查，确认电线、接地或接零完好。为限制电动工具内部绝缘损伤后金属外壳电压，应将工具的金属外壳与大地可靠连接，防止作业人员触电。

【事故案例】   手持电钻漏电致1人触电身亡事故

2019年7月28日，深圳市×公馆一工人使用手持钻机进行墙面打孔作业时，因钻机年久失修且用前未检查，所用临时电源也未加装漏电保护器，在作业过程中因手持钻机漏电从铝合金梯子上摔下，经抢救无效后死亡。

16.4.3   长期停用或新领用的电动工具应用绝缘电阻表测量其绝缘电阻，若带电部件与外壳之间的绝缘电阻值达不到2MΩ，不应使用。电动工具的电气部分维修后，应进行绝缘电阻测量及绝缘耐压试验。

【释义】   长期停用或新领用的电动工具使用前应测量绝缘电阻，使用绝缘电阻表测量带电部件与外壳之间的绝缘电阻，低于2MΩ不应使用。电动工具的电气部分维修后，为确保绝缘性能合格，应进行绝缘电阻测量及绝缘耐压试验。

16.4.4   使用电动工具，不应手提导线或转动部分。使用金属外壳的电动工具，应戴绝缘手套。

【释义】   电动工具导线的机械强度有限，不能承担电动工具自重，手提导线可能造成导线内部断路或短路，引起电动工具使用时漏电伤人。金属外壳的电动工具可能因内部绝缘损坏导致外壳带电，造成人员触电，故使用时应戴绝缘手套。

16.4.5   电动工具的电线不应接触热体或放在湿地上，使用时应避免载重车辆和重物压在电线上。

【释义】   电动工具导线没有防热、防潮、防压功能，这几种情况均可能造成导线内部断路或短路，引起电动工具无法使用或漏电伤人。

16.4.6   在使用电动工具的工作中，因故离开工作场所或暂时停止工作以及遇到临时停电时，应立即切断电源。

【释义】   为防止电动工具突然转动伤人，在使用电动工具的工作中，因故离开工作场所或暂时停止工作以及遇到临时停电时，应立即将电动工具操作开关关闭并切断电源。

【事故案例】   手持砂轮机意外启动导致1人身亡事故

2021年9月，××工地张×在使用手持砂轮机作业时，未留意到砂轮机的开关处于打开状态，在张×插上电源后，砂轮机突然转动并弹跳起来，割伤张×大腿。起初张×以为没有大碍，并未及时就医，后因腿部动脉被割伤，失血过多死亡。

16.4.7 在一般作业场所，应使用Ⅱ类电动工具。

【释义】 GB/T 787—2017《手持式电动工具的管理、使用、检查和维修安全技术规程》对工具按电击保护方式分为：Ⅰ类工具、Ⅱ类工具、Ⅲ类工具三类。Ⅱ类工具在防止触电的保护方面不仅依靠基本绝缘，而且它还提供例如双重绝缘或加强绝缘的附加安全预防措施，没有保护接地或依赖安装条件的措施。Ⅱ类工具分绝缘外壳Ⅱ类工具和金属外壳Ⅱ类工具。带绝缘外壳的Ⅱ类电动工具，具有经久、牢固的绝缘性能，故在一般作业场所（包括金属构架上），应使用Ⅱ类电动工具（带绝缘外壳的工具）。

16.4.8 在潮湿或含有酸类的场地上应使用24V及以下电动工具，否则应使用Ⅱ类电动工具，并应选用额定剩余动作电流小于30mA、无延时的剩余电流动作保护装置。在金属物体上工作，操作手持式电动工具或使用非安全电压的行灯时，应选用Ⅲ类电动工具或在电气线路中装设额定剩余电流为10mA、无延时的剩余电流动作保护装置并使用Ⅱ类电动工具。

【释义】 在潮湿或含有酸类的场地上以及在金属容器内，应使用24V及以下电动工具或Ⅱ类电动工具，并装设额定动作电流小于10mA、一般型（无延时）的剩余电流动作保护装置，整个工作过程中应有专人不间断监护。剩余电流动作保护装置、电源连接器和控制箱等应放在容器外面。电动工具的开关应设在监护人伸手可及的地方。

【事故案例】 隧道施工因电动砂轮机漏电导致1人触电死亡事故

2004年8月，×隧道内施工，未按要求使用24V及以下电动工具，因隧道内非常潮湿，导致手持砂轮机绝缘下降，造成作业人员蒋×触电死亡。

16.5 电力安全工器具使用和检查

16.5.1 电力安全工器具应定期进行检查，每次使用前还应进行外观检查，确认绝缘部分无裂纹、无老化、无绝缘层脱落、无严重的机械或电灼伤痕等现象以及固定连接部分无松动、无锈蚀、无断裂等现象。检查有疑问时，使用前应经试验合格。

【释义】 电力安全工器具指为防止触电、灼伤、坠落、摔跌、中毒、窒息、火灾、雷击、淹溺等事故或职业危害，保障工作人员人身安全的个体防护装备、绝缘安全工器具、登高工器具、安全围栏（网）和标识牌等专用工具和器具。安全工器具分为个体防护装备、绝缘安全工器具、登高工器具、安全围栏（网）和标识牌等四大类。常用的安全工器具包括安全帽、防护眼镜、安全带、静电防护服、防电弧服、个人保安线、绝缘靴、绝缘杆、接地线等。电力工器具使用前必须进行检查，首先确认安全工器具应在试验有效期间内；其次外观检查应绝缘部分无裂纹、无老化、无绝缘层脱落、无严重的机械或电灼伤痕等现象，固定连接部分应无松动、无锈蚀、无断裂等现象；最后进行功能确认，如验电器自检应合格。对安全工器具绝缘部分外观有疑问时，为确保绝缘性能良好，按照该工具试验标准，进行绝缘、耐压试验。

【事故案例】 试验人员电缆试验后未戴绝缘手套造成人身触电事故

2005年9月，××供电公司检修工区试验班进行10kV出线电缆耐压试验。本次的工作负责人为李××，工作人员为张××、王××。在试验过程中，试验人员张××在未将被测试电缆进行充分放电、未戴绝缘手套的情况下更换试验引线，造成人身触电。

16.5.2 安全帽

16.5.2.1 使用前，应检查帽壳、帽衬（帽箍、吸汗带、缓冲垫及衬带）、帽箍扣、下颏带等组件完好无缺失。

【释义】 安全帽是头部安全防护用具，能够防止坠物冲击、侧向撞击、挤压等头部伤害，如图 16-11 所示。使用前应对帽壳、帽衬（帽箍、吸汗带、缓冲垫及衬带）、帽箍扣、下颏带等组件进行检查，确认完好无损方可佩戴。

安全帽是由帽壳、帽衬和下颏带三部分组成。

（1）帽壳是安全帽的主要部件，一般采用椭圆形或半球形薄壳结构。这种结构，在冲击压力下会产生一定的压力变形，由于材料的刚性性能吸收和分散受力，加上表面光滑与圆形曲线易使冲击物滑走，从而减少冲击的时间。根据需要和加强安全帽外壳的强度，外壳可制成光顶、顶筋、有沿和无沿等多种形式。

（2）帽衬是帽壳内直接与佩戴者头顶部接触部件的总称，其由帽箍环带、顶带、护带、托带、吸汗带、衬垫及拴绳等组成。帽衬的材料可用棉织带、合成纤维带和塑料衬带制成，帽箍为环状带，在佩戴时紧紧围绕人的头部，带的前额部分衬有吸汗材料，具有一定的吸汗作用。帽箍环形带可分成固定带和可调节带两种，帽箍有加后颈箍和无后颈箍两种。顶带是与人头顶部相接触的衬带，顶带与帽壳可用铆钉连接，或用带的插口与帽壳的插座连接，顶带有十字形、六条形。相应设插口 4~6 个。

（3）下颏带是系在下颏上的带子，起固定安全帽的作用，下颏带由带和锁紧卡组成。没有后颈箍的帽衬，采用 "y" 字形下颏带。

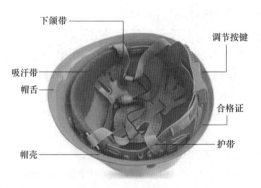

图 16-11 安全帽

16.5.2.2 使用时，应将帽箍扣调整到合适的位置，锁紧下颚带，防止工作中前倾后仰或其他原因造成滑落。

【释义】 佩戴安全帽应注意，①检查是否在合格有效期内（玻璃钢 3 年，ABS2.5 年）；②应将帽箍扣调整到合适的位置，锁紧下颚带，防止工作中前倾后仰或其他原因造成滑落；③受过强力冲击的安全帽，因其整体性能可能遭到损伤，不得继续使用。

【事故案例】 佩戴不合格安全帽发生脱落致作业人员死亡事故

2021 年 12 月，××建筑公司工人王××戴了一顶没有帽带的安全帽，在基建坑中工作。该基建坑深为 2.5m，工作时坑上有一块木头滑下，王××为躲避滑下的木头，向后退步，却不想被身后一条木棒绊倒，安全帽飞出，王××头部撞在基墩上的角铁，经抢救无效死亡。

16.5.3 辅助型绝缘手套

16.5.3.1 应质地柔软良好，内外表面均应平滑、完好无损，无划痕、裂缝、折缝和孔洞。

【释义】 辅助型绝缘手套起到对手或人体的防护作用，通常为橡胶、乳胶等材质，具有防电、防水功能。用于操作高压隔离开关、断路器等，要求绝缘手套具有良好的电气性能、较高的机械性能，以及良好的柔软性，内外表面均应平滑、完好无损，无划痕、裂缝、折缝和孔洞。

【事故案例】 违规作业造成人身触电伤亡事故

2021 年 5 月 2 日，××生物发电有限公司 1 名运行人员在机组启动过程中进行发电机并网前检查时，擅自扩大工作范围，未佩戴绝缘手套，违章清理发电机出口开关柜内积灰，触碰到发电机出口开关静触头，导致触电，经抢救无效死亡。

16.5.3.2 使用前应用卷曲法或充气法检查手套有无漏气现象。

【释义】 使用前应检查绝缘手套是否粘连、有无划痕，并进行气密性检查（从手套袖口开始向手指方向卷紧和挤压，检查是否有裂缝和孔洞），发现缺陷严禁使用，防止接触电压、泄漏电流电弧等对人员造成伤害。

16.5.3.3 作业时，应将上衣袖口套入绝缘手套筒口内。

【释义】 为充分发挥绝缘手套保护作用，使用绝缘手套时应将上衣袖口套入手套筒口内。

16.5.4 绝缘操作杆、验电器和测量杆

16.5.4.1 允许使用电压应与设备电压等级相符。

【释义】 绝缘操作杆、验电器和测量杆的允许使用电压应与设备电压等级相符。若小于设备电压等级，绝缘操作杆、验电器和测量杆在使用过程中绝缘性能（绝缘强度）不足，可能发生工具损坏、人员触电等危害。额定电压越高的验电器，启动电压也越高，若使用额定电压高于设备电压的验电器进行验电，可能因未达到启动电压，验电器无反应，造成误判断；若小于设备电压等级，则可能造成验电器绝缘击穿，导致验电人员触电。

【事故案例】 抢修作业未验电接地造成 1 人触电死亡事故

2005 年 8 月 18 日，××供电公司 10kV 外 152 线因雷击造成单相接地，供电所安全员方××安排两组人员进行巡线。一组负责主线巡视，另一组由王××带领 4 名工作人员到外 152 线富石支线巡线。负责主线巡线的小组拉开富石支线的高压熔断器并取下三相熔管，外 152 主线恢复送电，并通知了在富石支线带队巡线的王××。王××等在巡视至富石支线时，根据线路故障情况判断，认为故障点可能在富石支线变压器上，王××通知停电后，即打算对该变压器进行绝缘测试。上午 9：30 左右，王××进入该落地变压器院子内，其他工作人员跟随其后十余米内。王××在未采取安全措施的情况下（验电器、绝缘杆和接地线放在汽车上），就去拆变压器的高压端子。其他人员听到王××喊了一声"有电"，立即赶到院内时，发现王××已触电倒在地上，经抢救无效死亡。经查，富石支线三相高压熔断器中有一相在 5 月份已损坏，当时用导线临时短接，事后也没有及时消缺，事故当天在拉开跌落式熔断器时，没有发现临时短接线，导致富石支线带电。

16.5.4.2 绝缘杆应光滑，绝缘部分应无气泡、皱纹、裂纹、绝缘层脱落、严重的机

械或电灼伤痕。

【释义】　绝缘杆是一种专用于电力系统内的绝缘工具组成的统一称呼，可以被用于带电作业、带电检修以及带电维护作业器具，主要由绝缘管或绝缘棒制成的含端部配件的绝缘工具，如图16-12所示。绝缘杆应光滑，绝缘部分应无气泡、皱纹、裂纹、绝缘层脱落、严重的机械或电灼伤痕，防止因绝缘性能降低产生安全隐患，或使用过程中发生损坏。雨雪天气湿度较大，验电器绝缘杆表面受潮不均匀，绝缘杆可能发生不均匀湿闪，会对验电人员造成伤害。

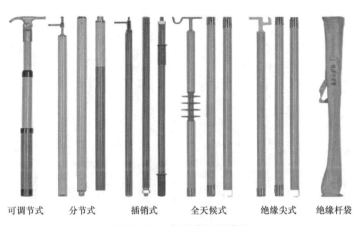

　可调节式　　　分节式　　　插销式　　　全天候式　　　绝缘尖式　　绝缘杆袋

图16-12　各种类型绝缘杆

16.5.4.3　使用时，人体应与带电设备保持足够的安全距离，操作者的手握部位不得越过护环，以保持有效的绝缘长度，并注意防止绝缘操作杆被人体或设备短接。

【释义】　绝缘操作杆、验电器和测量杆的护环或手持部分的界限是作业人员手持的安全范围，越过护环或手持部分的界限，会减小其有效绝缘长度，增加人身触电和设备损害的可能性。绝缘操作杆、验电器和测量杆在频繁使用与运输中会发生磨损，作业人员越过护环和手持部分的界限进行操作会使其绝缘长度减小，导致绝缘杆被人体或设备短接，发生触电及设备伤害，故应保持有效的绝缘长度。使用绝缘操作杆、验电器、测量杆时，人体应与带电设备保持足够的安全距离，并戴绝缘手套，防止使用人员触电。

16.5.4.4　雨天在户外操作电气设备时，操作杆的绝缘部分应有防雨罩。防雨罩的上口应与绝缘部分紧密结合，无渗漏现象。

【释义】　操作杆受潮操作时会产生较大的泄漏电流，危及操作人员安全。雨天操作应使用有防雨罩或带绝缘子的操作杆。加装防雨罩、绝缘子的作用是保持一段干燥的爬电距离，以保证湿闪电压合格。同时操作人员要戴绝缘手套、穿绝缘靴，减小人身触电的可能性。

【事故案例】　使用没有防雨罩的操作杆导致人员被电弧灼伤事故

2000年4月19日，××供电局变电检修班郑××、刘××检查10kV××线5号变压器台区故障。华××将跌开式熔断器拉开并取下，发现熔丝熔断，更换熔丝恢复送电时天降小雨，华××被电弧灼伤。事后检查，操作杆的绝缘部分没有防雨罩，并且固定部分有松动迹象。

16.5.5　携带型短路接地线

16.5.5.1　接地线的两端夹具应保证接地线与导体和接地装置都能接触良好、拆装

方便，有足够的机械强度，并在大短路电流通过时不致松脱，长度应满足工作现场需要。

【释义】　携带型短路接地线是用于电力行业断电后使用的一种临时接地线，就是直接连接大地的线，预防突然来电时，将高电压直接入地，减轻对维修人员的伤害，是一根生命线，如图 16-13 所示。成套接地线长度应满足工作需要，直流电阻应合格，接地线的两端夹具应保证接地线与导体和接地装置都能接触良好，能够将误操作造成的短路电流顺利导入大地，同时，接地线还应有足够的机械强度，能够承受大短路电流通过时不松脱。

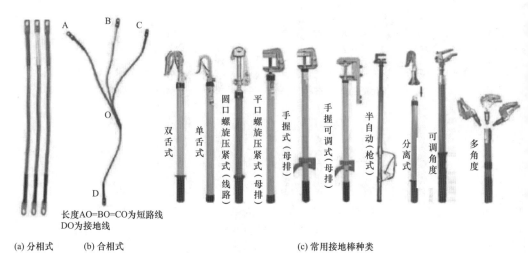

(a) 分相式　　(b) 合相式　　　　　　　　　　　(c) 常用接地棒种类

图 16-13　各种类型携带型短路接地线

16.5.5.2　使用前应检查确认完好，护套应无孔洞、撞伤、擦伤、裂缝、龟裂等现象，导线无裸露、无松股、中间无接头、断股和发黑腐蚀。线夹完整、无损坏，线夹与电力设备及接地体的接触面无毛刺。

【释义】　成套接地线由绝缘操作杆、导线夹、多股软铜线、接地夹、绝缘护套组成，不同电压等级的接地线绝缘操作杆的工频耐压强度（有效绝缘长度）不同，因此需选择相应电压等级、且各部件完整和连接可靠的接地线。使用前应进行检查，确认其完好，如发现下述情况应禁止使用：①护套有孔洞、撞伤、擦伤、裂缝、龟裂等现象；②导线有裸露、松股、接头、断股和发黑腐蚀；③线夹不完整、损坏或线夹与电力设备及接地体的接触面有毛刺。

【事故案例】　消缺作业未验电接地造成人身伤亡事故

2012 年 6 月 15 日，××电业局作业人员张××为消除设备隐患，向抄表班班长赵××提出对 10kV 上×房线 426 线 16 号变台低压配电箱进行移位的口头工作请示，并征得同意。16 日 7：00 左右，抄表班班长赵××又以电话方式通知作业人员张××，强调施工作业前要请示运检班班长和供电所所长批准，批准后要办理工作票手续并做好相关安全措施。10：30 左右，作业人员张××在没有请示运检班班长和供电所所长，也未办理工作票手续的情况下，带领××供电所农村电工李××和秦××二人到达 10kV 上×房线 426 线 16 号变台进行低压配电箱的移位工作。作业人员张××用 10kV 绝缘杆拉开 16 号变台三相跌落式熔断器，李××将低压配电箱内隔离开关拉开后，工作人员张、秦二人在未进行验电、未装设接地线的情况下，便进行登台作业。10：45，作业人员张××在右手触碰变压器高压套管时发生触电后高处坠落（未系安全带），但因伤势过重，经抢救无效死亡。

16.5.5.3 使用时，应先接接地端，后接导线端，接地线应接触良好、连接应可靠，拆除接地线的顺序与此相反，人体不准碰触未接地的导线。

【释义】 为防止挂接地线时突然来电对操作人员造成伤害，装设接地线时应先接接地端后接导线端，导线端和接地端均应接触良好、连接应可靠，接地端油漆需清除，拆除接地线的顺序与此相反，人体不准碰触未接地的导线。

【事故案例】 接地线装设不牢固造成人员触电死亡事故

2014年4月8日9时左右，××县供电公司所属集体企业××工程公司根据施工计划安排，工作负责人刘××（死者）和工作班成员王××在倪岗分支线41号杆装设高压接地线两组（另一组装在同杆架设的废弃线路上，事后核实该废弃线路实际带电，系酒厂分支线）。当王××在杆上装设好倪岗分支线的接地线后，因两人均误认为废弃多年的线路不带电，未验电就直接装设第二组接地线。接地线上升拖动过程中接地端连接桩头不牢固而脱落，地面监护人刘××未告知杆上人员即上前恢复脱落的接地桩头，此时王××正在杆上悬挂接地线，由于该线路实际带有10kV电压，王××感觉手部发麻，随即扔掉接地线棒，刘××因垂下的接地线此时并未接地且靠近自己背部，同时手部又接触了打入大地的接地极，随即触电倒地。伤者经医院抢救无效，11：00左右死亡。

16.5.5.4 装、拆接地线均应使用满足安全长度要求的绝缘棒或专用的绝缘绳。接地操作杆同绝缘杆的要求。

【释义】 使用接地操作杆装拆接地线时，应使用满足安全长度要求的绝缘棒或专用的绝缘绳，确保人体与带电设备保持足够的安全距离，并戴绝缘手套，防止使用人员触电。

16.5.6 绝缘隔板和绝缘罩

16.5.6.1 绝缘隔板和绝缘罩只允许在35kV及以下电压的电气设备上使用，并应有足够的绝缘和机械强度。

【释义】 放置绝缘隔板和绝缘罩属于绝缘遮蔽的一种方式，是通过增加爬电距离、延伸放电路径弥补部分停电作业中安全距离不足的措施。当电压等级大于35kV时，现有绝缘材料的绝缘性能比空气间隙低，因此绝缘隔板和绝缘罩只允许在35kV及以下电压等级的电气设备上使用。绝缘隔板和绝缘罩应有足够的绝缘和机械强度，防止在使用中发生断裂，失去绝缘隔离保护作用。

【事故案例】 ×轧钢厂检修时漏装绝缘隔板，导致作业人员触电身亡事故

2000年5月，×轧钢厂安装电工班根据检修计划，到35kV变电站更换6kV高压柜断路器油开关。当班电工何××填写操作票时，漏填"在连接15号6kV高压柜的6205-5开关动静接点处加绝缘隔板"，9：05，电工张××进入15号开关柜上层拆卸油开关连杆销子，因不熟悉设备，误拆6205-5隔离开关操作机构连杆销子，因6205-5开关动静接点处未加绝缘隔板，造成6205-5开关误合，张××触电死亡。

16.5.6.2 用于10kV电压等级时，绝缘隔板的厚度不应小于3mm，用于35kV（20kV）电压等级不应小于4mm。

【释义】 在35kV以下设备停电检修时，主要是开关柜内设备检修，由于隔离开关（刀闸）电气间隙比较小，检修工作中可能触及隔离开关（刀闸）的机构，导致隔离开关

（刀闸）误动作而使检修部分带电，因此，在隔离开关（刀闸）空气间隙中放置绝缘隔板或绝缘罩以防止检修设备带电。为确保绝缘遮蔽有效，应按电压等级选用相应规格的绝缘隔板，10kV 电压等级时绝缘隔板的厚度不应小于 3mm，35（20）kV 电压等级时不应小于 4mm。

16.5.6.3　现场带电安放绝缘遮蔽罩时，应按要求穿戴绝缘防护用具，使用绝缘操作杆或绝缘斗臂车。

【释义】　绝缘隔板使用时，有可能直接接触到带电部分，为保证安放和拆除时人员安全应按要求穿戴绝缘防护用具，使用绝缘操作杆或绝缘斗臂车。为防止绝缘隔板脱落，必要时可用绝缘绳索将其固定。

【事故案例】　带电作业防护措施不到位，作业人员误碰带电设备死亡事故

2010 年 10 月 14 日，××供电公司作业人员带电处理×10kV 线路 10 号杆中相绝缘子破损和导线偏移危急缺陷，现场拟定了施工方案和作业步骤，填写配电故障紧急抢修单。作业过程中樊××擅自摘下双手绝缘手套作业，举起右手时误碰遮蔽不严的放电线夹，在带电体（放电线夹带电部分）与接地体（中相立铁）间形成放电回路，导致 1 人触电死亡。

16.5.6.4　装拆绝缘隔板时应与带电部分保持规定的距离，或者使用绝缘工具进行装拆。

【释义】　为防止安放或拆除绝缘隔板、绝缘罩时误碰带电部位，操作人员应与带电部分保持足够的安全距离，并戴绝缘手套，使用绝缘操作杆进行装拆。

16.5.6.5　使用绝缘隔板前，应先擦净绝缘隔板的表面，保持表面洁净。

【释义】　绝缘隔板表面脏污、受潮会严重影响其绝缘强度，为确保绝缘隔板绝缘强度满足现场需要，使用前应清洁，保持绝缘隔板表面洁净。

16.5.6.6　现场放置绝缘隔板时，应戴绝缘手套；如在隔离开关动、静触头之间放置绝缘隔板时，应使用绝缘操作杆。

【释义】　绝缘隔板使用时，有可能直接接触到带电部分，为保证安放和拆除时人员安全应按要求穿戴绝缘防护用具，如在隔离开关动、静触头之间放置绝缘隔板时，应使用绝缘操作杆。

16.5.6.7　绝缘隔板在放置和使用中要防止脱落，必要时可用绝缘绳索将其固定并保证牢靠。

【释义】　为防止绝缘隔板在放置和使用中脱落，必要时可用绝缘绳索将其牢靠固定。

16.5.7　脚扣

16.5.7.1　金属母材及焊缝无任何裂纹和目测可见的变形，表面光洁，边缘呈圆弧形。

【释义】　脚扣是套在鞋上爬电线杆子用的一种弧形铁制工具，如图 16-14 所示。脚扣一般采用高强无缝管制作，经过热处理，具有重量轻、强度高、韧性好、可调性好、轻便灵活、安全可靠、携带方便等优点，是电工攀登不同规格的水泥杆或木质杆的理想工具。水泥杆多用伸缩脚扣，双保险围杆安全带选用精密优质材料制作，使用方便灵活、安全可靠。在使用脚扣时，要进行外观检查，脚扣的金属母材和焊缝之间必须没有任何裂纹和变形，表面光洁，边缘呈圆弧形。

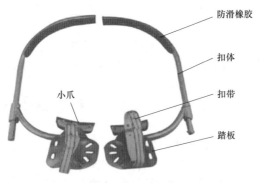

图 16-14　脚扣

16.5.7.2　围杆钩在扣体内滑动灵活、可靠、无卡阻现象；保险装置可靠，防止围杆钩在扣体内脱落。

【释义】　作业人员穿戴脚扣后，围杆钩在扣体内要能够灵活上下滑动，没有滑落、卡阻的现象，脚扣的保险装置要安全可靠，避免围杆钩在扣体内脱落，导致人员高处坠落发生事故。

16.5.7.3　小爪连接牢固，活动灵活。

【释义】　作业人员穿戴脚扣后，小爪要紧贴在电线杆上，在作业人员上下杆时活动灵活，以防作业人员高处坠落。

16.5.7.4　橡胶防滑块与小爪钢板、围杆钩连接牢固，覆盖完整，无破损。

【释义】　橡胶防滑块起到防滑作用，如图 16-15 所示。一旦与小爪钢板、围杆钩连接不牢固，脚扣就会滑落。

图 16-15　橡胶防滑块

16.5.7.5　脚带完好，止脱扣良好，无霉变、裂缝或严重变形。

【释义】　使用脚扣登杆前检查的目的，是为了防止作业人员登杆时，因脚扣缺陷而导致坠落伤害发生。检查内容包括试验有效期、工器具受力部位、易磨损的部位磨损情况等，如脚扣的橡胶防滑块与小爪钢板、围杆钩连接情况；金属母材是否存在裂纹、变形；

脚带、止脱扣霉变、变形情况；围杆钩在扣体内滑动是否灵活、可靠、无卡阻，保险装置是否可靠等。

16.5.7.6　登杆前，应在杆根处对脚扣进行一次冲击试验，确认脚扣无异常。

【释义】　为防止脚扣使用过程中存在目测检查发现不了的隐患，使用前要先对脚扣在杆根处进行人体冲击试登，以确认其强度满足要求。

16.5.7.7　使用时应将脚扣脚带系牢，登杆过程中应根据杆径粗细随时调整脚扣尺寸。

【释义】　为防止使用过程中脚扣脱落，应将脚扣脚带系牢，登非等径线杆时，登杆过程中应根据杆径粗细随时调整脚扣尺寸。

【事故案例】　新入职学员实操培训操作不规范导致高坠死亡事故

2014年10月13日，××校区组织新入职员工进行登杆实训，学员韩××在0.4kV登杆时脚扣脱落，下坠过程中背部安全防坠器速差动作，安全带相对身体上提，导致胸前锁固横带猛烈冲击下颌，意外造成颈椎错位损伤，造成1人死亡。

16.5.8　登高板

16.5.8.1　钩子不得有裂纹、变形和严重锈蚀，心型环完整、下部有插花，绳索无断股、霉变或严重磨损。

【释义】　登高板具有结构简单，实用可靠的特点，用来攀登电杆，如16-16所示。登高板由脚板、绳索、铁钩组成。脚板由坚硬的木板制成，绳索为16mm多股白棕绳或尼龙绳，绳两端系结在踏板两头的扎结槽内，绳顶端系结铁挂钩，绳的长度应与使用者的身材相适应，一般在一人一手长左右。踏板和绳均应能承受300kg的质量。

图16-16　登高板

16.5.8.2　绳扣接头每绳股连续插花应不少于4道，绳扣与踏板间应套接紧密。

【释义】　使用登高板登杆前检查，是为了防止作业人员登杆时因登高板缺陷而导致坠落伤害发生。检查内容包括试验有效期、工器具受力部位、易磨损的部位磨损情况等，如钩子不得有裂纹、变形和严重锈蚀、心形环完整、下部有插花，绳索无断股、霉变或严重磨损；绳扣接头每绳股连续插花应不少于 4 道，绳扣与踏板间应套接紧密。

16.5.8.3　登杆前，应在杆根处对登高板进行冲击试验，确认登高板没有变形和损伤。

【释义】　使用前要先对脚扣、登高板进行人体冲击试验，以确认其强度满足要求。为防止登高板使用过程中存在目测检查发现不了的隐患，使用前要先对登高板在杆根处进行人体冲击试验，以确认其强度满足要求。

【事故案例】　登高板断裂导致人员受伤事故

6 月 2 日，××供电所安排李××、范××、王×× 3 人为本地区××公司 10kV 专用线路开展检修工作。李××进行杆上作业，范××在地面监护。当李××进行最后一基电杆作业时，在登高过程中，一只登高板突然"啪"的一声，断成两半，李××立即用双手抓紧断裂的登高板绳索，下降到另一只登高板上，范××通知工作负责人带来登高工具，让李××安全下到地面。事后检查，登高板横板有旧断痕。

16.5.8.4　登高板（升降板）的挂钩钩口应朝上，严禁反向。

【释义】　为避免脱钩事故，升降板（登高板）的挂钩必须正钩，即钩口应向外、朝上，严禁反钩。

16.6　电力安全工器具保管和试验

16.6.1　电力安全工器具保管

16.6.1.1　电力安全工器具宜存放在温度为−15 ～ +35℃、相对湿度为80%以下、干燥通风的安全工器具室内。

【释义】　因安全工器具作用特殊，直接关系操作人员人身安全，存放安全工器具的房间应具有调温、除湿功能，并应保持干燥、通风。因安全工器具中的橡胶制品（绝缘手套和绝缘靴）温度过高时会出现乳化现象、温度过低时会出现脆化现象，规定安全工器具应在−15 ～ +35℃温度下保存。因环氧树脂类安全工器具表面湿度过大容易出现结露导致表面泄漏电流过大，规定安全工器具应在相对湿度为80%以下、干燥通风的条件下保管。

16.6.1.2　电力安全工器具运输或存放在车辆上时，不应与酸、碱、油类和化学药品接触，并有防损伤和防绝缘性能破坏的措施。

【释义】　安全工器具的运输或存放，应使用专用箱子，箱内应加以固定，防止安全工器具损伤和绝缘性能破坏。安全工器具运输或存放时不准与酸、碱和化学药品接触，防止安全工器具被腐蚀造成机械性能和绝缘性能降低。

16.6.1.3　成套接地线宜存放在专用架上，架上的编号与接地线的编号应一致。

【释义】　为有效防止违章使用接地线的恶性误操作事故，成套接地线应定置管理，存放在有编号的固定专用架上，每组接地线亦应规范编号，并与存放架编号一致，以利于操作人员随时掌握接地线的使用和存放情况。

16.6.1.4　绝缘隔板和绝缘罩应存放在室内干燥、离地面 200mm 以上的架上或专用的柜内。使用前应擦净灰尘。若表面有轻度擦伤，应涂绝缘漆处理。

【释义】　绝缘隔板和绝缘罩属于绝缘类安全工器具，起到绝缘遮蔽、绝缘隔离的作用，使用中直接接触带电设备，为保证绝缘强度，应存放在离地面 200mm 以上的专用架上或柜内，避免受潮、变形。为防止表面积尘影响绝缘性能，绝缘隔板和绝缘罩在使用前应擦净灰尘。绝缘隔板和绝缘罩属表面发现轻度擦伤时，为保证绝缘性能，应及时涂绝缘漆进行处理。

16.6.2 电力安全工器具试验

16.6.2.1 电力安全工器具应通过国家、行业标准规定的型式试验，以及出厂试验和预防性试验。

【释义】 型式试验是为了验证产品能否满足技术规范的全部要求所进行的试验，由具有法定检测资质的第三方机构进行；出厂试验是由生产厂家进行的为了检验产品的质量是否达到技术规范要求的试验；使用中的周期预防性试验是为了检验安全工器具在现场使用后的安全性能，以及实际保管条件下安全工器具是否符合规范要求。

16.6.2.2 应进行预防性试验的电力安全工器具如下：

a）规程要求试验的电力安全工器具；

b）新购置和自制的电力安全工器具使用前；

c）检修后或关键零部件已更换的电力安全工器具；

d）对机械、绝缘性能产生疑问或发现缺陷的电力安全工器具；

e）发现质量问题的同批次电力安全工器具。

【释义】 为防止在使用过程中不合格的安全工器具对作业人员造成伤害，应按种类、规格、标准制订相应的检验制度，并按规定的周期进行试验。新购置和自制的安全工器具或检修后以及关键零部位经过更换的安全工器具，必须由具有资质的检测鉴定机构按照相关规范要求进行试验，合格后方可使用。对安全工器具的机械、绝缘性能有任何疑问或发现有缺陷，以及发现问题的同批次安全工器具，均应及时进行试验，确认合格方可使用。

【事故案例】 检修作业使用超期未试验绝缘杆引发人员轻伤事故

2001 年 4 月 20 日，××供电局安装公司检修班班长安排工作负责人李××带领赵××去朝阳台区处理高压套管渗油缺陷。赵××在使用绝缘杆断开跌落式熔断器时，绝缘杆上端突然脱落，打中李××头部，造成轻伤。事后检查，赵××使用的绝缘杆已经过期。

16.6.2.3 电力安全工器具应由具有资质的安全工器具检测机构（中心）进行检验。预防性试验应由具有内部检验资质的检测机构（中心）实施，或委托具有国家认可资质（CMA）的安全工器具检测机构实施。有检验资质的施工企业可自行检验或委托有资质的第三方进行检验。

【释义】 安全工器具的机构必须具有相应的检验资质，预防性试验可由具有内部检验资质的检测机构（中心）实施，也可委托具有国家认可资质（CMA）的安全工器具检测机构实施。施工企业有资质的可自行检验或委托有资质的第三方进行检验。

16.6.2.4 电力安全工器具经预防性试验合格后，应由检测机构在不妨碍绝缘性能、使用性能且醒目的部位粘贴"合格证"标签或电子标签。

【释义】 为了便于工作人员现场检查，避免超试验周期的安全工器具进入现场违规使用，试验合格后的安全工器具应在醒目且不影响绝缘性能的位置牢固粘贴合格证标签或使用电子标签。

16.6.2.5 电力安全工器具预防性试验应符合 DL/T 1476 的要求。绝缘安全工器具、登高工器具试验要求参见附录 H、附录 O。

【释义】 安全工器具试验项目、周期和要求应按照《电力安全工器具预防性试验规程》（DL/T 1476）的相关内容执行，安全工器具严禁超周期使用。

17 动火工作

17.1 一般要求

17.1.1 动火工作票各级审批人员和签发人、工作负责人、许可人、消防监护人、动火执行人应具备相应资质，在整个作业流程中应履行各自的安全责任。

【释义】 动火工作票签发人、动火工作负责人、许可人、消防监护人应进行消防安全培训，经本单位复核考试合格，并经本单位发文认证。动火工作票签发人由本单位分管领导或总工程师批准，动火工作负责人由部门（车间）领导批准。动火执行人必须持应急局颁发的焊接与热切割特种作业证。

【事故案例】 违规作业引发火灾事故

2018年12月17日11：00，××集团有限公司南厂区一栋闲置厂房，在违规气割作业过程中引发火灾，造成11人死亡，1人受伤，建筑物过火面积3630m²，直接经济损失1467万元。该起事故直接原因为：气焊切割人员不具备特种作业资质、未履行动火审批手续、未落实现场监护措施、未配备有效灭火器材，进行违规作业。

17.1.2 动火作业中使用的机具、气瓶等应合格、完整。

【释义】 气瓶的存储应符合特种设备安全技术规范TSG 23—2021《气瓶安全技术规程》中运输、储存、销售和使用要求。施工机具应统一编号，专人保管。入库、出库、使用前应进行检查。禁止使用损坏、变形、有故障等不合格的施工机具。机具的各种监测仪表以及制动器、限位器、安全阀、闭锁机构等安全装置应齐全、完好。

17.1.3 在防火重点部位、存放易燃易爆物品的场所附近及存有易燃物品的容器上焊接、切割时，应严格执行动火工作的有关规定，填用动火工作票，备有必要的消防器材。

【释义】 在重点防火部位、存放易燃易爆物品的场所附近及存有易燃物品的容器上动火，应该严格执行动火作业相关规定，根据动火区域，选择填用第一种动火工作票或第二种动火工作票，动火作业现场应配置灭火器、防火毯等消防器材。

【事故案例】 违规动火引发盲竖井内火灾事故

2021年2月17日0：14，金矿3号盲竖井罐道木更换过程中发生火灾事故，造成10人被困。经全力搜救，4人获救，6人死亡，直接经济损失1375.86万元。起火原因为作业人员在拆除3号盲竖井内-470m上方钢木复合罐道过程中，违规动火作业，气割罐道木上的螺栓及焊接在罐道梁上的工字钢、加固钢板，产生大量高温金属熔渣、残块，引燃玻璃钢隔板，在井下密闭空间中迅速燃烧，形成火灾。

17.2 动火作业

17.2.1 动火作业，是指能直接或间接产生明火的作业，包括熔化焊接、切割、喷

枪、喷灯、钻孔、打磨、锤击、破碎、切削等。

【释义】 动火作业是指在禁火区进行焊接与切割作业及在易燃易爆场所使用喷灯、电钻、砂轮等进行可能产生火焰、火花和炽热表面的临时性作业。其中易燃易爆场所是指生产和储存物品的场所符合 GB 50016—2014 中火灾危险分类为甲、乙类的区域。

17.2.2　在防火重点部位或场所以及不应明火区动火作业，应填用动火工作票，其方式有下列两种：

a）在一级动火区动火作业，应填用配电一级动火工作票（见附录 L）；

b）在二级动火区动火作业，应填用配电二级动火工作票（见附录 M）。

【释义】 为了控制动火作业行为，使之风险降至最低，减少和避免火灾事故和其他事故的发生，保障公司的生产安全，在重点防火部位或场所以及不应明火区动火作业时，必须填用动火工作票，分别为一级动火工作票和二级动火工作票。

17.2.3　一级动火区，是指火灾危险性很大，发生火灾时后果很严重的部位、场所或设备。

【释义】 一级动火区是发生火灾时会引发严重后果的部位、场所或设备，包括：油区和油库围墙内；油管道及与油系统相连的设备，油箱（除此之外的部位列为二级动火区域）；危险品仓库及汽车加油站、液化气站内；变压器、电压互感器、充油电缆等注油设备、蓄电池室（铅酸）；一旦发生火灾可能严重危及人身、设备和电网安全以及对消防安全有重大影响的部位。此类区域（部位、设备）都存储着易燃、易爆液体或气体，火灾危险性很大，后果也极其严重。因此应填用一级动火工作票。

17.2.4　二级动火区，是指一级动火区以外的所有防火重点部位、场所或设备及禁火区域。

【释义】 二级动火区，是指一级动火区以外的防火重点部位、场所或设备以及禁火区域。包括：油管道支架及支架上的其他管道；动火地点有可能火花飞溅落至易燃易爆物体附近；电缆沟道（竖井）内、隧道内、电缆夹层；调度室、控制室、通信机房、电子设备间、计算机房（信息机房）、档案室；一旦发生火灾可能危及人身、设备和电网安全以及对消防安全有影响的部位。二级动火区域虽在火灾危险性上低于一级动火区，但仍应引起重视，规范填写动火工作票，执行现场安全措施。

17.2.5　各单位可参照附录 N 和现场情况划分一级和二级动火区，制定需要执行一级和二级动火工作票的工作项目一览表，并经本单位批准后执行。

【释义】 重点防火部位，指火灾危险性大，发生火灾损失大、伤亡大、影响大的部位和场所，一般指燃料油罐区、控制室、调度室、通信机房、计算机房、档案室、锅炉燃油及制粉系统、汽轮机油系统、氢气系统及制氢站、变压器、电缆间及隧道、蓄电池室、易燃易爆物品存放场所以及各单位主管认定的其他部位和场所。

【事故案例】 违规动火导致作业人员伤亡事故

广州××分公司××二部在 2007 年 1 月 15 日对污水汽提装置 3000m³ 原料污水罐 V821/B 进行检修。该罐于 2006 年 12 月 8 日投用，储存大修装置的清洗液（硫化亚铁钝化剂清洗设备后的废液）。深圳建×公司施工员持大修时的工单找炼油二部安全员朱×华申请 V821/A、B 楼梯及平台板更换的施工用火，朱×华为其办理了二级《动火作业许可证》，并在"申请用火单位安全员意见"栏及"申请用火单位领导意见"栏里分别填上自己和工艺主管名字。施工单位当天完成了 V821/A、B 平台中间部位的平台钢板割除。16 日 9：00，深圳建×公司施工人员卢×清、李×松、王×科等 5 人继续作业。广州×化派监护人在地面监护，卢×清和王×科分别在 V821/B 和 V821/A 罐顶割除平台钢板（当日，V821/B 处于静止状态，液位 4.22m，计 848m³，V821/A 罐为空罐），李×松在 V821/A 罐顶负责将割下的钢板吊至地面。10：00 左右，王×科割完平台钢板后下罐协助另外两名同事搬运栅格板。10：54 左右，V821/B 罐顶突然爆燃，罐顶被掀开，在 V821/A 罐顶作业的李×松被气浪推倒在 V821/A 罐顶上，骨盆骨折；在 V821/B 罐顶作业的卢×清被掀开的罐顶（约 12 吨）压在两罐之间的平台上死亡。事故直接原因是施工人员在动火时，将罐顶钢板割穿，引燃罐内油气，导致爆燃。

17.2.6　动火工作票不应代替设备停复役手续或检修工作票、工作任务单和故障紧急抢修单。动火工作票备注栏中应注明对应的检修工作票、工作任务单或故障紧急抢修单的编号。

【释义】　在运行中的发、输、变、配电和用户电气设备上及相关场所作业必须先有设备停复役手续或检修工作票、事故应急抢修单，然后才能有动火工作票。非运行中的设备上及相关场所（如食堂、办公楼等）的动火作业可不填检修工作票、事故应急抢修单。

检修工作票、事故应急抢修单是为了防止设备损坏、人身伤害，动火工作票是为了防火灾。检修工作票、事故应急抢修单中的格式要求、安全措施、相关人员（签发人、工作负责人、许可人）的安全责任和动火工作票中的格式要求、动火安全措施、相关人员（签发人、工作负责人、许可人、批准人）的安全责任是不完全一样的。所以，动火工作票不准代替设备停复役手续或检修工作票、工作任务单和事故应急抢修单。

在动火工作票上注明检修工作票、事故应急抢修单的编号，其作用是使工作内容和动火内容相关联。

17.2.7　动火工作票的填写与签发

17.2.7.1　动火工作票由动火工作负责人填写。

【释义】　动火工作票由动火工作负责人填写，该负责人必须有一定的工作经验，经考试合格并经单位发文批准。

17.2.7.2　采用手工方式填写动火工作票应使用黑色或蓝色的钢（水）笔或圆珠笔填写与签发，内容应正确、填写应清楚，不应任意涂改。若有个别错、漏字需要修改、补充时，应使用规范的符号，字迹应清楚。用计算机生成或打印的动火工作票应使用统一的票面格式，由工作票签发人审核无误，并手工或电子签名。

【释义】　规定动火工作票的填写与签发的基本要求与工作票的填写与签发要求一样，必须使用黑色或蓝色的钢（水）笔或圆珠笔填写与签发，内容必须正确，填写规范清楚，如果有个别错、漏字需要修改补充时，必须使用规范的符号，但是关键词语、时间不允许修改。电子动火工作票必须使用统一的格式，工作票签发人审核无误后方可手工签名或者电子签名。

17.2.7.3　动火工作票一般至少一式三份，一份由工作负责人收执、一份由动火执行人收执、一份保存在安监部门（或具有消防管理职责的部门）（指一级动火工作票）或动火的工区（指二级动火工作票）。若动火工作与运维有关，即需要运维人员对设备系统采取隔离、冲洗等防火安全措施者，还应增加一份交运维人员收执。

【释义】　工作负责人收执一份动火工作票，按动火工作票中的内容正确安全地组织动火工作；向有关人员布置动火工作，交代防火安全措施和进行安全教育，并始终监督现场动火工作等。动火执行人收执一份动火工作票，将按动火工作票中的安全措施严格执行动火作业。安监部门（或具有消防管理职责的部）（指一级动火工作票）或动火部门（指二级动火工作票）收执一份动火工作票，起到监督、指导、备查的作用。运行值班人员收执一份动火工作票，按动火措施中的有关要求对设备系统采取隔离、冲洗等防火安全措施。

17.2.7.4 一级动火工作票由动火工作票签发人签发，工区安监负责人、消防管理负责人审核，工区分管生产的领导或技术负责人（总工程师）批准，必要时还应报当地地方公安消防部门批准。

17.2.7.5 二级动火工作票由动火工作票签发人签发，工区安监人员、消防人员审核，工区分管生产的领导或技术负责人（总工程师）批准。

【释义】 明确一、二级动火票要求由申请动火部门（车间、分公司、工区）的动火工作票签发人签发，本部门领导或技术负责人（总工程师）批准，要求熟悉该项施工情况的有相应职责的人员审核，从而在组织措施上防止事故发生。依据电网（供电）企业的实际情况，一、二级动火票批准权下放至车间（分公司、工区）。

17.2.7.6 动火工作票签发人不应兼任动火工作负责人。动火工作票的审批人、消防监护人不应签发动火工作票。

【释义】 动火工作票签发人、工作负责人各有安全职责，对同一项工作来说，二者不能兼任，而应各负其责，层层审查、核对、监督以确保动火安全。动火工作负责人是动火工作的现场组织者、实施者，应对现场的状况（系统、环境等）及作业人员的情况（技术水平、身体状况）有了解，做到自己的工作自己掌握。因此动火工作票由动火工作负责人填写。动火工作票各级审批人员和消防监护人是动火工作的审核、监督、批准人员，为防止失去有关人员的把关作用，确保动火安全，规定动火工作票的审批人、消防监护人不准签发动火工作票。

17.2.7.7 外单位到生产区域内动火时，动火工作票由设备运维管理单位签发和审批，也可由外单位和设备运维管理单位实行"双签发"。

【释义】 由于外单位对运用中的设备、系统不熟悉，为保证动火作业满足运行设备的安全要求，设备运维管理单位应对动火作业发挥监督和管控作用，因此，动火工作票由设备运行管理单位签发和审批。由动火单位和设备运行管理单位实行"双签发"的目的是明确双方的安全责任。设备运行管理单位的安全责任是：设备、系统的隔离；围栏装设；标示牌悬挂；接地线装设等。动火单位的安全责任是：配备合格的工作负责人、动火执行人、消防监护人、安全监督人员；严格按安全措施执行动火作业；现场配备必要的消防器材；安全监督人员和消防人员始终在现场监督动火作业。双签发时的许可人是运行单位，宜实行双批准。

17.2.8 动火工作票的有效期

17.2.8.1 一级动火工作票的有效期为24h，二级动火工作票的有效期为120h。

【释义】 一级动火工作票应提前办理。因为一级动火多为较重要动火工作，为了安全作业，设备运行管理单位必须认真审查作业的安全性、必要性及安全措施的正确性，同时还要做好相应的动火准备工作。一级动火危险性较大，故在时间上间隔越长，危险隐患越多，此外，作业也应有时效性，因此规定有效期为24h。相对应一级动火票、二级动火票有效工作时间为120h。

17.2.8.2　动火作业超过有效期，应重新办理动火工作票。

【释义】　动火作业均有有效期，一旦超过有效期，工作人员应重新办理动火工作票。

17.2.9　动火工作票所列人员的基本条件

17.2.9.1　一、二级动火工作票签发人应是经本单位考试合格，并经本单位批准且公布的有关部门负责人、技术负责人或经本单位批准的其他人员。

【释义】　因为一、二级动火工作票签发人要对动火作业的必要性、安全性及动火安全措施的正确性负责，而动火工作对系统、环境的熟悉程度、介质的性质（闪点、闪点的分类、气体的可燃性、爆炸性等）了解都有较高的要求，甚至对工作负责人、作业人员的技术水平、基本素质都应熟悉了解，所以一、二级动火工作票签发人应是经本单位（动火单位或设备运行管理单位）考试合格并经本单位分管生产的领导或总工程师批准并书面公布的有关部门负责人、技术负责人或有关班组班长、技术员。

17.2.9.2　动火工作负责人应是具备检修工作负责人资格并经工区考试合格的人员。

【释义】　动火工作负责人应是具备检修工作负责人资格并经本单位（车间、分公司、工区）考试合格的人员。这里强调指出"动火工作负责人应具备检修工作负责人资格"。同时指出车间（分公司、工区）动火工作负责人是动火工作的直接组织者、现场指挥者、动火作业的监督者，负责办理动火工作票；要对检修应做的安全措施正确性负责。此外动火工作是检修工作的一部分内容。所以，动火工作负责人应是具备检修工作负责人资格并经本单位（车间、分公司、工区）考试合格的人员。

17.2.9.3　动火执行人应具备有关部门颁发的资质证书。

【释义】　DL 5027—2015《电力设备典型消防规程》5.3.12 中明确：动火执行人必须持政府有关部门颁发的有效证件。

【事故案例】　**无证焊接引发燃爆事故**

2020 年 3 月 4 日，××农化有限公司发生燃爆事故，系电焊焊渣融进聚丙烯材质的尾气吸收塔的罐壁，引爆罐内可燃气体混合物，燃爆产生的冲击波致在高处作业未使用安全带、未正确佩戴安全帽的 1 名作业人员坠落。经调查，该作业人员无焊接作业资质，与提供的动火证件上的人员信息不符。

17.2.10　动火工作票所列人员的安全责任

17.2.10.1　动火工作票各级审批人员和签发人：

a）确认工作的必要性；

b）确认工作的安全性；

c）确认工作票上所填安全措施正确完备。

【释义】　动火工作票各级审批人员（包括分管生产的领导或总工程师、安监部门负责人、消防管理部门负责人、动火部门负责人等）和签发人审核动火工作是否必要，不动火能否完成任务；审核动火工作是否满足安全条件，审核工作票上所填安全措施是否正确完备，满足了以上条件审批人员和签发人可按各自的职责签字、批准。各级审批人员和签发人在动火作业的全过程中，要按照动火工作票制度，按规定履行各自在现场的安全职责。

【事故案例】　**××石油储运有限公司违规动火作业**

2022 年 8 月 8 日 8：30，××石油储运有限公司在作业过程中存在违规使用明火作业违法行为。8月13日，公司总经理、安监部负责人及电焊工等5名违规作业人员被依法行政拘留。

17.2.10.2　动火工作负责人：

a）正确安全地组织动火工作；

b）负责检修应做的安全措施并使其完善；

c）向有关人员布置动火工作，交代防火安全措施，进行安全教育；

d）始终监督现场动火工作；

e）负责办理动火工作票开工和终结手续；

f）动火工作间断、终结时检查现场有无残留火种。

【释义】　动火工作负责人是动火工作的直接组织者、现场指挥者、动火作业的监督者，负责检查动火工作应做的安全措施正确性，同时，也应检查运行人员所做的安全措施是否正确，并始终在现场指挥，监督动火作业，动火工作间断、终结时检查现场无残留火种，直至办理动火工作票终结。

【事故案例】　进行油罐区防腐作业时违规动火引发爆炸事故

2020年8月20日，××能源开发有限公司进行油罐区防腐作业时发生一起爆燃事故，造成1人死亡、1人重伤。省应急管理厅对该事故进行通报。经对事故原因初步分析，主要暴露出以下问题：①该公司对外包施工单位未开展安全教育培训，未进行技术交底；②现场安全管理混乱，特殊作业未进行风险分析，动火工作负责人未正确填写动火工作票，现场无监护人员。

17.2.10.3　运维许可人：

a）确认工作票所列安全措施正确完备，符合现场条件；

b）确认动火设备与运行设备确已隔绝；

c）向工作负责人现场交代运维所做的安全措施是否完善。

【释义】　运维许可人审核动火工作票所列安全措施是否正确完备，是否符合现场条件；做好动火设备与运行设备的隔绝工作及协同动火作业人员做好清理、置换工作；装设围栏；悬挂警示标志等；向工作负责人告知现场带电设备和区域，现场交代设备运维方所做的安全措施等。

【事故案例】　××电厂号1机组凝汽器改造工程火灾险情

2009年5月14日下午，××电厂号1机组凝汽器改造工程施工现场，在凝汽器乙侧循环水管道对接施工中，作业人员在对循环水管道进行切割时，气割产生的铁水花落在下方的脚手架板上，又飞溅到乙炔气管上，造成气管起火，发生火灾险情，现场监护人员和甲方联系人发现后立即用灭火器及时扑灭。事故暴露出设备运维方在动火作业前未落实动火安全措施，未向动火方交代危险点和管控措施，气割人员在作业前未对气管进行认真检查，未察觉乙炔管漏气，造成引燃。

17.2.10.4　消防监护人：

a）负责动火现场配备必要的、足够的消防设施；

b）负责检查现场消防安全措施的完善和正确；

c）测定或指定专人测定动火部位（现场）可燃气体、易燃液体的可燃蒸汽含量是否合格；

d）始终监视现场动火作业的动态，发现失火及时扑救；

e）动火工作间断、终结时检查现场有无残留火种。

【释义】　消防监护人应确保检查现场配备必要、足够的消防设施，检查现场消防安全措施的完善和正确；做好现场动火部位（现场）可燃性气体、可燃液体含量测量。可燃气体、易燃液体的可燃蒸汽含量，可用爆炸极限来衡量，并可通过可燃气体检测仪进行检测。可燃物质（可燃气体、蒸气和粉尘）与空气（或氧气）必须在一定的浓度范围内均匀混合，形成预混气，遇着火源才会发生爆炸，这个浓度范围称为爆炸极限或爆炸浓度极限。

【事故案例】　××电厂重大火灾

2010年3月16日，陕西东部××电厂在大修期间，由河南汤阴×塑料厂承包该电厂原煤仓防磨衬板更换，仓内4名工作人员负责固定，仓外4名工作人员负责下料及给料。13：30左右，当仓内4人工作至距离仓顶3m处时，电焊火渣掉在搭建的竹架板上，导致起火，火势迅速蔓延。仓内工作人员呼喊仓外工作人员救火，仓外工作人员提着灭火器救火时，发现火势很大，遂立即报警。接警后，当地公安消防人员迅速赶赴现场，约1个小时大火被扑灭。经现场搜救，发现仓内4人已经死亡。调查原因之一为：容器内动火作业时没有监护人，火灾发生初期不能有效地扑灭。

17.2.10.5　动火执行人：

a）动火前应收到经审核批准且允许动火的动火工作票；

b）按本工种规定的防火安全要求做好安全措施；

c）全面了解动火工作任务和要求，并在规定的范围内执行动火；

d）动火工作间断、终结时清理现场并检查有无残留火种。

【释义】　动火执行人是动火的实际操作者，动火前应进行现场勘察，正确填写动火工作票，并经审核批准且允许，按本工种规定的防火安全要求做好安全措施（如氧气瓶和乙炔瓶的安全距离、电焊时的就地接地等符合要求），全面了解动火工作任务和要求，在规定的范围内，动火执行人方能按本规程动火工作票制度规定的流程步骤进行动火作业。

【事故案例】　胶×路特大火灾事故

2010年11月15日14：15，胶×路一幢28层的公寓楼正在进行节能改造工程，主要是给楼体外面安装保温材料。动火执行人未正确填写动火工作票，违反操作规程，电焊作业时引燃脚手架及安全网，造成整个公寓楼起火，引发大火后逃离现场，火灾导致58人死亡，70多人受伤。

17.2.11　动火作业防火安全要求

17.2.11.1　有条件拆下的构件，如油管、阀门等应拆下来移至安全场所。

【释义】　有条件拆下的构件，如油管、阀门等应拆下来移至安全场所，不在一级动火区和二级动火区域内动火，可不编写动火工作票。

【事故案例】　违规电焊引起甲醇爆炸事故

1996年7月17日，×有机化工厂乌洛托品车间因原料不足停产，厂领导研究决定借停产之机进行粗甲醇直接加工甲醛的技术改造。15：30，当对溢流管阀门连接法兰与溢流管对接管口（距离进料管敞口上方1.5m）进行焊接时，电火花四溅，掉落在进料管敞口处，引燃了甲醇计量槽内的爆炸物。随着一声巨响，计量槽槽体与槽底分开，槽体腾空而起，落在正西方80cm处，槽顶一侧陷入地下1.2m，槽内甲醇四溅，形成一片火海，火焰高达15m。两名焊工当场被爆炸、灼烧致死。整个事故造成9人死亡，5人受伤。事后调查，溢流管上下两头都是法兰螺栓连接，若把两头螺栓卸下，完全可以避免事故的发生。

17.2.11.2　可以采用不动火的方法替代而同样能够达到效果时，尽量采用替代的方法处理。

【释义】　可采取机械封堵、工艺改进、材料替代等方法减少动火作业，降低火灾带来的安全风险。

【事故案例】　违规使用气焊引发火灾事故

××采油厂队长李××安排唐××、吕××等6人更换井口回压阀门。工作人员到达现场后，因管线带压不能工作，即关闭井口生产阀门和计量站接口阀门，拧开放空堵放管线中的原油。唐××等工作人员见井口放空处不再漏雨，误认为管线中的原油已放空（实际上因回压阀门损坏，没打开，管线内油气并没放空），于是在未按规定办理动火报告的情况下，违章用气焊切割回压阀门上法兰螺栓。当切割完第三条螺栓时，管线内油气突然喷出，遇气焊火焰引发火灾。

17.2.11.3　尽可能地把动火时间和范围压缩到最低限度。

【释义】　动火的时间越长、范围越大，安全风险也越大，应尽可能将动火时间和范围压缩到最低限度，从而降低动火作业危险性。

17.2.11.4　凡盛有或盛过易燃易爆等化学危险物品的容器、设备、管道等生产、储存装置，在动火作业前应将其与生产系统彻底隔离，并进行清洗置换，检测可燃气体、易燃液体的可燃蒸汽含量合格。

【释义】　采取蒸汽、碱水清洗或惰性气体置换等方法清除易燃易爆气体等危险化学物品，或采取防火隔离等措施将盛有或盛过易燃易爆等化学危险物品的容器、设备、管道等生产、储存装置与生产系统彻底隔离，并将经检测合格后，方可动火作业。

【事故案例】　易燃易爆物品未清洗干净引起的爆炸事故

1992年6月27日9：30，××化工厂一螺旋输送器空心螺杆在工作中断裂，被临时工黄××发现，即向安全员李×和车间主任熊×（当天值班，事故中死亡）报告。熊×了解情况后，在生产继续进行、人员未撤离生产区的情况下，违章指挥李×监护无证焊工范××冒险动火焊接螺旋输送器空心螺杆。10：30，李×发现输送器空心螺杆内有残留的炸药，并有大量烟雾从断裂处喷出，当即将此情况告知范××并问是否有危险，范××说"清洗不出来，没办法，可能问题不大。"李×用水冲洗螺杆降温，范××继续违章施焊，此后李×为找包装袋离开车间。10：42，该车间发生爆炸，造成22人死亡，3人受伤，直接经济损失达40万元。

17.2.11.5　动火作业应有专人监护，动火作业前应清除动火现场及周围的易燃物品，或采取其他有效的防火安全措施，配备足够适用的消防器材。

【释义】　动火作业过程中应设置消防监护人全程进行监护。消防监护人应对动火作业环境、作业过程、安全措施的全面执行等进行全面的监护，消除动火工作现场安全隐患，做好火灾事故应急措施。

【事故案例】　××花炮厂违规动火导致员工死亡事故

2007年8月28日7：50，××花炮厂一名员工在禁止明火的纸制品车间修理机器，不慎点燃引火线，引起燃烧爆炸事故。8：00左右，消防人员赶到事故现场，但是车间内烟雾较重，加之爆炸品的隐患难以排除，给抢险救援工作带来了很大困难。救援人员先后找到2名重伤、4名轻伤人员，并送往医院抢救，直到下午4：00左右才发现另外4名员工，但均已死亡。

17.2.11.6　动火作业现场的通排风应良好，以保证泄漏的气体能顺畅排走。

【释义】　动火作业现场应保持通风良好，测定可燃气体、易燃液体的可燃蒸气含量是否合格，并在监护下做明火试验，确无问题后在动火工作票内填入测定情况，经确认后方可动火。

【事故案例】　**××农药厂焊接爆炸事故**

××农药厂机修焊工进入直径1m、高2m的繁殖锅内焊接挡板，未装排烟设备，而用氧气吹锅内烟气，使烟气消失。当焊工再次进入锅内焊接作业时，只听"轰"的一声，该焊工烧伤面积达88%，三度烧伤占60%，抢救7天后死亡。

17.2.11.7　动火作业间断或终结后，离开现场前应清理现场，确认无残留火种。

【释义】　动火作业结束后，相关人员按照职责分工在现场各负其责，检查、消除残留火种，同时检查是否"工完、料尽、场地清"。确认无问题后，相关人员在动火工作票指定位置签名、盖章，动火工作终结。

【事故案例】　**残留火种未清理干净引起火灾事故**

××物流部前铲车司机马××因自己所驾驶的2号铲车座椅开焊，让机修车间机修工张××为其焊接座椅。张××在焊接过程中铲车司机去车站拿钥匙，整个焊接工作由张××独自完成。焊接完成后，张××未认真清理现场残留火种就离开了，等铲车司机马××从车站回来后发现铲车着火。

17.2.11.8　下列情况不应动火：

a) 压力容器或管道未泄压前；

b) 存放易燃易爆物品的容器未清洗干净前或未进行有效置换前；

c) 风力达5级以上的露天作业；

d) 喷漆现场；

e) 遇有火险异常情况未查明原因和消除前。

【释义】　a) 在带有压力（液体压力或气体压力）的设备上焊接，由于焊接时的高温降低了设备材料的机械强度或焊接时可能戳破设备的薄弱部位引起液体或气体泄漏，发生人身伤害，所以不准在带有压力（液体压力或气体压力）的设备上焊接。

在带电设备的外壳、底座、连杆等临近带电部位上进行焊接时，游离高温金属气体可能造成设备短路跳闸；此外，焊接时的安全距离如不够，可能造成人身伤害，所以不准在带电设备上进行焊接。特殊情况下，确需在带电设备上进行焊接应采取如下安全措施：保持与带电体的安全距离，防止游离高温金属气体弥漫短路。变压器本体补焊的焊点应在油位下面，同时变压器本体应充满油、接地良好等。

b) 凡盛有或盛过易燃易爆等化学危险物品的装置，在动火作业前应将其与生产系统彻底隔离，并采取蒸汽、碱水清洗或惰性气体置换等方法清除易燃易爆气体等化学危险物品。经分析合格后，方可动火作业。

c) 当风力超过五级时，电弧或火焰会被吹偏，引发周边火灾。

d) 油漆挥发的可燃气体、油漆分子和空气混合后，如遇明火将会引发火灾。

e) 有火险异常情况下进行动火作业，易导致火情扩大，造成人员伤亡。

17.2.12　动火作业的现场监护

17.2.12.1　一级动火在首次动火前，各级审批人和动火工作票签发人均应到现场检

查防火安全措施是否正确完备，测定可燃气体、易燃液体的可燃蒸汽含量是否合格，并在监护下做明火试验，确无问题。二级动火时，工区分管生产的领导或技术负责人（总工程师）可不到现场。

【释义】 一级动火的危险性较大，需要动火的设备、场所重要或复杂。首次动火时各级审批人（包括安监部门负责人、消防管理部门负责人、动火部门负责人、分管生产的领导或技术负责人）和动火工作票签发人均应到现场，履行检查、确认、监护的职责，进一步审核工作的必要性、安全性。易燃液体的燃烧是通过其挥发的蒸气与空气形成可燃混合物（同样可燃气体与空气形成可燃混合物），达到一定的浓度后遇火源而实现的，实质上是液体蒸气与氧气发生的氧化反应。因此，要用"测爆仪"测定可燃气体、易燃液体的可燃气体含量是否合格，如合格，就在监护下做明火试验，确无问题后方可动火。因为二级动火危险性相对较小，分管生产的领导或技术负责人（总工程师）可不到现场。

【事故案例】 未检测可燃气体含量引发车间爆炸致人死亡事故

××厂安环科接到废甲苯储罐上要动火的电话后，到现场查看，因嗅到甲苯味很浓且看到地面上有甲苯，便提出最好不要在现场焊接的建议。但负责施工的副厂长此时认为在几天前曾焊接过该储罐，这次动火不会出问题。施工人员按安环科副科长的要求对储罐外环进行了一些处理。负责签发动火票的安全员到达现场后没有使用专业仪器检测可燃气体、易燃液体的可燃蒸汽含量是否合格，只是用鼻子闻了闻，觉得闻不到什么甲苯味，便签发了动火票，安全科、车间和班组的主管人员也分别在动火票上签字，焊接过程突然发生爆炸，3人当场死亡，在旁边平台上持灭火器监护的2人被烧成重伤。

17.2.12.2 一级动火时，工区分管生产的领导或技术负责人（总工程师）、消防（专职）人员应始终在现场监护。

【释义】 一级动火的危险性较大，需要动火的设备、场所重要或复杂。首次动火时各级审批人（包括安监部门负责人、消防管理部门负责人、动火部门负责人、分管生产的领导或技术负责人）和动火工作票签发人均应到现场，履行检查、确认、监护的职责，进一步审核工作的必要性、安全性。

【事故案例】 松×石化闪爆导致3名作业人员死亡事故

2018年2月17日，松×石化有限公司江南厂区在汽油改质联合装置酸性水罐动火作业过程中发生闪爆事故，3名检修人员死亡。经调查，现场技术人员和消防监护人员履行监护职责不到位，并未始终在动火现场进行监护。

17.2.12.3 二级动火时，工区应指定人员，并和消防（专职）人员或指定的义务消防员始终在现场监护。

【释义】 因为二级动火的危险性相对较小，需要动火的设备、场所相对简单，所以二级动火时，只需要动火部门指定人员、消防（专职）人员或指定的义务消防员始终在现场监护即可。

【事故案例】 ××金矿公司火灾致人伤亡事故

2013年××金矿公司"1.14"重大火灾事故中，企业违反相关规定，在未制订防火措施情况下，组织人员在井下进行动火作业，掉落金属熔化物造成井筒衬木引燃，导致发生重大火灾事故，造成10人死亡，29人受伤，直接经济损失929万元。

17.2.12.4 一、二级动火工作在次日动火前，应重新检查防火安全措施，并测定可燃气体、易燃液体的可燃蒸汽含量合格。

【释义】 因工作需要而改变现场安全措施带来的不确定性，极有可能造成设备、人身伤害事故。所以，一、二级动火工作在次日动火前应重新检查防火安全措施。为了避免前日残留的可燃气体、易燃液体的可燃气体累积，与空气混合达到一定的浓度后遇火源发生燃烧、爆炸伤人事故。一、二级动火工作在次日动火前应重新测定可燃气体、易燃液体的可燃气体含量，合格方可重新动火。

17.2.12.5　一级动火工作过程中，应每隔2~4h测定一次现场可燃气体、易燃液体的可燃蒸汽含量合格，当发现不合格或异常升高时应立即停止动火，在未查明原因或未排除险情前不应重新动火。

【释义】 在动火工作的过程中，随着时间的延长，空气中积累的可燃气体含量就越高，当达到一定浓度，极有可能发生火灾和爆炸事故，故要求每隔2~4h测定一次现场可燃气体含量是否合格。

【事故案例】 未及时测量有毒可燃气体含量引发特别重大火灾事故

2008年9月20日3：30，××煤矿发生特别重大井下火灾事故。初步核查，当班入井44人，其中13人安全升井，31人遇难。该矿井为私营煤矿，设计生产能力6万吨/年，属于低瓦斯矿井，煤层具有自然发火倾向，煤尘具有爆炸性。作业过程中，并未及时测定矿井内气体含量，防火检测手段落后，通风不良，导致火灾事故发生。

17.2.12.6　动火执行人、监护人同时离开作业现场，间断时间超过30min，继续动火前，动火执行人、监护人应重新确认安全条件。

【释义】 动火执行人、监护人员同时离开作业现场，间断时间超过30min，作业现场的动火条件、环境可能发生变化。故要求继续动火前，动火执行人、动火监护人应重新确认安全条件。

17.2.12.7　一级动火作业，间断时间超过2h，继续动火前，应重新测定可燃气体、易燃液体的可燃蒸汽含量合格。

【释义】 一级动火作业，间断时间超过2h，随着时间的延长，空气中积累的可燃气体含量增高，故要求继续动火前，应重新测定可燃气体，易燃液体的可燃蒸汽含量，合格后方可重新动火。

【事故案例】 违规切割爆炸导致2死7伤事故

2009年8月24日，柴油供应商曾××向雅××五金厂压铸车间的柴油罐供应了3m³柴油。厂长韦××对柴油的实际容量产生了怀疑，于是指示工厂维修工覃××查清楚柴油罐的真实容量。经过初步检查，覃××认为柴油罐里有一个夹层，减少了油罐的实际容量。为了进一步证实，15：40左右，覃××使用砂轮机切割油罐以确认夹层。切割时，夹层中的爆炸性混合气体发生爆炸，造成罐内柴油的泄漏，随后发生猛烈燃烧，火势迅速蔓延到车间其他部位，共造成2人死亡、7人受伤。

17.2.13　动火工作票的终结与保存

17.2.13.1　动火工作完毕后，动火执行人、消防监护人、动火工作负责人和运维许可人应检查现场有无残留火种，是否清洁等。确认无问题后，在动火工作票上填明动火工作结束时间，经四方签名后（若动火工作与运维无关，则三方签名即可），盖上"已终结"印章，动火工作方告终结。

【释义】 动火工作完毕后相关人员按照职责分工在现场各负其责，检查、消除残留火种。同时检查是否"工完、料尽、场地清"。确认无问题后，相关人员在动火工作票指定位置签名、盖章，动火工作终结。

17.2.13.2 动火工作终结后，工作负责人、动火执行人的动火工作票应交给动火工作票签发人，签发人将其中的一份交工区。

【释义】 一级动火工作票至少一式四份，一份由动火工作负责人收执、一份由动火执行人收执、一份保存在动火工区、一份保存在安监部门（或具有消防管理职责的部门）。若动火工作与运行有关，即需要运维人员对设备系统采取隔离、冲洗等防火安全措施者，还应增加一份交运维人员收执，动火工作票经批准后由动火工作负责人送交运维许可人。

二级动火工作票至少一式三份，一份由动火工作负责人收执、一份由动火执行人收执、一份保存在动火工区。若动火工作与运行有关，即需要运维人员对设备系统采取隔离、冲洗等防火安全措施者，还应增加一份交运维人员收执，动火工作票经批准后由工作负责人送交运维许可人。

17.2.13.3 动火工作票至少应保存 1 年。

【释义】 动火工作票应随工作票至少保存 1 年备查（以自然月为单位）。

17.3 焊接、切割

17.3.1 不应在带有压力（液体压力或气体压力）的设备上或带电的设备上焊接。

【释义】 由于焊接时的高温降低了设备材料的机械强度，同时在焊接时可能戳破设备的薄弱部位引起液体或气体泄漏，发生人身伤害，所以不允许在带有压力（液体压力或气体压力）的设备上焊接。焊接时的游离高温金属气体可能造成设备短路跳闸；此外，若焊接时的安全距离不够，可能造成人身伤害，所以不准在带电设备上进行焊接。

【事故案例】 电焊机错接火线触电身亡事故

×厂有位焊工到室外临时施工点焊接，焊机接线时因无电源闸盒，便自己将电缆每股导线头部的胶皮去掉，分别接在露天的电网线上，由于错接中性线在相线上，当他调节焊接电流用手触及外壳时，即遭电击身亡。

17.3.2 不应在油漆未干的结构或其他物体上焊接。

【释义】 油漆属可燃物，直接在油漆未干的结构上进行焊接时，易引起火灾。焊接时还会产生有毒气体，若通风不畅将导致中毒或损害作业人员健康。

【事故案例】 油污附近焊接引起火灾致人伤亡事故

×船厂焊工顾×向驻船消防员申请动火，消防员未到现场就批准动火。顾×气割爆丝后，船底的油污遇火花飞溅，引燃熊熊大火。在场人员用水和灭火机扑救不成，造成 5 人死亡、1 人重伤、3 人轻伤的事故。

17.3.3 在风力 5 级及以上、雨雪天，焊接或切割应采取防风、防雨雪的措施。

【释义】 原则上风力超过 5 级及下雪时，不可露天进行焊接或切割工作，如必须进行，应采取防风措施，防止电弧或火焰吹偏；采取防雨雪措施，防止焊缝冷却速度加快而产生冷裂纹。

【事故案例】 未采取防风措施，户外电焊引发火灾事故

电焊工张××在户外进行焊接工作时，当时风力已经达到 6 级。张××为图方便，认为只

是短时间焊接，不会造成事故，因此未采取防风措施，造成电焊火花飞溅到附近堆放的可燃物上，发生严重火灾。

17.3.4 电焊机的外壳应可靠接地，接地电阻不应大于 4Ω。

【释义】 如接地不可靠或接地电阻大于 4Ω，当电焊机漏电时，通过人体的电流增大，超过 10mA 可能危及人身安全。《电力设备接地设计技术规程》第 21 条规定"低压电力设备接地装置的接地电阻，不宜超过 4Ω"。

【事故案例】 电焊机漏电触电身亡事故

×厂电焊工甲和乙进行铁壳点焊时，发现电焊机一段引线圈已断，电工只找了一段软线交乙自己更换。乙换线时，发现一次线接线板螺栓松动，使用扳手拧紧（此时甲不在现场），然后试焊几下就离开现场，甲返回后不了解情况，便开始点焊，只焊了一下就大叫一声倒在地上。工人丙立即拉闸，但由于抢救不及时，甲最终死亡。

17.3.5 气瓶搬运的安全要求：

a）气瓶搬运应使用专门的抬架或手推车；

b）用汽车运输气瓶，气瓶不应顺车厢纵向放置，应横向放置并可靠固定。气瓶押运人员应坐在司机驾驶室内，不应坐在车厢内；

c）不应将氧气瓶与乙炔气瓶、与易燃物品或与装有可燃气体的容器放在一起运送。

【释义】 a）搬运气瓶应使用专门的抬架或手推车，防止运输气瓶时互相撞击和震动。

b）汽车运输气瓶时，受路况条件的影响，气瓶易发生滚动相互撞击，从而引起振动冲击，气瓶剧烈振动后，瓶内气体膨胀，发生爆炸；若顺车厢纵向放置，遇汽车急停或突然启动，气瓶易窜入驾驶室或落向后车，对司机和乘车人造成伤害。故要求气瓶加瓶帽和钢瓶护圈及横向放置并可靠固定。

c）气体泄漏接触后易经化学反应将发生燃烧、爆炸，严禁将氧气瓶及乙炔瓶放在一起运送，也禁止与易燃物品或装有可燃气体的容器一起运送。

【事故案例】 气瓶运输不当气体泄漏事故

1999 年 5 月 31 日，××电建公司焊接施工处施工人员王××在进行完 1 号炉联络管焊接工作后，将氩气瓶回收。14：10，王××从楼梯上往下运送氩气瓶。在运输过程中，氩气瓶失去平衡，滑出栏杆，从 7m 层垂直掉落，阀门着地损坏引起气体泄漏。

17.3.6 使用中的氧气瓶和乙炔气瓶应垂直固定放置，氧气瓶和乙炔气瓶的距离不应小于 5m；气瓶的放置地点不应靠近热源，应距明火 10m 以外。

【释义】 DL 5027—2015《电力设备典型消防规程》明确氧气瓶和乙炔气瓶使用中，放置距离不得小于 5m，防止气体泄漏时因距离过近造成火灾、爆炸事故。

《气瓶安全技术规程》规定："气瓶的放置地点不得靠近热源距明火 10m 以内"。

【事故案例】 气瓶爆炸致人伤亡事故

2003 年 1 月 16 日上午 12：00，一位氧气袋充装客户到江都市×工业气体充装站充装氧气，共 6 只氧气瓶。充装工将氧气瓶卸下后，先将 30 只氧气瓶分两组各 15 只进行充装。约 12：50，其中一组充装结束，现场充装工关掉充装总阀，紧接着就开始卸充装夹具，当充装工卸下第 3 只气瓶夹具时，其中一只气瓶发生了爆炸，一名充装客户当场死亡，一名操作人员受伤。

18　起重与运输

18.1　一般要求

18.1.1　**起重设备的操作人员和指挥人员独立上岗作业前，应经专业技术培训、实际操作及有关安全规程考试合格，并经单位批准。特种设备操作和指挥人员应持特种作业操作证，其类型应与所操作（指挥）的起重设备类型相符。起重设备作业人员在作业中应严格执行起重设备的操作规程和有关安全规章制度。**

【释义】　起重设备是电力生产过程中必不可少的机械设备，是负责重物起吊和搬运的重要工具，为保障人员和设备安全，根据市场监管总局办公厅《关于特种设备行政许可有关事项的实施意见》（市监特设〔2019〕32号）规定，特种设备操作和指挥人员必须经过培训考核合格取得《特种设备作业人员证》，方可从事相应的作业，各种特种设备作业人员证书都要复审，复审年限有所不同。一般来说，证书有效期为4年，证书每四年复审一次。

特种作业人员必须接受与其所从事的特种作业相应的安全技术理论培训和实际操作培训。其目的是在工作中能更好地处理一些突发事件，避免受到伤害。如果没有经过严格的考试、培训就上岗作业，工作人员不熟悉特种设备操作方法，若操作失误可能造成重大事件，故作业人员必须取得资格才能上岗。

起重设备作业人员必须严格执行各项操作规程，一是建立起重机械设备完善的台账和登记卡，定期组织设备检查，并做好详细记录，保持起重机械安全装置完好有效，如有缺陷或失灵，必须马上修复，否则严禁使用，定期进行技术检验和负荷试验。二是吊运使用的吊具、索具，应有合格证，存放时分类保管，注明规格和安全载重量，对接近报废的要分开存放，吊索具、工具要专门管理，并建卡立账，凡需定期润滑的索具、辅具等应按规定的润滑剂和润滑方法定期润滑。起重作业使用的工具、索具和辅具，应进行严格的用前检查，安装、拆卸应按有关规程进行。三是起重作业人员应熟悉起重作业施工方案、作业现场和操作程序，了解作业的特点和要求。起重作业现场的所有人员应戴好安全帽，按要求着装，严禁无关人员进入施工区。作业现场的工件应按规定堆放，要及时清理障碍物、垃圾和不再使用的索具和工具。起重作业全过程由指定的专人指挥。

【事故案例1】　无证起重机司机操作失误砸死人事故

2016年5月，新疆生产建设兵团奇×垦区发生无证起重机司机操作失误砸死人事故。起重机作业时，司机高××操作失误，致使吊臂上牵引小挂钩的钢丝绳被拉断，小挂钩掉落，不幸砸死下方的李××。高××系无特种作业证人员，未按照起重机械安全规程进行规范操作且李××没有采取任何安全措施，致使李××当场死亡。

【事故案例2】　无证指挥起重机吊装作业砸死人事故

2021年7月，×省×公司副总经理丁××无证指挥起重机吊装作业，违章手扶拖拽吊物，被砸身亡。吊装过程中，丁××拖拽发电机机座进行位置调整，并指挥司机何×下降吊运的机座。吊运过程中，被吊运的两台发电机机座在下落到平板车的瞬间发生倾翻，丁××躲闪不及，被上面的机座砸到胸口，下面的机座压到双脚，经抢救无效死亡。

18.1.2　重大物件的起重、搬运工作应由有经验的专人负责，作业前应进行技术交底。起重搬运时只能由一人统一指挥，必要时可设置中间指挥人员传递信号。起重指挥信号应简明、统一、畅通，分工明确。

【释义】　重要的吊装作业必须指定有经验的专人负责，作业前进行安全技术交底：现场环境及措施，工程概况及施工工艺，起重机械的选型，抱杆、地锚、钢丝绳索具选用，道路的要求，构件堆放就位图等。其中安全措施主要包含：起重作业前，要严格检查各种设备、工具、索具是否安全可靠；多根钢丝绳吊运时，其夹角不得超过60°；锐利棱角应用软物衬垫，以防割断钢丝绳或链条。吊运重物时，严禁人员在重物下站立或行走，重物也不得长时间悬在空中；翻转大型物件，应事先放好枕木，操作人员应站在重物可能倾斜的相反方向，注意观察物体下落中心是否平衡，确认松钩不致倾倒时方可松钩等。

起重搬运一般由多人进行，有司机、挂钩工、辅助工等，应由一人统一指挥，避免因多人指挥导致作业无法正常进行的情况。指挥人员不能同时看清司机和吊物时，必须设置中间指挥人员传递信号，从而确保起重工作安全、顺利地进行。起重指挥信号应简明、统一、畅通，分工明确。

【事故案例】　起重作业未设置专人指挥造成起重机倾翻事故

××供电公司进行建设施工作业，吊车司机张×操纵一辆从日本进口的20t三菱牌汽车到×工地帮助卸车，将一根重达7.3t的横梁卸到工地上。担任指挥员的杨×离开岗位，轻松地坐到运输构件的运输车驾驶室里，与运输车司机李×抽烟聊天，自以为钩已挂好，剩下的事是司机起吊，自己帮不上忙，至于指挥不指挥无所谓。司机张×按照以往习惯，虽然无人指挥，自恃技熟，不会出问题，照样轻松自如地作业。结果因为工地的土质松软，在吊运回转过程中，由于无人指挥，汽车吊支腿陷入泥里也无人发觉。当司机张×发觉吊车有些倾斜时，心慌意乱，要想鸣号示警，用手按动电钮，发现报警器失灵，最终由于车身重心失去平衡而倾倒，重达7.3t的横梁狠狠地砸在构件运输车上，指挥员杨×和司机李×未料到由于违反劳动纪律导致自己被砸扁的驾驶室轧住。众人经过一个多小时的努力，才将杨×、李×从驾驶室里拖出来，急送医院抢救。杨×因伤势过重，抢救无效死亡，李×两腿高位截肢，终身残疾。该事故中司机张×违反操作规程、指挥杨×擅离岗位是造成事故的主要原因。

18.1.3　起重设备应经检验检测机构检验合格。特种设备应在特种设备安全监督管理部门登记。

【释义】　起重设备是指用于提升和搬运重物的机械设备，主要包括起重机、升降机、吊车、叉车等。起重设备应经国家相关管理部门授权的检验机构定期完成检验检测，合格后才能使用。作业前至少应提供产品合格证、安全检验合格证和定期维修保养记录，技术状态良好，无影响安全的缺陷和隐患。

特种设备是指涉及生命安全、危险性较大的起重机械、场（厂）内专用机动车辆等设备。为保障特种设备的安全运行，国家对各类特种设备，从生产、使用、检验检测三个环节都有严格规定，实行的是全过程的监督。设备大修、改造、移动、报废、更新及拆除应严格执行国家有关规定，按单位内部逐级审批，并向特种设备安全监察部门办理登记等相应手续。

【事故案例】 塔式起重机发生倾倒致人死亡事故

2004年×月，×市一正在施工的小区工地，一台塔式起重机发生倾倒事故，塔机操作人员王×从17m的高空掉到地上，后抢救无效死亡。该市特种设备检测中心于两月前对塔式起重机初次检测时发现存在以下问题：无力矩、变幅、超高、回转限位器，小车无断绳保护装置、无防坠落装置等。鉴于上述问题，特种设备检测中心没有给其发放检测合格证，并要求其复检，然而，塔机司机在没有进行复检的情况下冒险违规使用，加之吊车指挥人员系无证上岗人员，指挥不当，导致事故发生。

18.1.4 对在用起重设备，每次使用前应进行一次常规性检查，并做好记录。

【释义】 每次使用前的检查应包括：①电气设备外观检查；②检查所有的限制装置或保险装置以及固定手柄或操纵杆的操作状态；③超载限制器的检查；④气动控制系统中的气压是否正常；⑤检查报警装置能否正常操作；⑥吊钩和钢丝绳外观检查等。

【事故案例】 未对吊运钢丝绳进行常规性检查，导致作业人员被砸身亡事故

2018年8月，深圳一建筑工地内，起重机操作员刘×在使用履带起重机吊装混凝土浇筑施工作业过程中，料斗钢丝绳突然断裂，料斗砸中在吊臂下方工作的吴×，并导致其当场死亡。事故直接原因为使用前未对吊运钢丝绳进行常规性检查，未及时发现钢丝绳断股问题，在起重机作业过程中，吊运钢丝绳突然断裂，引发料斗坠落，砸中处于起重作业范围内的工人。

18.1.5 起重设备、吊索具和其他起重工具的工作负荷，不应超过铭牌规定。

【释义】 起重设备、吊索具的铭牌对工作负荷进行了明确规定，是为了避免超载作业产生过大应力，使钢丝绳拉断、传动部件损坏、电动机烧毁，或由于制动力矩相对不够，导致制动失效等破坏起重机的整体稳定性，致使起重机发生整机倾覆等恶性事故。

【事故案例1】 吊装作业时严重超载，导致人员伤亡事故

2008年4月，×工厂在吊装钢板时发生起重机坠落，将货车驾驶室内的司机张×当场砸死，坠落的行吊轨道将3名工人砸成重伤。事故直接原因为吊装作业时严重超载，起重机铭牌最大起重量为5t，而实际吊装的钢板重量是7t，超载40%。

【事故案例2】 钢丝绳吊索超载造成设备损坏事故

××供电公司变电工区新购买一台变压器，工人在吊运4t的变压器时，使用两条9mm的钢丝绳吊索起吊。当试吊离地时，有一条吊索松了使变压器开始倾斜，工人遂用手将变压器扶正，但将要放下时，两条钢丝绳吊索突然全部断开，导致变压器掉下，严重损坏。钢丝绳吊索选用不当，超负荷吊装，是造成事故的重要原因。

18.1.6 遇有6级以上的大风时，不应露天进行起重工作。当风力达到5级以上时，受风面积较大的物体不宜起吊。雷雨时，应停止野外起重作业。

【释义】 大风天气时，起重机在作业过程中会受到一定的风力阻挡，起重机一边运作一边还要抵挡风力的作用，承受的载荷就会加重，超出机械的承载力，发生倾覆事故的可能性增大。雷雨天气时，设备沾染雨水后会腐蚀表面的漆层，漆层脱落后会出现生锈的情况，降低设备的使用性能，而且设备湿润就会出现打滑的情况，起重作业的安全性就会降低。

【事故案例】 大风天气强令冒作业导致吊车倾覆事故

2005 年×月，广东×电厂建设工地，×电建公司使用履带式吊车吊装锅炉附件时，整机突然向前倾翻，造成臂架系统报废。当时吊车司机感到现场风速较大，提出不能进行吊装作业，×领导坚决要吊，并在司机要求下签字批准作业，后在吊装作业中吊车倾覆。事故直接原因是在风力较大的情况下，吊装体积较大的重物时，起重机承受的载荷加重，导致超负荷起吊。

18.1.7 有大雾、照明不足、指挥人员看不清各工作地点或起重机操作人员未获得有效指挥时，不应进行起重作业。

【释义】 起重作业由多方协同配合，指挥人员必须通过手势、旗语、哨声等信号或电子通信方式传递清晰、明确的指令，一旦出现任何问题，要第一时间做出调整和避险，但在大雾、照明不足时难以对整个起重过程进行清晰的观测，这样会直接导致无法及时发现重物在空中摆动、连接处处于即将脱钩状态、放置位置不平稳等安全隐患较高的情况，如果这些情况得不到有效控制，便极有可能带来安全事故，因此，在大雾、照明不足等工作场所昏暗，无法看清场地、被吊物和指挥信号等情况下不应进行起重作业。

【事故案例 1】 恶劣天气吊装作业导致人员受重伤事故

2020 年 11 月×日晚上 11：00，×市黄河路文化路口，一辆吊车在起吊一棵梧桐树时，由于夜晚视线较暗造成作业人员操作不当发生侧翻，三辆在路口等信号灯的出租车被砸，造成人员不同程度的受伤。

【事故案例 2】 大雾天气起重指挥人员违章指挥造成设备损坏事故

××供电公司配电工区安装一台新型变压器，当天天气条件十分恶劣，有大雾，在吊运过程中，有一条吊索发生了松弛，由于大雾天气，指挥人员看不清工作地点和起重机具体吊运情况，调运过程中变压器开始倾斜，吊索继续松弛，最终导致变压器坠地，造成变压器严重损坏。大雾天气下强行进行吊运是造成这起事故的主要原因。

18.1.8 在道路上施工应装设遮栏（围栏），并悬挂警告标示牌。

【释义】 装设遮栏（围栏）和悬挂警告标示牌是防止无关人员和车辆进入到起重作业范围。由于起重作业工作范围较大，若无关人员或车辆进入到起重施工作业范围而未被指挥人员等现场工作人员发现时，可能发生起重机械对人员的伤害事故。

【事故案例】 未悬挂警告标示牌导致人身死亡事故

2021 年 11 月，某市大×重型机器厂任××指挥起重机向机械加工车间吊运铸钢件。14：10 左右，任××指挥吊车由北向南行驶。在调整吊车位置时，机加工车间工人宋××沿起重机北侧轨道边上由南向北走到起重机支腿附近，被吊车挤在吊车减速机与其紧邻堆放的铸钢件之间，发现送医院后抢救无效死亡。调查发现，起重作业区未设置遮栏（围栏）或警戒线，未悬挂警告标示牌，未提示与起重作业无关人员不得进入危险区域。

18.2 起重

18.2.1 起吊重物前，应先试行起吊。试行起吊前应由起重工作负责人检查悬吊情况及所吊物件的捆绑情况，确认可靠。起吊重物稍离地面（或支持物），继续起吊前，应再次检查各受力部位，确认无异常情况。

【释义】 吊物正式起吊前，应进行试吊，以确保起重机、吊具和吊物等设备的安全性和可靠性。试吊时的提升高度不应超过 10cm。试吊时，应由起重工作负责人检查起重机、吊具和吊物等设备的工作状态，确保各项指标符合要求，如吊具的耐用性、稳定性，吊物的重心位置、悬挂方式等。检查悬吊情况及所吊物件的捆绑情况，确认可靠后方可试行起吊。起吊重物稍离地面（或支持物），应再次检查各受力部位，确认无异常情况后方可继续起吊。防止由于吊物捆绑不牢或受力不均匀导致坠落，进而造成人员伤亡和财产损失。如果试吊期间发现问题，应及时予以处理，直到问题得到解决后，再进行正式起吊操作。

【事故案例】 起吊受力不均匀，吊物掉落致人身亡事故

2013 年 9 月，××项目部员工进行钢结构施工，刘×将 4 组钢构件用吊绳单点绑扎在一起，未等起重负责人章×检查绑扎情况，便擅自指挥吊装作业。起吊过程中，钢构件与钢梁发生碰撞后 3 组钢构件脱落，砸到另一台吊车的司索工王×，导致王×当场死亡。事故直接原因为吊装的钢构件绑扎不正确且起重工作负责人未检查，吊物由于受力不均匀掉落。

18.2.2 起吊物件应绑扎牢固，若物件有棱角或特别光滑的部位时，在棱角和滑面与绳索（吊带）接触处应加以包垫。起重吊钩应挂在物件的重心线上。起吊电杆等长物件应选择合理的吊点，并采取防止突然倾倒的措施。

【释义】 在吊运各种物体时，为避免物体的倾斜、翻倒、变形、损坏，应根据物体的形状特点、重心位置，正确选择起吊点，使物体在吊运过程中有足够的稳定性，以免发生事故。当采用单根绳索起吊重物时，捆绑点应与重心同在一条铅垂线上；用两根或两根以上绳索捆绑起吊重物时，绳索的交会处（吊钩位置）应与重心在同一条铅垂线上。水平吊装电杆等细长物件时，吊点的位置应在距离重心等距离的两端，吊钩通过重心。竖直吊装电杆时，吊点应设在距离起吊端 0.3L 处，起吊时，吊钩应向下支撑点方向移动，以保持吊索垂直，避免形成拖拽，产生碰撞。若吊点在物件的棱角或特别光滑的部位时，绳索（吊带）接触处应加以包垫。

【事故案例】 钢丝绳被石槽棱角处硌断致人身亡事故

×市×起重社三大队在挪运一台 10t 重的磨床时，把挂滑轮的钢丝绳围在一个石槽上，钢丝绳受力后，被石槽棱角处硌断，钢丝绳猛力蹦起，抽在现场指挥者刘××的右脚上，使其摔倒，头部受重伤，于次日死亡。

18.2.3 在起吊、牵引过程中，受力钢丝绳的周围、上下方、转向滑车内角侧、吊臂和起吊物的下面，不应有人逗留和通过。

【释义】 在起吊、牵引过程中应设立警戒区域，并使用适当及足够的路障，严格限制包括作业人员及行人的任何人，在吊运操作期间进入该区域。规划合适的吊运路径，确保受力钢丝绳的周围、上下方、转向滑车内角侧、吊臂和起吊物的下面，无人逗留和通过，避免因钢丝绳断裂、吊物坠落等发生人身事故。

【事故案例】 吊运钢丝绳突然断裂致路过的工人身亡事故

2018 年 8 月，某建筑工地内，起重机操作员刘×在使用履带起重机吊装混凝土浇筑施工作业过程中，料斗钢丝绳突然断裂，料斗砸中在吊臂下方工作的吴×，并导致其当场死亡。事故直接原因为起重机作业过程中，吊运钢丝绳突然断裂，引发料斗坠落，砸中处于起重作业范围内的工人。

18.2.4 汽车式起重机行驶时，上车操作室不应坐人。

【释义】 汽车式起重机分上下车，下车（汽车）动作时，上车（吊车操作室）不能

有人，上车动作时下车不能有人。汽车式起重机行驶时，需要遵守交通行驶规则，该类车辆非载人车辆，上车操作室不具备交通事故中对人员保护功能，故不应坐人。

【事故案例】 汽车起重机上车操作室被压扁事故

2018年12月，一吊车行驶时冲出公路，飞出20多米，车身180°翻转，掉在楼顶，上车操作室直接被压扁，幸好操作室无人，驾驶员受伤。

18.2.5 起重机停放或行驶时，其车轮、支腿或履带的前端或外侧与沟、坑边缘的距离不应小于沟、坑深度的1.2倍；否则应采取防倾、防坍塌措施。

【释义】 因为沟、坑边缘的承重力较差，极易出现不均匀深陷情况，且由于起重机自身加起吊货物的重量很大，易造成起重机重心失稳进而发生倾覆事故。因此，起重机在停放或行驶时，如果其车轮、支腿或履带的前端或外侧与沟、坑边缘的距离小于沟、坑深度的1.2倍时，可采取铺设钢板或加固沟、坑边缘强度等措施防止坍塌。

【事故案例】 起重机重心不稳，导致起重机翻倒事故

2021年11月，×公司一台50t汽车式起重机在通过一条乡间公路时，为躲避行人，将车开到马路边行道旁，马路旁边是一条50cm宽、20cm深的沟，由于距离沟道太近，造成起重机重心不稳，导致起重机翻倒在路旁。

18.2.6 作业时，起重机应置于平坦、坚实的地面上。不应在暗沟、地下管线等上面作业；无法避免时，应采取防护措施。

【释义】 为防止作业时起重机机身倾斜度过大，重心不稳，造成起重机倾覆，故规定作业时，起重机置于平坦、坚实的地面上，机身倾斜度不应超过制造厂的规定。

在暗沟、地下管线上施工作业时，若超过允许的承载力，将会造成暗沟塌陷，进而造成起重机倾覆以及地下管线损坏。不能避免时，应采取加装钢板、垫木扩大接触面，减小单位面积压强等措施，以满足暗沟、地下管线允许的承载力。

在道路上施工应设围栏，并设置适当的警示标示牌，避免无关人员误入起吊作业范围，防止发生斗臂回转或起吊物坠落伤人。

【事故案例】 起重机未置于坚实地面上，倾覆致人伤亡事故

1999年7月，×电厂扩建工程，×电建公司一台建筑塔机在空载退回停机位置过程中，东南方向行走轮下的轨道突然下陷，致使塔机重心偏移失稳而倾覆，造成塔机报废，死亡1人、重伤1人、轻伤1人。事故直接原因是塔机轨道下面约200多毫米深处，有一条呈47.5°斜面、长4.65m的废弃电缆沟，旧沟道在塔机长期轮压的作用下，用煤灰砖做的沟帮单边塌陷，引起沟盖板塌陷和断裂，致使塔机单边行走车轮沉陷所致。

18.2.7 作业时，起重机臂架、吊具、辅具、钢丝绳及吊物等与架空输电线路及其他带电体的距离不应小于表6的规定，且应设专人监护。小于表6、大于表2规定的安全距离时，应制定防止误碰带电设备的安全措施，并经本单位批准。小于表2规定的安全距离时，应停电进行。

表6   与架空输电线及其他带电体的最小安全距离

电压等级 kV	≤1	10、20	35、66	110	220	330	500
最小安全距离 m	1.5	2.0	4.0	5.0	6.0	7.0	8.5

【释义】 起重机在使用中，钢丝绳、起重臂等在起吊过程中存在摆动或移动，为防止

因接近带电体而放电，其对带电设备的安全距离应满足表 6 的安全距离。如小于表 6，大于表 2（高压线路、设备不停电时的安全距离）时应制订防止误碰带电设备的安全措施（如专人监护、距离测量仪监测、加装与带电设备符合表 2 安全距离的参照物、防止起重机作业时的晃动措施等），并经本单位分管生产领导（总工程师）批准。小于表 2（高压线路、设备不停电时的安全距离）的安全距离时，应停电进行。

【事故案例 1】 吊车距离带电线路安全距离不够，导致吊车受损事故

2018 年 4 月，山东××高新区一吊车在×工地进行移树操作时，因安全距离不足致高压线放电，8 股导线严重受损，吊车一轮胎也出现爆胎，所幸未造成人员伤亡。

【事故案例 2】 擅自变更吊装方案，导致吊索与带电设备距离不足放电，致使母线跳闸停运

2021 年 10 月 14 日，××送变电工程有限公司在 500kV××变电站内进行 220kV 设备改造施工中，擅自变更吊装方案，吊车吊索与带电设备距离不足放电，造成 220kV 2 号母线跳闸，又因旁路代路运行方式时压板置位错误，母差保护动作时发远跳命令至对侧 220kV××城变电站，致使 6 回 220kV 出线及 5 座 220kV 变电站失电，损失负荷约 29.6 万 kW，停电用户 32.3 万户。

18.2.8 起重设备长期或频繁地靠近架空线路或其他带电体作业时，应采取隔离防护措施。

【释义】 长期或频繁地靠近架空线路或其他带电体作业时，由于人的精神状态、流动式起重机作业时的晃动等因素，容易造成起重机碰触或接近架空线路或其他带电体造成放电，进而造成人身、设备事故。因此，应采取加装跨越架、隔离墙等隔离防护措施。

【事故案例】 吊钢丝绳时不慎触碰到高压线，导致人员伤亡事故

2018 年 9 月，某市黄×区一吊车在建筑施工作业过程中，吊车司机刘×和庄××在吊运灰斗的过程中，钢丝绳不慎触碰到了高压线，导致吊车司机刘×和庄××触电身亡。

18.2.9 在带电设备区域内使用起重机等起重设备时，应安装接地线并可靠接地，接地线应用多股软铜线，其截面积不应小于 16mm^2。

【释义】 起重设备在带电设备区域内作用时，可靠接地能够有效的保护人身安全。一旦发生起重设备侵犯带电设备安全距离时，电流将经车身通过接地线流向大地，使整个车体与大地保持等电位，极大地减弱了电流对人体的伤害，减少了吊车司机和吊装辅助人员承受电击的风险，从而减少人员的伤亡。同时，接地线分散走了通过吊车轮胎的电流，可避免轮胎爆炸、着火而引发的火灾危险，减少财产损失。

【事故案例】 吊车未可靠接地，导致司机触电身亡事故

2016 年 6 月，一台 10t 吊车在作业时吊臂误触高压线，吊车碰到高压线后，司机立刻跳车逃离，原本已经脱离了危险，但跑到安全地点后看到吊车轮胎在燃烧，就想将吊臂从高压线上移开，结果手碰到车门的一瞬间，触电身亡。

18.2.10 不应用起重机起吊埋在地下的不明物件。

【释义】 埋在地下的不明物件，存在与地下构件等其他装置有牵连的可能。因其重量不明，可能造成起重机超载，在起吊时会对起重机造成毁灭性的损坏，导致车毁人亡。地下吊物需明确其埋深，还应刨开，挖松动，方能进行试吊。对确有生根固定的物件应设法断开后方能起吊。对不规则物件应找平衡，稳妥起吊。

【事故案例】　未查明被吊货物重量致人身亡事故

2020 年 12 月，李×在×厂区内进行吊车作业时，在未查明被吊货物重量（实际重量为 11t），且高××站在被吊装物上的情况下，仍使用起重负荷为 3t 的副钩起吊重物，导致钢丝吊索断裂后砸到高××，致其从吊装物上摔下死亡。

18.2.11　与工作无关人员不应在起重工作区域内行走或停留。

【释义】 起重工作无关人员不了解起重工作的安全要求和安全注意事项，可能会误入起重工作区域且未被起重相关工作人员注意到，这种情况下一旦发生高空落物或被起重设备、物体构件碰撞将会发生人身伤害事故。

【事故案例 1】　起重机突然倾倒砸中无关人员导致死亡事故

2008 年，×项目作业安排起重工李×带领辅助作业人员周×、王×、蔡×等人进行吊运钢筋作业，由吊车司机吴×操作汽车起重机，当第二捆钢筋即将吊运到位时，起重机突然倾倒，迅速下落的吊臂，砸中正从箱梁斜坡进入桥面作业的木工曹×的头部，后经抢救无效死亡。木工曹×为起重工作无关人员，为临时穿过起重工作区域人员。

【事故案例 2】　起重机变幅失控致人死亡事故

××公司第三工区×工地，使用 QT-45 型塔式起重机吊装第四层楼窗口过梁，由于过梁就位离塔机较远，司机操纵塔机使用吊臂变幅时，突然失去控制，吊臂坠落在四楼地面上，砸断空心楼板，正在四楼经过的工人李××随楼板一起掉到三层，摔成颅脑损伤和头骨骨折，经医院抢救无效死亡。该事故中，工人李××在起吊的工作区域内行走，是造成事故的一个主要原因。

18.2.12　作业时，吊物上不应站人，作业人员不应利用吊钩来上升或下降。

【释义】 吊物上站人可能因吊物晃动、吊绳断裂等情况导致人员高坠意外伤害，因此吊物上不许站人。吊钩是用来起吊重物的，它没有任何保证作业人员安全的设施和保险装置，因此，禁止作业人员利用吊钩来上升或下降。

【事故案例 1】　作业人员站在被吊装物上坠落身亡事故

2020 年 12 月，李×在×厂区内进行吊车作业时，在未查明被吊货物重量（实际重量为 11t），且高××站在被吊装物上的情况下，仍使用起重负荷为 3t 的副钩起吊重物，导致钢丝吊索断裂后砸到高××，致其从吊装物上摔下死亡。高××违规站在被吊装物上是主要原因。

【事故案例 2】　违规利用吊钩载人造成高坠事故

××供电公司变电工区进行检修工作时，需要更换断路器。工人在吊运断路器时，工作人员在完成断路器安装后，发现断路器上有一根多余的铁丝在断路器的外壳上，工作人员王××为了节约时间，快速清除铁丝，王××爬上起重机的吊钩，让起重机司机用吊钩将其吊至断路器处，在吊运过程中，××没有抓紧吊钩，从高处坠落，造成腿部骨折。王××违反安全规程，利用吊钩来上升或下降是造成事故的主要原因。

18.2.13　起重机上应备有灭火装置，驾驶室内应铺橡胶绝缘垫，不应存放易燃物品。

【释义】 起重机在使用过程中，可能因自身故障等引发自燃，为第一时间扑灭初起火灾，故需备有灭火装置；同时为防止火情扩大，不应存放易燃物品。驾驶室内铺橡胶绝缘垫是为了起重机发生触电时起到绝缘作用，保护司机人身安全。

18.2.14　没有得到起重司机的同意，任何人不应登上起重机。

【释义】　起重机作业时，其运行行走、回转的区域较大，起重作业过程中驾驶人员的注意力在吊件和起重指挥的操作指令上，站在起重设备上的任何部位都有可能因未被驾驶人员发现，被起重设备回转、提升等操作动作伤害。

【事故案例1】　**无资质人员私自进入吊车驾驶室作业，导致吊绳断裂致人死亡事故**

2016年4月，某市×建筑工地为赶工期，在没有吊车司机的情况下，无驾驶吊车资质的张××私自进入吊车驾驶室驾驶吊车作业，当张××驾驶吊车吊起第六捆钢筋时，吊车的吊绳断裂，吊钩及钢筋掉下，吊钩砸中秦×头部致其死亡。

【事故案例2】　**无关人员登上起重机导致溜车事故**

××公司进行变电站基建作业，在工地上，一台起重机进行施工作业。下班后，司机王×去厕所小便，起重机驾驶室没有锁门，几个小孩跑到工地玩耍，进入起重机驾驶室内，10min后，起重机滑动撞击到前方房体，造成墙体严重损坏。事后分析得知，小孩在驾驶室内误碰制动器，导致起重机失去制动。该事故中，司机王×离开起重机并没有锁门，导致小孩进入驾驶室操作，是造成事故的主要原因。

18.3　运输

18.3.1　搬运的过道应平坦畅通，夜间搬运，应有足够的照明。若需经过山地陡坡或凹凸不平之处，应预先制定运输方案，采取必要的安全措施。

【释义】　平坦畅通的过道保证人员行走方便，搬运物受力均匀、平衡。夜间搬运需要充足的照明，以便搬运人员了解路况信息。山地陡坡或凹凸不平之处，地面起伏变化较大，容易导致搬运人员受力不均，部分人员承重过大，造成设备摔坏或人身伤害，故要制订相应的运输方案和安全措施。

【事故案例1】　**未采取安全措施造成钢丝绳伤人事故**

×年×月，×煤矿运输组在运输时，运输线路存在一个小缓坡，然后为下山右转弯，负责运输的刘×违章指挥王×在小缓坡坡底推车，王×违章站在车辆右侧推车（下放绞车位置在运输线路右侧），将运输车辆推至坡顶后，车辆开始下山加速然后右拐，绷紧的钢丝绳在车辆右拐时打到王×腿部，导致其小腿骨折。

【事故案例2】　**未制定运输方案，安全措施不足造成翻车事故**

××供电公司进行山区杆塔架设工作，用货车装载水泥杆塔，由于施工队伍人数较多，车辆不足，施工队人员张××、王×、夏××三人坐在货车后车厢内，在盘山路上行驶时，突然发生刹车失灵，车辆坠入公路旁陡坡下，张××、王×、夏××三人被水泥杆砸中，夏××当场死亡，张××、王×重伤。该事故中需途经盘山公路，施工方未制订针对性的运输方案，安全措施不足，是造成事故发生的重要原因。

18.3.2　装运电杆、变压器和线盘应绑扎牢固，并用绳索绞紧。水泥杆、线盘的周围应塞牢，防止滚动、移动伤人。运载超长、超高或重大物件时，物件重心应与车厢承重中心基本一致，超长物件尾部应设标志。不应客货混装。

【释义】　使用机动车辆装运电杆、变压器和线盘时应绑扎牢固，并用绳索绞紧，防止发生滚动滑落伤人。车辆行进速度应均匀缓慢，严禁急刹车，水泥杆、线盘的周围应塞牢，防止滚动、移动伤人。运载超长、超高或重大物件时，物件重心应与车厢承重中心基本一致，若重心不一致，车辆行驶时特别是车辆拐弯时易发生侧翻，造成货物滑落；超长物件尾部应设标志，起到警示作用。运货车辆不准作为拉人的交通工具，运输过程中严禁客货混装。

【事故案例】　车上水泥柱向前滑落砸压驾驶室，造成驾驶人死亡事故

2019 年 11 月，某市一辆满载水泥柱的平板大货车，行驶过程中，因躲避障碍物急刹时车上水泥柱在惯性作用下向前滑落砸压驾驶室，造成驾驶人受伤被困，后经抢救无效死亡。

18.3.3　装卸电杆等物件应采取措施，防止散堆伤人。分散卸车时，每卸一根之前，应防止其余杆件滚动；每卸完一处，继续运送前，应将车上其余的杆件绑扎牢固。

【释义】　由于电杆等物件是长圆柱形，装卸时易发生成堆滚落，故装卸电杆等物件应采取措施，防止散堆伤人。车辆不得停在有坡度的路面上。分散卸车时，每卸一根之前，应防止其余杆件滚动伤人；每卸完一处，应将车上其余的杆件绑扎牢固后，方可继续运送，防止由于绑扎不牢固在运送过程中发生滚落。

【事故案例】　绑着水泥柱的绳子突然断裂，导致司机被压身亡事故

2014 年 4 月，某县一辆大挂车在卸货时，绑着水泥柱的绳子突然断裂，数十根水泥柱滚落，大挂车驾驶员躲闪不及导致被压在水泥柱下，最终死亡。

18.3.4　使用机械牵引杆件上山时，应将杆身绑牢，钢丝绳不应触磨岩石或坚硬地面，牵引路线两侧 5m 以内，不应有人逗留或通过。

【释义】　使用机械牵引杆件上山时，应将杆身绑牢，防止杆件发生滑落；钢丝绳不应触磨岩石或坚硬地面，防止钢丝绳与岩石或坚硬地面摩擦后发生损坏或断裂造成杆件掉落；牵引路线两侧 5m 以内，不应有人逗留或通过，防止一旦杆件从牵引钢丝绳掉落或滑落后伤人。

【事故案例】　钢丝绳断裂致人死亡事故

2015 年 4 月，某矿王××和韩×两人需要将潜水泵从井下移到井上，于是让乔××帮忙用调度绞车运一下潜水泵。但是在开绞车前并没有对调度绞车特别是钢丝绳进行检查，在绞车运输潜水泵过程中钢丝绳断裂，造成绞车加速下落，将在绞车轨道旁工作的韩×和乔××撞飞，后经抢救无效死亡。

18.3.5　多人抬杠，应同肩，步调一致，起放电杆时应相互呼应协调。重大物件不应直接用肩扛运，雨、雪后抬运物件时应有防滑措施。

【释义】　人工装卸物件应视物件轻重和形状大小，配备合适工具。人力运输电杆时，电杆两端必须装设视长标志，遵守交通规则。多人抬杠，应同肩，步调一致，起放电杆时应相互呼应协调，保证电杆受力均匀，否则电杆易受力不均匀造成滑落伤人。重大物件不应直接用肩扛运，由于物件过重，一旦抬杠人员不能承受其重量滑落，易造成人员伤害。雨、雪后抬运物件时由于表面光滑、物体间摩擦力变小，应采取防滑措施防止物件滑落伤人。

【事故案例】　未统一口令，电杆碰人身亡事故

2002 年 11 月，×县供电局在该县×村实施农村低压电网改造工程，该村委会安排所辖王×新负责运送电杆，王×新与村民王×权、王×虎、王×光一起用手扶拖拉机、平板车等机械将电杆运至预定地点。卸杆时，四人先用肩抬起，放电杆时，因未统一口令，电杆碰到

王×新头部致其当场死亡。

18.3.6 用管子滚动搬运应由专人负责指挥。管子承受重物后两端应各露出约30cm，以便调节转向。手动调节管子时，应注意防止压伤手指。上坡、下坡，均应对重物采取防止下滑的措施。

【释义】 管子滚动搬运需多人协作、专人指挥、分工明确才能保证搬运工作安顺利进行。指挥人员负责观察周围环境、规划路径等，保证搬运安全。手动调节管子时，应注意防止压伤手。管子滚动搬运中需不断对其进行调整，维持管子两端各露出约30cm，既保证了管子的最大支撑力，又增加了搬运的可控性。管子滚动搬运无专用制动装置，故用木楔垫牢管子防管子滚下。而重物无法固定在管子上，故应对重物采取防止下滑的措施。

19　高处作业

19.1　一般要求

19.1.1　在坠落高度基准面 2m 及以上的高处进行的作业，都应视作高处作业。

【释义】　GB/T 3608—2008《高处作业分级》规定的高处作业定义为：在距坠落高度基准面 2m 或 2m 以上有可能坠落的高处进行的作业。高处作业的两个要点：一是通过可能坠落范围内最低处的水平面称为坠落高度基准面，基准面不一定是地面。二是如果作业面很高，但是作业环境良好，不存在坠落的可能性，则不属于高处作业（如大楼平台上作业，周围有安全的围墙且作业地点在平台中间部位，此时作业就不属于高处作业）。

【事故案例】　登杆作业未使用安全带导致人员坠落事故

2008 年 10 月 28 日，××供电公司供电所职工谢××在新建 10kV×分支线路 6 号杆（事发时该线路已与运行中的带电线路搭接）进行登杆作业，工作票中只注明"高处作业注意安全"，未指明具体的防高处坠落措施，作业过程中谢××未使用安全带，发生触电后从杆上坠落重伤。

19.1.2　高度超过 1.5m 的作业，应使用安全带或采用其他可靠的安全措施，有脚手架或在有栏杆的场所作业可以不用安全带。

【释义】　若无脚手架，高度超过 1.5m 时，虽未达到高处作业 2m 的高度，但此高度若坠落后存在受伤可能，故应使用安全带或采取其他可靠的安全措施（如设置安全防护栏杆或立挂安全防坠网加一道防护栏杆）。脚手架若无栏杆，作业人员在脚手架上工作时发生滑倒，若无安全带，可能直接从脚手架上坠落造成伤害。有脚手架或在有栏杆的场所作业可以不用安全带。

【事故案例】　高处作业未系安全带导致人员坠落事故

2012 年 6 月 17 日，××农电局农电工作人员张××带领李××和秦××到 10kV 上××线 426 线 16 号变台进行低压配电箱的移位工作。张××用 10kV 绝缘杆拉开 16 号变台三相跌落式熔断器，李××将 16 号变台低压配电箱内隔离开关拉至分位后，张××、秦××二人在未进行验电、未装设接地线、未系安全带的情况下，便进行登台作业。10：45，张××因右手触碰变压器高压套管触电（后经查 10kV 上××线 426 线 16 号变台 B 相硅橡胶跌落式熔断器绝缘端部密封破坏，潮气进入芯棒空心通道，致使电流通过熔断器受潮绝缘体使变压器高压套管带电）后从高处坠落，经抢救无效死亡。

19.1.3　参加高处作业的人员，应每年进行一次体检。

【释义】　高处作业属特殊作业，危险性较高，担任高处作业的人员应身体健康。《特种作业人员安全技术培训考核管理规定》（国家安全生产监督管理总局令第 80 号）规定，直接从事特种作业的从业人员应经社区或者县级以上医疗机构体检健康合格，并无妨碍从事相应特种作业的器质性心脏病、癫痫病、美尼尔氏综合征、眩晕症、癌症、帕金森病、精神病、痴呆症以及其他疾病和生理缺陷。每年进行一次体检的目的就是确保高处作业人员的身体状况符合登高要求。

【事故案例】 操作人员在操作过程中，由于身体疾病意外死亡事故

2012年3月20日，××供电公司某配电所农电工林××（操作人）、张××（监护人）、陈××（司机）受生产班长安排，按照供电公司调度中心下达的调度指令，持倒闸操作票进行同杆并架的10kV江田线54~178号杆、10kV长林线54~178号杆施工前的停电及装设接地线工作。林××对10kV江田线114号杆向115号杆侧验明确无电压，在A、C两相装设了接地线后，正准备装设B相接地线时，身体突然倒下，被安全带悬挂在杆上，随即进行现场抢救，经医生诊断林××死亡。事故发生后，经当地安监局调查取证，林××是在工作过程中由于身体疾病引发死亡。

19.1.4 高处作业应搭设脚手架、使用高空作业车、升降平台或采取其他防止坠落的措施。

【释义】 高处作业可采取的防高空坠落方式有：搭设脚手架、使用高空作业车（绝缘斗臂车）、升降平台（检修平台）。此外，还有其他防止坠落的措施，如使用梯子、安全带、速差器、缓降器等。

【事故案例】 未采取防坠落措施，作业人员坠落身亡事故

××供电所宋××、林××等5名人员进行××村村委会配电变压器的更换工作（由50kVA更换为100kVA），中午12：00，在把50kVA变压器放置到地面后，因为没有吊车，用装载机将100kVA变压器起运至变压器台架边缘，宋××在装载机上一脚踏在台架上，两手扶变压器就位。突然装载机抖动了一下，变压器和宋××一起从变台架上掉了下来。变压器压在了宋××腿上，宋××被送往医院后，因失血过多而死亡。

19.1.5 使用高空作业车、带电作业车、高处作业平台等进行高处作业时，位于高处的作业平台应处于稳定状态，作业人员应使用安全带。移动车辆时，应将平台收回，作业平台上不应载人。高空作业车（带斗臂）使用前应在预定位置空斗试操作一次。

【释义】 各类作业平台应稳定、牢固且平台上作业人员必须使用安全带。作业平台不稳定，作业人员易失去平衡、发生高处坠落或无法保持安全距离，因此，高处作业平台应采取固定措施且作业时要全程使用安全带。高空作业车、带电作业车的支撑腿，要事先垫枕木（并不应放在盖板、易塌陷处）、查看车辆平衡报警器等，使车辆保持稳定。需要移动车辆时，作业平台上不应载人（自行式高空车除外，因自行式高空车操作系统在作业平台上。但需要移动车辆时，应将作业臂收回）。因为人在作业平台上移动时，重量较重，平衡性也差，稍有偏差、晃动，将会造成人员坠落，还有可能造成人员误碰触带电体。

【事故案例】 施工平台突然倒塌，导致作业人员受伤事故

2021年10月8日，甘肃白银一处工地施工时，十几米高的施工平台突然倒塌，正在平台作业的3名工人摔落在地，后经送医院抢救后均脱离生命危险。据调查，该剪叉式高空作业平台在一辆轻型卡车上进行作业，并且该平台与卡车没有任何固定装置，卡车与地面也没有任何支撑装置，高处作业平台不稳定造成事故发生。

19.1.6 高处作业应使用工具袋。上下传递材料、工器具应使用绳索；邻近带电线路作业的，应使用绝缘绳索传递，较大的工具应绳拴在牢固的构件上。

【释义】 高处作业必须使用工具袋，上下传递材料、工器具要使用绳索，不应上下抛掷。凡有坠落可能的物件，均应妥善放置或加以固定。高处作业中所用的物料、工件、边角余料等，均应堆放平稳，不妨碍通行和装卸，必要时用铁丝等绑扎牢固。工具应随手放入工具袋。较大的工具应用绳拴在牢固的构件上，如作业中使用的链条葫芦、紧线器、剪线钳等。

【事故案例】 传递工具未使用绳索导致扳手坠落事故

2013 年×月，×酒店在维修亮化灯带过程中，施工工人在距离酒店大厅玻璃 30m 高处传递扳手时，未使用绳索等工具传递，活动扳手不慎坠落，砸坏大厅顶部一块玻璃，玻璃碎片掉入大厅，大厅此位置刚好没人，未造成人员伤害。

19.1.7 高处作业使用的安全带应符合 GB 6095 的要求。

【释义】 安全带是防止高处作业人员发生坠落或发生坠落后将作业人员安全悬挂的个体防护装备，是保障作业人员生命的重要工具，因此必须符合 GB 6095《安全带》的要求，才能保证在发生高坠时能够承受足够的冲击力，保证人身安全。

【事故案例】 不合格安全带断裂导致作业人员坠落事故

2013 年 3 月，孙××和另外几位工友一起在百货大楼四楼外墙悬挂大幅广告牌时，孙××和他乘坐的作业用吊板从四层楼高处坠落。据调查，作业吊板绳断裂是由于老化造成的，孙××身上的安全带断裂是由于安全带为非正规厂家生产的假冒伪劣产品。

19.1.8 高处作业区周围的孔洞、沟道等应设盖板、安全网或遮栏（围栏）并有固定其位置的措施。同时，应设置安全标志，夜间还应设红灯示警。

【释义】 高处作业区周围孔洞、沟道等采取的一系列防护措施，是为防止作业人员跌入孔洞、沟道等造成伤害。在相关孔洞、沟道上还应设置安全标志，夜间设红灯，以警示作业人员、其他人员或车辆，避免坠落孔洞、沟道。

【事故案例】 未设置临时围栏，作业人员高空坠落身亡事故

2022 年 4 月，陕西省×发电企业在 1 号机组检修工作时，施工作业组将两个脱水仓之间一、二层平台各拆除一块格栅板作为临时吊装孔，但周围未设置临时围栏，1h 后一名作业人员从一层平台（标高约 7m）临时吊装孔坠落至零米地面，后经抢救无效死亡。

19.1.9 低温或高温环境下的高处作业，应采取保暖或防暑降温措施，作业时间不宜过长。

【释义】 为防止作业人员在低温或高温下受冻伤、中暑等，规定低温、高温环境下高处作业要落实保暖、防暑降温措施，并控制作业时间。环境温度低于−10℃时，进行高处作业应不超过 1h，作业后上下杆塔或杆上移位时应做好防坠措施，并且在作业现场设置取暖场所。在高温环境进行高处作业时，现场应配备足够的饮水和防暑降温药品，并注意观察作业人员的精神状态，发现作业人员有中暑迹象时应及时停止作业并做好防坠措施。

【事故案例】 高处作业未采取安全措施，炎热中暑致人员跌落重伤事故

××清洁公司在赤峰路 20 号从事外墙清洁作业，一名作业人员在 4 楼进行清洁时未设安全网或防护栏杆，也未使用安全带，由于当日天气炎热，作业人员发生高温中暑，不慎从 4 楼坠落，造成脑部重伤。

19.1.10 在 5 级及以上的大风以及暴雨、雷电、冰雹、大雾、沙尘暴等恶劣天气下，应停止露天高处作业。特殊情况下，确需在恶劣天气进行抢修时，应先制定相应的安全措施，并经本单位批准。

【释义】 阵风 5 级时室外高处作业人员的平衡性大大降低，容易发生高处坠落；雷电时露天高处作业，人员易受雷击伤害；大雾、沙尘暴等天气，使露天高处作业人员视线不清，从而造成作业人员无法作业甚至发生意外伤害等。因此，在5级以上的大风以及暴雨、雷电、冰雹、大雾、沙尘暴等恶劣天气下，应停止露天高处作业，同时要做好吊装构件、机械等稳固工作。特殊情况下，确需在上述恶劣天气时进行高处作业抢修时，应采取必要的安全措施，经本单位批准。

【事故案例】 大风导致高空人员被撞身亡事故

2021年5月，湖北武汉市×工地，两名工人高空进行保洁作业时大风骤起，强风导致高空露天作业的吊篮撞向高楼，吊篮中的两名工人遇难，当日武汉局部地区遭遇10级雷暴大风。

19.1.11 在屋顶及其他危险的边沿工作，临空一面应装设安全网或防护栏杆，否则，作业人员应使用安全带。

【释义】 在屋顶等危险的边沿工作时，为防止作业人员意外坠落伤害，在临空一面事先应装设有围网或栏杆，否则必须使用安全带。在屋顶及其他危险的边沿处工作，临空一面应装设安全网或防护栏杆（设1050～1200mm高的栏杆、在栏杆内侧设180mm高的侧板）。如安全网或防护栏杆安全设施可靠，没有发生高处坠落的可能，可不使用安全带，否则，作业人员应使用安全带。

【事故案例】 高处作业无防坠措施，造成坠落身亡事故

×年5月12日，×公司供电所报装班按计划进行×房地产开发公司工地的装表接电工作。上午10：00，工作班成员李×、范×、王×三人到达该公司25、26号楼工地现场，李×、范×在完成配电盘安装工作后由李×继续做紧固螺栓、清理配电室等扫尾工作，范×与王×到室外线路进行接相线作业。二人来到作业电杆前，发现杆身已被砌入工地门房后墙中无法登杆（电杆高10m，地面以上8m，门房前檐高2.7m，后墙高4.08m，屋顶呈斜坡状），随即，二人使用梯子由门房前檐登上屋顶。登顶后二人来到杆前，由范×登杆作业，王×监护并递线（未戴安全帽、未使用安全带）。当范×刚登到第二步时，听到他人呼喊有人从房顶坠落，回头看时，王×已不在屋面。范×立即下杆，随后沿梯子下至地面，发现王×头靠墙角，身体呈曲卧姿势，在场人员紧急将王×送医院抢救，后经抢救无效死亡。

19.1.12 峭壁、陡坡的工作场地或人行道上，冰雪、碎石、泥土应经常清理，靠外面一侧应设1050～1200mm高的栏杆，栏杆内侧设180mm高的侧板。

【释义】 峭壁、陡坡的场地和人行道上的冰雪、碎石、泥土等能造成作业人员滑倒、坠落，应经常清理，同时碎石和泥土块等高处坠落还能造成落物伤人。靠外侧设置高度1050～1200mm的栏杆，在栏杆内侧设180mm高的侧板，既是防止高空坠落的措施，也是防止高空落物的措施。

【事故案例】 未设置安全挡板，泥石坍塌致人死亡事故

2008年4月28日，××爆破公司在吉州区工业园二期道路进行土石方爆破工程，作业人员王××和李××在山坡上钻炮眼时，山上一块大石头及周边泥土突然坍塌滚下，因未设置安全挡板，两人躲闪不及，被石头压住，一人当场死亡，另一人被送往医院抢救无效死亡。

19.1.13 工件、边角余料应放置在牢靠的地方或用铁丝扣牢并有防止坠落的措施。

【释义】 高处作业中所用的物料、工件、边角余料等，均应放置平稳牢靠，必要时用铁丝等绑扎牢固，防止坠落伤人。

【事故案例】 拆下的绝缘子未固定导致物体打击事故

×供电公司进行10kV线路更换绝缘子工作。当日，专责监护人许×与工作班成员杜×为一组，负责更换 10 号杆支柱绝缘子作业，杜×负责杆上作业，许×在杆下监护。10∶20，杜×登上 10 号电杆，解开 A 相绝缘子上导线后，拆下 A 相绝缘子的螺母（作业点下方未设置围栏）。就在杜×准备从工具包中拿出新绝缘子时，A 相旧绝缘子从横担上掉落，砸中在杆下监护的许×肩部，造成许×肩胛骨损伤。

19.1.14 高处作业，除有关人员外，他人不应在工作地点下方通行或逗留，存在人员误入风险时应设置遮栏（围栏）或其他保护装置。若在格栅式的平台上工作，应采取有效隔离措施，如铺设木板等。

【释义】 高处作业无关人员不应在作业面下方通行、逗留，若有人员误入可能，应设置遮栏（围栏）或其他保护装置，以防止高空坠物伤害到高处作业地点下面的人员，并起到警示作用。格栅式平台因有缝隙，故要求采取有效隔离措施（如铺设木板、竹篱笆等），防止落物伤人。

【事故案例】 高空坠物导致人员死亡事故

×供电公司配电班按工作票要求，采用循环吊作业方法对 10kV 陈竹×线路 33 号钢管塔进行绝缘子更换工作。工作许可后，上午 9∶00 左右开始工作，两名作业人员在塔上工作，任×、熊×等负责塔下地勤，工作负责人梅×负责监护。10∶30 左右，塔上人员设置好吊绳（15mm 白棕绳）后，由塔下、塔上工作人员分别将新、旧绝缘子串绑扎好，在放下旧绝缘子串的同时吊起新绝缘子串。当旧绝缘子串已落地、新绝缘子串被吊升到接近离地面约 15m 的钢管塔横担处时，地面人员熊×从新绝缘子串下方通过，此时绑扎新绝缘子串的绳结突然滑脱，悬空的绝缘子串坠落后击中熊×头部，熊×安全帽被砸烂、头部和颈部等处受伤，送医院途中死亡。

19.2 安全带

【释义】 高空安全带不同于汽车安全带，它主要指适用于围栏、悬挂、攀登等高处作业用安全带，不适用于消防安全带和吊物用安全带。高空安全带指高处作业工人预防坠落伤亡的个人防护用品，由带子、绳子和金属配件组成。

（1）按照使用条件的不同，可以分为以下三类：

1）区域限制安全带。用以限制作业人员的活动范围，避免其到达可能发生坠落区域的安全带，主要组件为系带、连接器、安全绳、调节器、（滑车），如图 19-1 所示。

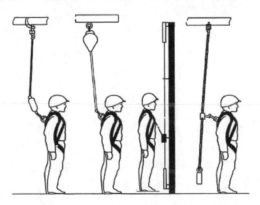

图 19-1 区域限制安全带

2）围栏作业安全带。通过围绕在固定构造物上的绳或带将人体绑定在固定的构造物附件，使作业人员的双手可进行其他操作的安全带，其主要组件有系带、连接器、调节器、围杆带，如图 19-2 所示。围栏作业安全带适用于电工、电信工等杆上作业。主要品种有：电工围杆带单腰带式、电工围杆带防下脱式、通用Ⅰ型围杆绳单腰带式、通用Ⅱ型围杆绳单腰带式、电信工围杆绳单腰带式和牛皮电工保安带等。

图 19-2   围栏作业安全带

3）坠落悬挂安全带。高处作业或登高人员发生坠落时，将作业人员悬挂的安全带，如图 19-3 所示。主要组件为系带、连接器、缓冲器、安全绳、自锁器、速差自控器。

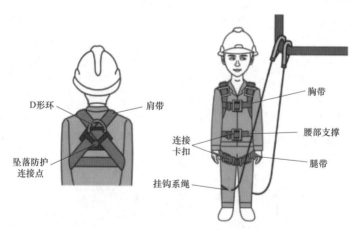

图 19-3   坠落悬挂安全带

（2）根据操作、穿戴类型的不同，可分为全身安全带及半身安全带。

1）全身安全带，即安全带包裹全身，配备了腰、胸、背多个悬挂点。它一般可拆卸为一个半身式安全带及一个胸式安全带，如图 19-4 所示。全身安全带最大的应用是能使救援人员采取"头朝下"的方式作业而无须考虑安全带滑脱，有利于在发生坠落时将阻力分散于全身，以此减少伤害。

图 19-4　全身安全带

2）半身安全带，即安全带包裹半身，它的使用范围相对较窄，一般用于"坐席悬垂"如图 19-5 所示。

图 19-5　半身安全带

19.2.1　在电焊作业或其他有火花、熔融源等的场所使用的安全带或安全绳应有隔热防磨套。

【释义】　使用有隔热防磨套的安全带能防止电焊作业时落下的电焊渣以及其他火花、熔融源落在安全带或安全绳上，进而发生安全带或安全绳意外熔断；同时，防止安全带或安全绳遇尖锐边角磨损、磨断造成的高处坠落伤害事故。

【事故案例】　未使用隔热防磨套的安全绳，导致作业人员高空坠落事故

2001 年 9 月 7 日 8 时 30 分，××供电公司线路班工作负责人郭××组织班组成员王××、赵××等 10 人进行安装 10kV 黄夹 Ⅱ 回 12、32、38 号杆真空断路器台架和绝缘子横担各一组、吊装真空断路器各一台的工作。9：15 左右，真空断路器安装工作结束，具备焊接技术资格的王××戴好安全帽和系好安全带进行登杆作业，负责焊接距地面 6.8m 高处的接地扁铁与引线横担抱箍的接头，郭××负责监护工作。9：30，当接地扁铁的焊接工作即将完

工时，王××右手中的氧焊喷头不慎将自身腰间系的安全带（经查，为普通安全带，无隔热防磨层）瞬间熔断，王××失去重心从 5.5m 的高处坠落，造成王××右手骨折。

19.2.2 安全带的挂钩或绳子应挂在结实牢固的构件上、或专为挂安全带用的钢丝绳上，并应采用高挂低用的方式。不应挂在移动或不牢固的物件上〔如隔离开关（刀闸）支持绝缘子、母线支柱绝缘子、避雷器支柱绝缘子等〕。

【释义】 安全带的"高挂"是指挂钩挂在高过腰部的地方，目的是保持人体重心稳定。安全带应采取高挂低用的方式，在特殊施工环境安全带没有地方挂时，可采用装设悬挂挂钩的钢丝绳，并确保安全可靠。后备保护绳与安全带分别挂在杆塔不同部位的牢固构件上，目的是防止作业过程中固定安全带的构件出现异常时，安全带和保护绳同时失去保护作用。安全带低挂高用或挂在移动、不牢固物体上时，将无法有效起到保护作用，对人的冲击力更大、伤害更大。隔离开关（刀闸）支持绝缘子、线路支柱绝缘子、避雷器支柱绝缘子、瓷横担等受力易断裂，因此不应将安全带挂在这些不牢固处。

【事故案例】 安全带低挂高用导致作业人员碰到脚手架身亡事故

2008 年×月，×施工现场作业人员夏×上到工作区脚手架后，随手将安全带挂钩挂在脚下的钢管上，然后夏×开始进行松螺钉操作，在松螺钉的过程中，身体失去重心从脚手架掉下，由于安全带悬挂于低点，当夏×跌落时，安全带没有起到缓冲作用，夏×颈部撞到脚手架突出的管壁上，导致死亡。

19.2.3 安全带和专作固定安全带的绳索在使用前应进行外观检查。安全带应定期检验，不合格者不应使用。

【释义】 现场使用的安全带，应符合国家 GB 6095—2009《安全带》和 GB/T 6096—2009《安全带测试方法》规定。安全带和固定安全带的绳索，在使用前应进行外观检查，并应定期进行静荷重试验。试验不合格的安全带及固定绳索应作报废处理，不准再次使用。安全带使用前的外观检查主要包括：①组件完整、无短缺、无伤残破损；②绳索、编带无脆裂、断股或扭结；③金属配件无裂纹、焊接无缺陷、无严重锈蚀；④挂钩的钩舌咬口平整不错位，保险装置完整可靠；⑤铆钉无明显偏位，表面平整等。GB 24543—2009《坠落防护 安全绳》规定，用作固定安全带的绳索使用前的外观检查主要包括：①末端不应有散丝；②绳体在构件上或使用过程中不应打结；③所有零件顺滑，无尖角或锋利边缘等。安全带应每年进行一次静负荷试验，其围杆带、围杆绳、护腰带、安全绳应分别试验，其试验静拉力为围杆带 2205N、围杆绳 2205N、护腰带 1470N、安全绳 2205N，试验时间为 5min。

【事故案例】 未进行外观检查，安全带断裂导致作业人员身亡事故

2021 年 5 月，彭州市×工程施工现场，工长姜×安排周××、盛××等三人在三楼钢结构网架上进行网架水平网铺设，周××在作业过程中不慎坠落，身上佩戴的安全带保险绳在其下落时发生断裂，导致其坠落至二楼平台上，后经送医院抢救无效死亡。事故调查发现，周××佩戴的安全带上有灼烧点，使用前未进行外观检查。

19.2.4 作业人员作业过程中，应随时检查安全带是否挂牢。高处作业人员在转移作业位置时不应失去安全保护。

【释义】 高处作业时以及高处转移时，时刻存在高空坠落风险，应随时检查安全带是否挂牢。上下杆塔、在横担上水平移动，以及在导地线上等高处作业，作业人员都需要移动或转位，必须采取防坠安全措施（使用带后备保护绳的安全带，移位时不得失去后备防护），以保证高处作业人员转移作业位置时不失去安全保护。

【事故案例 1】　违规失去安全带保护导致高空坠落重伤事故

8 月 28 日，×电建公司送电工程处进行 10kV 市府一线换杆、换线、加装一回绝缘线等施工作业。当日，施工二班工作任务是竖立 5~7 号三基 15m 的混凝土电杆，4 号杆（18m 原杆）加装横担及打过道拉线工作。到达现场后，工作负责人安排林×、武×等四人进行 4 号杆加装横担及拉线工作，林×、武×两人在杆上作业，其他两人在地面配合。在组装第二层横担时，武×坐在下层横担上工作，安全带围杆绳围系在主杆上，绳环扣在安全带左侧（未使用后备保护绳）。两根横担装上后，准备安装支铁时，武×没有检查围杆绳扣环是否扣牢在安全带腰环上（左侧扣环不知何时已脱落），就从横担上站起，回手接取地面工作人员传递的支铁和抱箍。因缺失安全带保护，武×在接取物件时失稳，从杆上约 12m 处坠落地面，导致双腿多处粉碎性骨折。

【事故案例 2】　操作转移位置过程中失去安全带保护，高空坠落造成死亡事故

2013 年 5 月 29 日，福建龙岩新罗农电服务分公司白沙供电所 10kV 白岩线停电操作时，工作人员擅自变更操作顺序，跳项执行倒闸操作票，在断开号 1 塔真空开关后就向调度汇报操作完毕。操作人员苏××准备断开号 1 塔 1G1 隔离开关时，在操作转移位置过程中失去安全带保护，高空坠落造成死亡。

19.2.5　腰带和保险带、绳应有足够的机械强度，材质应耐磨，卡环（钩）应具有保险装置，操作应灵活。保险带、绳使用长度在 3m 以上的应加缓冲器。

【释义】　为保证安全带满足人员防坠要求、使用时不被磨断，其腰带和保险带、绳必须有足够的机械强度，相关材质应耐磨。卡环（钩）应有保险装置、操作应灵活，以防止使用中卡环（钩）脱落，方便使用。在杆塔上移位时，应同时使用围杆带和后备保护绳等，防止失去安全带保护而高处坠落。后备保险绳长度不宜超过 2.5m（保护绳过长，人坠落时容易受到撞击伤害）。

【事故案例】　安全带受力后挂钩断裂，导致作业人员坠落地面后死亡事故

2002 年 10 月，×建设公司项目部刘×、闫×等三人在油罐上进行作业，刘×站在距离地面 15m 高、宽为 0.4m 的小车加强圈上，安全带挂在焊缝变形部位的右上方喷淋管支架上，工作过程中，龙门板突然裂开，背杠滑落，刘×在躲避背杠时身体失去平衡踏空，所系安全带受力后挂钩断裂，坠落地面后死亡。事故直接原因是刘×工作时用的是围杆作业安全带，而没有按照规定选用悬挂作业安全带，因而在刘×失去平衡踏空时，安全带机械强度不够，不能承受其冲击而断裂。

19.3　脚手架

19.3.1　脚手架的安装、拆除和使用，应执行国家相关规程及 Q/GDW 1799.3 中的有关规定。

【释义】　脚手架的安装、拆除和使用，应执行《国家电网公司电力安全工作规程［火（水）电厂动力部分］》的有关规定及按照 JGJ 166—2016《建筑施工碗扣式钢管脚手架安全技术规范》、JGJ 128—2019《建筑施工门式钢管脚手架安全技术标准》、JGJ 130—2011《建筑施工扣件式钢管脚手架安全技术规范》、JGJ 164—2008《建筑施工木脚手架安

全技术规范》、Q/GDW 274—2009《变电工程落地式钢管脚手架搭设安全技术规范》等执行。脚手架在使用过程中要定期进行检查和维护。

【事故案例】 **违章拆除井架缆风绳，脚手架倒塌导致人员伤亡事故**

2004 年 5 月，河南省某建设公司在拆除烟囱四周脚手架时，由于违章拆除井架缆风绳，导致脚手架从 68m 高处倾斜倒塌，因前一天下雨造成地锚滑脱又使搭设的上料架发生倾翻，30 名正在施工的民工全部翻下坠落，造成 21 人死亡，9 人受伤。

19.3.2　脚手架使用前应经验收合格。上下脚手架应走斜道或梯子，作业人员不应沿脚手杆或栏杆等攀爬。

【释义】 脚手架验收合格的基本要求：①脚手架选用的材料符合有关规范、规程、规定；②脚手架具有稳定的结构和足够的承载力（如脚手架整体牢固、无晃动、无变形，脚手架组件无松动、缺损）；③脚手架的搭设符合有关规范、规程、规定，如 JGJ 130—2011《建筑施工扣件式钢管脚手架安全技术规范》和 GB 50870—2013《建筑施工安全技术统一规范》等；④脚手架工作面的脚手板齐全、栏杆完好；⑤三级以上高处作业的脚手架应安装避雷设施；⑥应搭设施工人员上下的专用扶梯、斜道等；⑦脚手架要与邻近的架空线保持安全距离，地面四周应设围栏和警示标志。邻近坎、坑的脚手架应有防止坎、坑边缘崩塌的防护措施。脚手架斜道是施工操作人员的上下通道，并可兼作材料的运输通道，斜道可分为一字形和之字形，斜道两侧应装栏杆，为确保人身安全，人员上下脚手架应走斜道或梯子。沿脚手杆或栏杆等攀爬过程中易出现人员脱手坠落，而且攀爬过程中易造成脚手架倾覆，所以不应攀爬。

【事故案例】 **脚手架未设爬梯，导致作业人员高空坠落身亡事故**

1998 年 4 月，×市国家粮食储备库 8 号仓库，王××安排戴××跟随李××、张××等三人进行内墙纸筋灰面层抹灰施工。李××等三名瓦工先上脚手架开始干活，戴××后上脚手架。由于脚手架未设爬梯，工人上架体时只能攀爬，戴××当从第二层攀爬至第三层时坠落，坠落高度 3.35m，后经抢救无效死亡。

19.4　梯子

19.4.1　梯子应坚固完整，有防滑措施。梯子的支柱应能承受作业人员及所携带的工具、材料的总重量。

【释义】 梯子使用前应重点检查梯子完整，梯脚底部应坚实并有防滑套且不应有缺档。靠在管子上使用的梯子，其上端应有挂钩或用绳索缚住。在梯子上作业时，梯子的支柱应能承受一名作业人员及其所携带的工具、材料等荷重。

【事故案例】 **使用无防滑垫梯子作业导致梯上作业人员高处坠落身亡事故**

11 月 14 日上午，×供电公司工作负责人陈×带领徐×、杨×三人为用户安装新电能表。作业开始前，负责人陈×安排徐×在墙壁上固定表箱，杨×负责登杆接线。约 9：10，陈×随意戴上安全帽（未将下颌带系好），取来铝合金梯子靠在屋檐雨坡上（此处地面光滑且有水渍），在无人扶梯且未发现右梯脚一只防滑垫缺失的情况下，开始向上攀登，当登梯至约 2m 高度时，梯子向右倾倒，陈×随梯坠落，因未系下颌带，摔倒后安全帽飞出，后脑勺直接磕在地面上造成少量出血，后经医院抢救无效死亡。

19.4.2　单梯的横档应嵌在支柱上，并在距梯顶 1m 处设限高标志。使用单梯工作

时，梯腿与地面的斜角度约为 65°~75°。

【释义】 作业人员站立梯顶处，易造成重心后倾失去平衡而坠落，因此，在距单梯顶部 1m 处设限高标志，作业人员不应越线工作。使用单梯工作时，梯腿与地面的斜角度约为 65°~75°（最稳定），目的是保证梯子及梯上人员平衡、稳定。梯子与地面的夹角太大，重心后倾，稳定性相对差，人员作业时容易失去平衡而造成高处坠落事故。梯子与地面的斜角度太小，梯脚与地面的摩擦力将减小，同时梯子抗弯性能也减小，人员作业时梯脚与地面产生滑动，梯顶会沿支撑面下滑进而造成人身伤害事故。

【事故案例】 梯子角度不对且梯腿无防滑措施，致使作业人员高处坠落身亡事故

1985 年×月，×基地动力站电工汪××组 6 人在生活基地临建食堂安装室内外照明，组长汪××在食堂洗菜池上方安装电灯，不慎从离地面 1.6m 处竹梯上跌在离地面 1m 高的洗菜池边沿上，经抢救无效死亡。事故原因分析，汪××使用的梯子角度不对，梯子与地面的夹角 35.6°且梯腿无防滑措施，致使梯滑人落。

19.4.3 梯子不宜绑接使用。人字梯应有限制开度的措施。

【释义】 梯子不宜绑接使用，绑接使用时难以保证足够的强度，梯子受力后会变形、折断，造成人员坠落伤害。如特殊情况需将梯子连接使用时，应用金属卡子接紧、或用铁丝绑接牢固且接头不得超过 1 处，连接后梯梁的强度不应低于单梯梯梁的强度。为保证人字梯牢固、稳定，人字梯梯头处应装设坚固的铰链，梯脚处有限制开度的拉链。

【事故案例】 扶梯上失去平衡导致作业人员高处坠落身亡事故

2006 年 7 月，上海嘉定区×在建工地，施工人员正在在建厂房安装彩钢板，由于高达 20m 施工现场没有搭设脚手架，一名工人擅自将两把扶梯接起来爬上去，后在扶梯上失去平衡，从十多米摔落后经抢救无效死亡。

19.4.4 人在梯子上时，应有专人扶持，不应移动梯子。

【释义】 人在梯子上时应有专人扶持，以防梯子下端滑动。人在梯子上时不应移动梯子，因为梯子的重心在上部，稳定性和平衡性差，移动时，梯子极易倾倒且移梯人无法控制，易导致梯上人员坠落。

【事故案例】 梯子失去平衡导致作业人员高处坠落身亡事故

2013 年 9 月，×储备库 8 号库东门正在进行玉米装卸作业，库房正门上方的窗户需要人工手动开启，陈×亮找来铝合金单升梯，准备将梯子靠在门上方的雨厦子上，再站在雨厦子上开启窗户，梯子立起后，陈×曾负责扶梯子，陈×亮手持扳手登上梯子，上到雨厦子上方开启窗户后，双手扶梯爬下，此时扶梯子人员陈×曾有事离开，当陈×亮踩到第二蹬时，突然梯子拉伸部分回缩，梯子失去平衡，陈×亮从距离地面 5m 高处坠落，后经抢救无效死亡。